养殖致富攻略·一线专家答疑丛书

高效科学养鹅关键技术有问必答

何大乾　主编

U0381088

中国农业出版社

图书在版编目（CIP）数据

高效科学养鹅关键技术有问必答/何大乾主编 . —
北京：中国农业出版社，2017.7（2018.7重印）
（养殖致富攻略·一线专家答疑丛书）
ISBN 978-7-109-22654-8

Ⅰ.①高…　Ⅱ.①何…　Ⅲ.①鹅－饲养管理－问题解
答　Ⅳ.①S835.4-44

中国版本图书馆 CIP 数据核字（2016）第 324542 号

中国农业出版社出版
（北京市朝阳区麦子店街 18 号楼）
（邮政编码 100125）
责任编辑　周锦玉

北京通州皇家印刷厂印刷　　新华书店北京发行所发行
2017 年 7 月第 1 版　　2018 年 7 月北京第 2 次印刷

开本：880mm×1230mm 1/32　印张：9.75　插页：10
字数：280 千字
定价：29.00 元
（凡本版图书出现印刷、装订错误，请向出版社发行部调换）

内 容 简 介

　　本书以一问一答的方式全面系统地介绍了鹅业生产全过程中各关键环节的技术措施和要点。本书根据鹅业概况，鹅场建设与设备，鹅的育种、品种选择及利用，鹅的营养与饲料，鹅的繁殖与孵化，肉鹅生产，种鹅生产，鹅肥肝生产，鹅羽绒生产，养鹅生物安全体系建设，鹅疾病防控，以及鹅产品加工等鹅业生产关键环节的技术要求，系统列举了183个问题并给予简明扼要的回答。书中问答既紧密结合生产实际需要，又有很强的逻辑性和系统性。本书包含大量生产一线的生动、独特、逼真的图片，能使读者更直观地了解文字叙述的技术内涵。

　　本书内容丰富、翔实，图文并茂，具有科学性、实用性、可操作性和新颖性，适合养鹅业科技工作者，特别是广大基层养鹅生产科技工作者和养殖户参考，也可以作为准备进行养鹅生产和从事鹅生产技术服务的单位和个人的参考用书。

本书有关用药的声明

　　随着兽医科学研究的发展，临床经验的积累及知识的不断更新，治疗方法及用药也必须或有必要做相应的调整。建议读者在使用每一种药物之前，参阅厂家提供的产品说明书以确认推荐的药物用量、用药方法、所需用药的时间及禁忌等，并遵守用药安全注意事项。执业兽医有责任根据经验和对患病动物的了解决定用药量及选择最佳治疗方案。出版社和作者对动物治疗中所发生的损失或损害，不承担任何责任。

中国农业出版社

我国是世界上养鹅数量最多的国家，家鹅品种资源也非常丰富。我国还引进了欧洲著名的肉用、肝用和肉绒兼用型品种，大大增加了我国鹅业生产种源的选择范围，提高了鹅业生产总体水平。多年来我国鹅肉、羽绒的产量一直位居世界第一。

近年来，我国养鹅业取得了巨大的成就，在品种培育和杂交利用，鹅场规划与建设，养鹅设备研发，鹅的繁殖与孵化，鹅的饲料研发，肉鹅和种鹅饲养工艺创新，鹅肥肝、羽绒生产技术，以及鹅产品深加工技术等方面均进行了大量的探索和实践，积累了许多有益经验。但是，与国外养鹅生产发达国家相比，我们的差距还很大。如在专门化品种的培育、机械化生产、产品深加工等方面，东欧许多国家都达到了相当高的水平；在肥肝的生产和深加工方面，我国与法国、以色列和匈牙利等肥肝生产大国更是有巨大的差距。

经过 2000 年以来的快速发展，我国鹅业正在向规模化、集约化、产业化的方向发展，现代养鹅业正在萌芽。鹅业必须也必然要走"提质增效转方式、稳产增收可持续"的道路。为了适应新形势下鹅业生产技术的需求，促进鹅业创新驱动、转型发展，我们组织编写了《高效科学养鹅关键技术有问必答》一书。

本书力求以问答的形式系统地介绍养鹅生产的各关键环节的技术知识，图文并茂地展现目前最先进的养鹅技术，力争重点突出又不失系统性，既具有实用性和可操作性，又遵循科学性。全书共分十二章，第一章由何大乾、张大丙编写；第二章由何大乾、王惠影编写；第三章由何大乾、王翠编写；第四章由王惠影、何大乾、龚绍明编写；第五章由王惠影、何大乾编写；第六章由刘毅、李光全编写；第七章由何大乾、刁有祥编写；第八章由刘毅、李光全编写；第九章由刘毅、杨云周编写；第十章由张大丙、何大乾编写；第十一章由刀有祥、张大丙、何大乾编写；第十二章由何大乾和王惠影编写。

本书在编撰过程中，参阅了国内外有关家鹅研究与生产的相关文献资料、大量的书籍和图片资料，在此一并致以衷心感谢！同时感谢国家现代农业产业技术体系（CARS-43-4）和"上海市农业科学院卓越团队建设计划"的资助，使我们能够围绕鹅产业发展需要开展相关技术研发工作，也才有本书的诞生。愿本书成为广大养鹅个人和企业，以及从事养鹅生产、教学、科研人员的有用工具，对推动养鹅业健康发展，提高养鹅业整体科技水平，提升鹅产业核心竞争力，增补"节本增效、质量安全、生态安全"三个短板，发挥一定作用。

鉴于编者水平有限，加之时间仓促，书中不足及疏漏之处在所难免，恳请读者批评指正。

编　者

2016 年 10 月

目　录

前言

第四章　鹅的繁殖与孵化 •••••••••••••••••• 74

第一章 鹅业概述

1. 我国鹅业的基本状况如何？

（1）总体状况

我国是世界上家鹅品种资源最丰富的国家之一，也是养鹅数量最多的国家，多年来鹅出栏总量、鹅肉和羽绒的产量一直位居世界第一。目前肉鹅年出栏量已达 6 亿余只，约占世界总出栏量的 94%，鹅产业已成为我国畜牧产业的重要组成部分。我国江河纵横，湖泊星罗棋布，水草丰茂，广大地区气候温和，很适合养鹅业的发展。随着我国畜牧业生产结构调整和家鹅特有性能的发现，养鹅业正在由农村副业向主导产业的方向发展，规模化、集约化、产业化养鹅已经在许多地区兴起。

（2）产业技术

与国外先进养鹅国相比，我国虽是一个养鹅大国，但并不是养鹅强国。我国鹅产业还处于"初级发展阶段"，表现在高效专门化商用品种/配套系缺乏，科学的专门化饲料生产能力不足，养殖技术需要创新升级，疫病防控意识和技术落后，养殖设施设备研发滞后，产品深加工能力不足，以及产业链不完善，与其他产业的链接不紧密等。这些问题依然严重阻碍鹅业的快速、健康、可持续发展。从供给侧结构性改革的角度看，"提质增效，创新驱动"是今后鹅业发展的必由之路。

（3）养鹅产业细分

鹅业直接相关的有三大产业，即鹅肉及其深加工产业、羽绒生产及深加工产业和新兴的鹅肥肝产业。近年来，三大产业都得到较大发展。①浙江、江苏、安徽、广东等地的鹅肉制品加工企业不断增多，在这些"龙头"的带动下，形成了"公司＋基地＋农户"的区域性的养鹅局面。它们的加工产品包括盐水鹅、风鹅、香鹅、烧鹅、卤鹅等，产品很受消费者欢迎。②羽绒生产和深加工以安徽省为代表，产业规模也在进一步扩大，浙江、江苏、广东、山东等地也积极发展这一高利润产业。羽绒深加工产业的发展，能够带动本地及周边地区的白鹅养殖、加工，并且能吸纳农村富余劳动力就业，增加财政收入；羽绒加工产品竞争力强，市场空间大，能出口创汇。③鹅肥肝产业的发展受到专门化品种、填饲技术、消费习惯等，特别是取肝后鹅胴体剩余部分的加工利用的影响。许多企业因上述原因而亏损甚至倒闭。但也有少量企业积极探索鹅肥肝和鹅取肝后胴体剩余部分的深加工利用，逐步走上健康发展的道路。

（4）鹅业发展的制约因素

养鹅业和其他畜牧行业一样，受制约的因素在逐渐增加。这些因素包括市场风险（消费者信心、多元化需求及中产阶级的高标准需求）、疫病风险（以禽流感为首）、食品安全风险（抗生素等）、环境制约、资金制约、土地制约、人力资源制约（专业人才队伍）和技术制约等（创新性问题、技术升级）。

（5）养殖分布

我国养鹅区域分布很不平衡，区域格局初步形成。养鹅数量最多的 10 个省，鹅出栏量均超过 2 000 万只，分别为江苏、山东、广东、黑龙江、安徽、辽宁、吉林、四川、江西、河南。养鹅分布还出现了新趋势。北移：内蒙古（阿荣旗）、黑龙江（北大荒鹅业）和新疆（塔城飞鹅）鹅业发展较快；西进：四川、云南、甘肃鹅业有所发展；南扩：广西、海南和广东鹅业继续发展；中兴：河南、安徽、山东、湖南、江西鹅业在调整中进步；东退：上海、江苏南部、浙江大部分地区基本退出养鹅业，当然，这些地区鹅的加工和消费需求仍然很旺盛。

2. 家鹅的起源如何？经过驯化的家鹅与其野生祖先有何区别？

家鹅是由鸿雁和灰雁驯化来的。中国鹅各地方品种中，除伊犁鹅外，其他品种均是由鸿雁驯化后，经漫长的选育历程进化而来。由鸿雁驯化而来的各地方鹅种，虽然已经有数千年的历史，经过长期的自然选择和人工选择，在不同的社会环境和地理条件作用下形成了形态外貌不同、生产性能各异的许多品种，但都具有鸿雁的基本特征。欧洲绝大多数鹅种和我国的伊犁鹅由灰雁进化而来，它们至今仍保持一定的野生特性，表现为十分耐寒、耐粗饲，性情较野，有一定飞翔能力，繁殖能力低且季节性很强。在外形上，两种起源的家鹅有比较明显的区别，头部和颈部区别尤其明显。成年鸿雁家鹅头部有疣状突起，公鹅较母鹅发达，颈较细较长呈弓形；灰雁家鹅头浑圆而无疣状突起，颈粗短而直。两种不同起源的家鹅头部形态差别见彩图 1-1。同时，前者体形斜长，腹部大而下垂，前躯抬起与地面呈明显的角度；后者前躯与地面近似平行。

经过人们驯化和不断选育改进的家鹅，在许多方面具有不同于野生雁的特点，表现在：成年体重普遍较重（如雄性的图鲁兹鹅体重达 10～12 千克，狮头鹅最大体重达 15 千克），产肉性能更好，有的专用品种肥肝生产能力特别强（如朗德鹅），丧失了飞行的能力。野生雁是灰色的，而最早驯养的鹅是白色的。家鹅骨骼变得更大、更强壮，觅食、交配等本能也变得更为强烈。家鹅的繁殖能力比野生雁明显提高。家鹅和野生雁在换羽方面也有较大差异。野生雁一年换羽一次，换羽慢而持续时间长，从而保证更新羽毛期间不会失去飞翔的能力；而家鹅由于长期的人工养殖，在 10～11 周开始自然换羽，并且以后每过 6～7 周就换羽一次。野生雁有较强的飞翔和适应环境的能力，每年可以根据季节气候的转变有规律地迁徙，而家鹅则丧失这一特性，表现为对当地的环境条件有较强的依赖性。朗德鹅与其野生祖先灰雁外貌很相似，只是生产性能发生了很大变化（彩图 1-2）。两种起源的家鹅间可以正常交配繁殖，这为杂交育种和杂种优势的利用提供了基础。

3. 家鹅有哪些生物学特性需要在饲养中加以注意？

掌握鹅的生物学特性是做好鹅饲养管理工作的基础。鹅有以下生物学特性（彩图 1-3）。

(1) 喜水性

鹅为水禽，喜欢在水中戏耍、清洁羽毛、觅食和求偶交配，因此良好的水源是进行鹅生产的重要条件（彩图1-3a）。对1周龄内雏鹅稍加训练，就可使其成为游泳高手。虽然肉鹅可以在无戏水池的条件下生长良好，只是羽毛稍差，但种鹅一般需要有适当的水池理毛、交配，才能保持较高的受精率。放牧鹅群最好选择在水域宽阔、水质良好的地带放牧。舍饲养鹅，特别是养种鹅时，要设置洗浴池或水上运动场，供鹅群洗浴、交配之用。天然的湖、塘、河等旁边有草地的地方，是养鹅的良好场所。目前在北方一些缺水的地区，在饲养密度较低、有良好放牧条件的情况下，种鹅也可获得理想的受精率，肉鹅也可生长良好。

(2) 食草性

喜食青草是鹅的天性（彩图1-3b）。鹅开食可用嫩绿的菜叶，1周龄后可食青草，1月龄后可大量采食青草。传统养鹅采用放牧的方式让鹅大量采食青草，所谓"青草换肥鹅"。当然，鹅的食草性与反刍动物有很大的区别，鹅对粗纤维的消化能力非常有限，青草中的叶蛋白、维生素等才是鹅采食青草的主要收获。在集约化饲养时，从理论上讲，只要营养充足，不一定非要饲喂青草，鹅群生产性能也可发挥良好。

鹅是节粮型家禽，能大量利用青绿饲料和部分粗饲料。鹅具有在牧地放牧的能力，这一特性可降低精料消耗达30%。鹅自由采食牧草的情况下，一般可节省精饲料消耗70%，而保持生长速度不下降。鹅采食牧草的这种能力，还可提高精料利用率10%以上。鹅之所以能采食大量牧草，是鹅自身生理构造决定的。鹅肌胃压力大，肌胃压力是鸭的1.5倍，是鸡的2倍。肌胃有两层较厚的角质膜，通过胃的压力和砂石研磨，能有效地裂解植物细胞壁；鹅小肠内环境呈微碱性，能使细胞壁的纤维易于溶解；鹅盲肠十分发达，含有较多的微生物，尤其是厌氧纤维分解菌能使纤维素发酵分解成低级脂肪酸。鹅对青草中粗蛋白质的吸收率与绵羊相似，达76%。鹅的放牧能力很强，青草、蔬菜等可以吃得很干净。江苏部分地区利用冬闲田种草养鹅，先刈割饲喂，最后放鹅进田放牧，鹅群甚至可以把草根都吃掉。在我国长江流域及其以南的广大丘陵地区和北方草原地区，天然草地资源丰富，鹅补饲料重比可达1∶1。

（3）合群性

家鹅由野雁驯化而来，雁喜群居和成群结队飞行，所以家鹅天性喜群居生活（彩图1-3c）。鹅群在放牧时前呼后应，互有联络，出牧、归牧有序不乱。从小养在一起的鹅，即使是数千羽的群体，也很少有打斗的现象，这种合群性有利于鹅的规模化、集约化饲养。

（4）警觉性

鹅听觉敏锐，反应迅速，叫声响亮（彩图1-3d），特别是夜晚时，稍有响动就会全群性高声鸣叫。长期以来，农家喜养鹅守夜看门。制造威士忌酒的苏格兰瓦兰庭公司，曾于1987年引进90只鹅作为警卫，使储酒仓库内的1.3亿升有30年历史的醇酒一直安全无恙，成为趣闻。鹅的警觉性还表现为容易受惊吓、惊群等，管理上应加以注意。

（5）耐寒性

鹅的羽绒厚密贴身，具有很强的隔热保温作用。鹅的皮下脂肪较厚，耐寒性强。羽毛上涂擦有尾脂腺分泌的油脂，可以防止水的浸湿。掌上有特殊的结构和骨质层，均可抵御严寒的侵袭。我国鹅的分布北至黑龙江松嫩平原，在这样寒冷的地区，鹅甚至能在户外过夜，正常繁殖和生长。

（6）节律性

鹅具有良好的条件反射能力，每日的生活表现出较明显的节律性。放牧鹅群的出牧—游水—交配—采食—休息……收牧，相对稳定地循环进行。舍饲鹅群早起交配—戏水—采食—休息—交配—采食—休息，也呈周期性表现，它们对一日的饲养程序习惯之后很难改变，所以对于已经实施的饲养管理规程不要随意改变，特别是在种母鹅的产蛋期更要注意，否则会引起应激，导致产蛋率下降等。

（7）抗逆性

鹅的适应性很强，世界各地几乎都有家鹅的分布，其生活区域跨越热带到寒带的纬度地区。鹅对饲养管理条件要求不高，毛草棚、塑料大棚和其他简易建筑均可养鹅。在我国一些农村，传统养鹅甚至没有固定的鹅舍，鹅群一直在户外生活。鹅抗病能力强，目前规模暴发的疾病较少。但是，随着规模化、集约化养鹅的发展，鹅的疫病也呈现上升趋势。从高效生产的角度考虑，提倡设施化养鹅。

（8）速生性

食草畜禽的生产周期，一般肉牛是 18 个月，肉羊是 5～6 个月，肉兔是 3～3.5 个月，鹅的生长周期最短、为 2～3 个月，我国目前肉鹅的生产周期为 60～80 天。有的鹅种如狮头鹅 56 日龄体重可达 4.5～5 千克，莱茵鹅 56 日龄体重可达 4.2 千克。采用全进全出的饲养方式，1 年可养鹅 5～6 批。由于肉鹅育雏一般 3 周龄可完全脱温，所以实际养鹅生产中，1 年可养鹅10 批以上。因此，肉鹅饲养周期短、见效快，60～80 天就可有回报。

（9）喜干性

鹅虽然是水禽，天性喜欢在水中游弋、觅食、交配、玩耍。但是，鹅在休息、站立、产蛋、采食等场地则需要干燥、清洁，否则会造成全身及种蛋脏污，污染饲料和饮水，霉菌、大肠杆菌等病原微生物滋生，导致鹅群发病。

4. 我国发展养鹅业有什么重要意义？

（1）鹅业生产符合我国人多地少、资源相对不足的国情

冬闲田种草养鹅、水边养鹅水中养鱼、林地养鹅、果园养鹅、滩涂常年种草养鹅等，都是生态农业理论运用的典型模式，是实现农业可持续发展的必由之路。

（2）养鹅业符合我国农业产业结构调整的方向

我国种植业结构急需调整，即从"粮食作物＋经济作物"的二元结构向"粮食作物＋经济作物＋饲料作物"的三元结构转变。"粮、经、饲三元结构"被认为是我国农业新技术革命的制高点。发展节粮型畜牧业，符合我国国情，可以逐步实现粮食与饲料粮分开。鹅可以大量采食青草的节粮型家禽，发展养鹅业符合畜牧业生产结构调整的方向。

（3）养鹅可以提高人们的生活质量，创造良好的经济效益

鹅全身都是宝，其产品档次高、经济价值好。鹅肉蛋白质含量高、脂肪含量低（且多为不饱和脂肪酸），属于美容保健食品。鹅掌、翅、肫、肝、肠、血等均可被加工成畅销食品。鹅羽绒制品轻、柔、便、暖，可避免穿厚棉袄的"负重行军"之苦。鹅羽绒以外的羽毛可制成羽毛球、装饰品。鹅肥肝是鹅献给人类的一大珍品。肥肝细嫩鲜美，香味独特，营养丰富，滋补身体。与正常肝比较，肥肝中的卵磷脂含量增加4倍，甘油三酯含量增加176倍，脱氧核糖核酸和核糖核酸含量增加1倍，酶的活力增加3倍，还富含多种维生素。我国年养鹅约7亿只，人均只有半只，增加鹅肉在人们膳食结构中的比例可以提高人民的生活质量。

（4）养鹅业符合我国农产品与国际接轨的要求

根据权威专家的分析，在国际禽产品市场上，我国拥有三大优势产品，即精细分割产品、优质黄羽肉鸡和水禽产品。其中，水禽生产是中国目前家禽生产中最具发展潜力和最容易取得突破的产业。我国鹅的饲养量超过世界总量的90%，且潜力依然巨大。中国鹅的传统加工产品众多，加快研究和发展，有望成为世界鹅产品的生产和供应大国。加入WTO后，我国肉鸡、肉牛、养羊等产业都面临严峻的不利局面，唯独水禽生产上，我国的产品将独树一帜，避开与肉鸡产品等廉价进口产品的正面交锋。另一方面，我国拥有国际上最丰富的鹅种基因资源和自然优势，更具有东欧养鹅发达国家无法比拟的劳动力成本优势。我国丰富多彩的传统加工工艺和悠久的养鹅传统都将促使我们在养鹅生产及产品加工上成为最终的赢家。

总之，养鹅业是解决我国"三农"问题的好产业，可以增加农民收入、繁荣农村经济、优化农业生产结构。此外，养鹅业还可以带动种植业、肉食品加工业、服装行业、餐饮业、饲料工业等的发展。

5. 国外养鹅生产现状如何？

国外养鹅规模虽然不大，但科技水平很高。他们以培育专门化品系组成良种繁育体系进行生产。东欧是世界养鹅业最发达的地区，其培育的专门化品系主要有肥肝专用型、肉用仔鹅专用品系和烤鹅专用品系。其中，肥肝专用品系的培育和产业化由于产业经济效益很高而发展到很高的水平。世界鹅肥肝总产量目前约 3 000 吨，集中产于匈牙利、法国和以色列等国（表 1-1）。随着商品经济的发展，东欧鹅的育种已经由国家单位进行转变为商业育种公司经营，鹅的育种更加科技化、商业化。在饲养管理工艺上，东欧许多国家养鹅生产已转向集约化、机械化，采用厚垫料平养、网养或笼养。

表 1-1　国外主要鹅肥肝生产国肥肝产量（吨）

国　家	年份					
	1978	1983	1985	1990	2003	2010
法国	600	600	678	600	750	480
匈牙利	580	670	1 000	1 500	1 800	1 830
以色列	180	152	240	300	450	0
波兰	70	143	162	100	0	0
保加利亚	50	63	155	200	0	0
年度总产量	1 480	1 628	2 235	2 700	3 000	2 310

　　国外养鹅商品化程度很高，特别注意鹅的商业开发。欧洲国家养鹅的目的包括生产肉、羽绒、肥肝及其他副产品，以及作为伴侣动物、观赏动物和果园等的除草动物。

　　鹅肉是西方高档食品，主要产品是烤鹅，主要针对西方的圣马丁节、圣诞节等的消费。另外是分割肉生产，也是用于节日的家庭聚会或接待尊贵的客人。肥肝鹅生产中，取肝后的鹅肉用于烤鹅、分割肉和鹅肉香肠、罐头等的制作。目前，大部分鹅肉生产国已经从整胴体方式出售转为胴体分割销售，并把多余的脂肪用于香料制造业；将产蛋结束的淘汰鹅和取肥肝后鹅的鹅肉加工成鹅肉香肠、罐头、肉馅等畅销食品。

　　羽绒则用于发展纺织业高档产品。以匈牙利为例，标准的肉鹅在16～23周被宰杀，之前经过 2～3 次手工采集羽毛。生产的羽绒作为高档的纺织工业原料，开发出羽绒服、羽绒寝具等畅销产品，出口世界各地。

在肥肝生产上，法国、匈牙利和以色列是世界肥肝生产"三巨头"，其中法国在肥肝加工工艺上处于垄断地位。法国既是世界肥肝生产大国，又是肥肝深加工和消费大国。法国生产的肥肝97%是鸭肥肝。匈牙利才是世界鹅肥肝生产第一的国家，为法国肥肝酱第一原料大国。以色列则是鹅肥肝生产质量第一的国家。但由于自然资源、劳动力成本及动物保护主义的限制，这些国家的肥肝生产能力逐步下降，而且降幅很大。鹅胸肉、腿肉、羽绒及肥肝是西方国家养鹅的主要产品（彩图1-4）。

6. 国外鹅产业有哪些方面值得借鉴？

国外的鹅产业，特别是东欧国家的鹅产业有许多值得我们借鉴的地方。

（1）高度重视科学研究，种源产业是其主要产业

如法国克里莫集团的肉用型和肝用型鹅（莱茵鹅、朗德鹅），在东欧和我国占有巨大的市场份额。匈牙利的霍尔多巴吉肉绒兼用型鹅也顺利进军中国。

（2）悠久的养鹅历史传统

法国具有生产、加工和消费鹅肥肝的悠久历史。肥肝在法国人的食品中具有至高无上的地位，被誉为"餐桌皇帝"。法国肥肝生产技术来源于埃及犹太人，在路易十六时代被推到极致。匈牙利和以色列也是具有悠久的肥肝生产历史的国家，它们也是肥肝生产第二、第三大国，仅匈牙利就有3.8万户农家靠生产鹅肥肝谋生。以上三国都有专业化的玉米种植农场，其历史与肥肝生产一样悠久。没有悠久、根深蒂固的传统，以色列的犹太人不可能在沙漠的国度里生产出世界上最优质的鹅肥肝出口！

（3）生产的高度专门化、标准化和机械化

如法国的鹅肥肝生产，其良种培育、饲料营养研究、疾病防治、饲养、孵化、填饲、屠宰加工、包装运输、配套机械设备、烹调食用技术等各个环节，均有雄厚的技术基础，达到了高度专门化的水平。法国的肥肝生产主要由3万户农家进行，但鸭和鹅的屠宰、取肝和产品深加工则全部由现代化的、专业化加工厂完成，因为这样才能确保产品符合欧盟的食品卫生标准。法国不仅培育了世界最优秀的肥肝专用品种朗德鹅、番鸭和北京鸭的配套系，而且在肥肝生产用鹅和鸭的饲养、填饲，特别是深加工和市场开拓方面都是一枝独秀。法国肥肝深加工产品产量几乎是世界总量的全部。这不仅使其成为世界肥肝生产"超级大国"，同时又是肥肝进口、加工和消费大国，而且在品种、饲养技术和深加工产品上，其产品和技术大量输出，产生了巨大的经济效益。对于其他肥肝生产国来说，法国最致命的是其垄断了肥肝深加工的工艺技术。在法国，还有专门从事肥肝鸭/鹅饲养、填饲、屠宰和深加工现代化生产设备研究和生产的部门，如符合欧盟食品卫生要求的屠宰流水线、填饲机、煺毛机等，专门为肥肝鹅/鸭产业需要而设计。

（4）有一定的区域布局和雄厚的技术力量

如法国，肥肝的生产、加工主要分布在其西南部地区，该地区的肥肝产量占全国的 80% 以上。法国大约有 1.7 万吨鸭、鹅肥肝的生产规模，这一产业直接提供了 3 万人就业，如果把相关的孵化、屠宰和加工业算上，则有 13 万人，其中专家级人员 3 000 人以上。匈牙利肥肝产量最高达到 1 500 吨/年，80% 出口法国，有 3.8 万户专门从事肥肝生产的农户，每年收益达到 5 000 万欧元。由肥肝产业带动的玉米种植业每年的收益也可达 5 000 万欧元。

（5）国外养鹅产业装备水平很高，劳动效率很高

如法国采用新型的液压式填饲机，填饲员 1 人就能填 500 只鹅，每天填 2~3 次，到 15 天后才能出肥肝。而我国 1 人填饲 80~100 只鹅，18 天以上才能取肝。匈牙利和法国的养鹅生产，机械化水平高，集约化经营，专业化和社会化程度高。

（6）国外养鹅产业深加工水平高，食品安全性好

欧盟各成员基本实现了产品可追溯性，普遍推行危害分析的临界控制点（hazard analysis critical control point，HACCP）制度，并且深加工产品很丰富。如法国鹅肉就开发出罐头、香肠、火腿肠等产品，利用肥肝加工的产品更是有数百种。

7. 鹅产业的盈利源和盈利点在哪里？

(1) 盈利源

一段时间以来，鹅产业虽然被很多人看好，但许多人进行鹅业生产都没有赚到钱。鹅业生产要取得良好的经济效益，鹅产业全链条的技术升级是盈利源，包括种源的培育、养殖技术模式的研发、营运模式的创新、屠宰和深加工技术及装备的研发等。

(2) 盈利点

盈利点则在鹅产业链条的各关键环节上，如鹅种苗繁育、鹅专门化饲料生产、疫苗及兽药产销、鹅屠宰及深加工销售、牧草及饲料原料生产、鹅业技术服务等环节。以鹅体综合开发利用为例：鹅胴体可以加工成烧鹅、盐水鹅、风鹅、香茶鹅等；鹅掌、翅、头颈、肫可以分割包装销往宾馆饭店，也可以加工成各种小包装的休闲美食；鹅肠、血、掌翅、肫是火锅店常用的高级原料；鹅羽绒是纺织工业的重要原料，多数可以出口，国内需求也很大；鹅翅膀上羽轴笔直的10根左右的刀翎是生产羽毛球的最好材料，弯刀毛可以作为生产各种装饰品的原料，片羽也可以作一般填充料；鹅油是很好的食用油之一，不饱和脂肪酸含量很高，具有保健功能，同时是美容护肤产品的生产原料。

8. 我国发展养鹅业有哪些优势？

(1) 我国鹅品种资源丰富

我国鹅地方品种，被列入《中国畜禽遗传资源志·家禽志》(2011年版)的就有30个。它们大中小型俱全，白羽灰羽均有，广泛分布在我国除西藏、青海、甘肃以外的广大地区。我国还从法国引进了著名的肉用型品种莱茵鹅、肥肝专用品种朗德鹅，从匈牙利引进了霍尔多巴吉鹅和卡洛斯鹅，它们已经成为我国鹅业生产品种资源的重要组成部分，对弥补我国鹅种产肉、产肝、产绒性能的不足具有重要作用。

(2) 我国广大地区养鹅自然条件优越

我国广大地区位于温带，气候温和湿润；我国江河纵横、湖泊众多、滩涂广大、草山草坡较多，适合养鹅业的发展。我国 13 个鹅种的原产地养鹅历史悠久，牧草种植利用技术普及状况较好。

(3) 我国养鹅具有成本优势

我国鹅种如豁眼鹅、四川白鹅等的繁殖力高，用它们生产或作母本生产鹅苗的生产成本较低，很有发展前景。养鹅是劳动密集型产业，我国劳动力成本较低。我国东北、山东、河南等地是玉米、大豆等养鹅饲料的主产区，饲料原料丰富；长江流域及其以南地区则一年四季牧草生长旺盛，可以为养鹅提供充足的青草料。

(4) 我国是鹅产品消费大国

我国人民历来有消费鹅产品的习惯，特别是江苏、浙江、上海、安徽、四川、广东、广西及香港、澳门、台湾地区。广东、香港、澳门地区喜欢食用烧鹅，一年四季常吃不厌；西南地区喜欢食用卤鹅（樟茶鹅）和鹅副产品火锅；江苏、浙江、上海地区喜欢食用盐水鹅、白切鹅、风鹅等；安徽等地喜欢食用腊鹅等。经过 2000 年以来的发展，我国兴起了许多鹅产品深加工企业，它们对鹅进行屠宰、分割、深加工，成为我国鹅产业发展的关键环节，大大带动了养鹅业的发展。这些企业广泛分布在浙江、广东、湖南、江苏、安徽、上海、吉林、辽宁、黑龙江及四川等地，发挥了龙头带动作用。

(5) 鹅肉是健康食品

鹅肉营养丰富，不仅脂肪含量低，而且脂肪中不饱和脂肪酸含量高，对人体健康十分有利。早在《本草拾遗》中已有"主消渴，煮鹅汁饮之"的记载。李时珍的《本草纲目》有对狮头鹅的描述："江淮以南多畜之，有苍白二色，及大而垂胡者，并绿眼黄喙红掌，善斗"，并对鹅产品的药用价值作了详尽说明。《随息居饮食谱》中记载："鹅肉能补虚益气，暖胃生津，和胃止渴，治虚羸，消渴。"现代科学也证明鹅肉是健康食品之一，2002 年鹅肉被联合国粮食及农业组织列为 21 世纪重点发展的绿色食品之一。

(6) 家鹅具有许多与生俱来的优点

家鹅可以采食和消化大量的高纤维含量的价格低廉的饲料，是典型的节粮动物；家鹅性情温顺，合群性强，易于管理，适合于规模化、集约化饲养；家鹅生长发育迅速，饲养家鹅经济效益明显。另外，家鹅的羽绒和肥肝是价值极高的产品；家鹅适合于放牧，采食天然牧草的能力很强，还可被用作作物的杂草清除者；各具特色的家鹅品种，还可被用来观赏和作为伴侣动物，饲养于庭院、花园和旅游地，为环境增色。

9. 产业化是我国鹅业发展的方向，其特点是什么？

我国养鹅业已经由家庭副业发展成为重要的养殖行业，规模化养鹅正在全国各地兴起。规模养鹅，需要先进的技术作为支撑，也需要相关设施设备的研究和生产。设施化、现代化和集约化是我国养鹅业发展的必然选择。

我国养鹅业正在向规模化、产业化的方向迈进。养鹅业的规模化经营、专业化生产、区域化布局，以及不断提高科技含量，由数量型生产向质量型生产过渡，归根结底是要实现产业化。养鹅的产业化生产是一个系统工程，需要各相关行业的密切配合，需要充分利用现代科技的优势，需要一个不断完善、不断提高的过程。

鹅业产业化，就是鹅业的一体化经营，同国外农业一体化生产一样，具有以下共同特征。

（1）生产集中化

生产的集中、规模的扩大是实现鹅业产业化生产的第一步。区域化布局、规模化经营、加工和销售集中在龙头企业，就是这一基本特征的体现。我国江苏、山东、吉林、黑龙江、广东、四川、安徽等地已经出现了龙头企业带动的集中生产形势。

（2）生产专业化

鹅业生产的专业化，包括区域专业化、企业专业化、部门专业化和工艺技术专业化。具体表现为鹅业生产的专门化区域的形成；专门以鹅的种、养、加、销和服务为产业的龙头企业的建立；高度专门化的鹅业生产经营部门，以及鹅业生产产业链各环节的专门化生产工艺技术配套体系的完善。

(3) 企业规模化

主要表现为生产的集中和专业化程度的加深，使企业的规模、经济实力不断加强，龙头企业在技术、资金、管理及市场开拓等方面的优势充分发挥，有效地带动产业的发展。技术、资金和管理的优势，使鹅业生产克服了一般小生产者资金短缺从而生产规模有限，设备条件较差、技术和管理落后从而生产水平和效益低下的弱点，加上龙头企业在市场开拓上的突出优势，使鹅业生产的效益得到有效保证。

(4) 产品高度商品化

鹅业产业化经营，是面向市场的商业性农业经营。市场需求决定该产业的成败兴衰。鹅业产业化，其产品必须实现高度的商品化。以市场为导向进行生产，以高档新产品引导市场，以高科技含量产品繁荣市场，以及尽可能开拓国际国内两个市场，都是使鹅产品实现商品化的重要手段。

(5) 服务社会化

鹅业产业化链条上的各单位、各部门的利益是相互依存的，这就是"一体化"的含义。为了自身的利益和长远目标的实现，龙头企业尽可能提供种苗、饲料、饲养管理和疾病防治技术、收购、加工等全套服务，即将产前、产中和产后各环节的服务统一起来，形成综合生产经营服务体系。一个专门的鹅业生产区域，也可以通过畜牧兽医部门提供类似的社会化服务，保障该区域鹅业产业化的顺利进行。

(6) 产业链延伸，附加值增加

这是所有农业"一体化"的最集中、最突出的特点。鹅有肉、羽绒、肥肝及副产品等独特而高档的产品，深加工潜力巨大。通过深加工，产品价值可以提高2倍或更多。如广东的烧鹅，活鹅每千克14元左右，即5千克活鹅的成本为70元，而由它烧制的广东烧鹅，销售价为每只200元，加上羽绒、内脏等副产品价值，可见其经济效应显著。发达国家的水禽食品生产采用工业化和标准化流水线生产模式。屠宰厂根据市场需要和水禽胴体组织部位不同进行分割加工，形成了多种多样的水禽类食品原料。熟食加工车间或加工厂根据市场需要生产，按照标准化、流水线工艺加工成各种熟食产品，不会发生交又污染。法国鸭鹅肥肝生产工艺是发达国家食品加工精致程度的典型代表。

法国为了实现鸭鹅肥肝类食品生产标准化，在饲养品种、饲料加工、疾病防治、饲养、孵化、填饲、屠宰加工、包装、运输、烹调等各环节均制定了技术操作规范，达到了高度专门化水平。鸭鹅屠宰、取肝和产品深加工则全部由现代化、专业化的加工厂完成，以确保产品符合欧盟的食品卫生标准。而我国多数水禽食品加工仍然采用传统的、小作坊式的加工方式，工艺落后，存在食品安全隐患。

10. 我国鹅业发展有哪些思路建议？

我国鹅业发展已经进入科技和组织体系制约的瓶颈时期。鹅业发展要取得突破，必须在组织模式上有所改变，按照产业化生产经营的思路去组织、完善和延长产业链；必须按照标准化生产的理念去管理，依靠科技创新，实现品种良种化、养殖设施化、管理规范化、防疫制度化、资源节约化；必须在种、料、病、管、加、销等环节的技术上进行创新升级。这样，我国鹅业才能真正成为朝阳产业，成为健康食品、高档羽绒和肥肝的稳定来源，成为发展循环经济的重要组成部分。

（1）必须走规模化发展的道路

规模出效益，规模推动产业链建设，规模化是专业化的必然选择。规模化发展，首先要实现区域化布局，按照区域化布局的要求开展规模化生产。目前，我国已经形成几个主产区为主的区域化养鹅形式，如江苏北部、吉林、辽宁、黑龙江、山东、广东、四川、河南、安徽等地的局部地区，依托当地资源和传统，大力发展养鹅生产，以区域化带动规模化，产业发展稳步推进。

规模化还可以促进专业化生产。规模生产地区，鹅业生产分工越来越细，出现了种鹅养殖、孵化、肉鹅生产、屠宰加工、服务与营销的各种专门化群体。这是产业发展的必然，也是产业化生产的前提，政府和龙头企业应该加以引导和扶持。

(2) 标准化生产是鹅业方向

我国鹅业发展必须走标准化发展之路。标准化是市场经济的必由之路，是建设大产业、大基地，进入大市场的基础。鹅业标准化发展是方向，包括以下内容：

1）品种良种化　标准化应该从饲养品种开始，只有使用优良的标准化的品种，才能使整个市场过程标准化，从而实现产品的标准化。

2）养殖设施化　规模化、标准化生产，没有设施作保障是无法完成的。国内外肉鸡、蛋鸡、奶牛等的标准化生产，很大程度上都得益于设施的标准化甚至现代化。目前鹅业生产的设施研发和应用都较落后，应加强这方面的投入力度。

3）管理规范化　规模化经营，标准化生产，必然要求管理规范化。我国养鹅业要从数量型向质量效应型转变，管理规范化是关键环节之一。

4）防疫制度化　要站在生物安全的高度，预防为主、工程化防疫，建立防控和净化疫病的制度，确保鹅业产业化生产正常进行。

5）资源节约化　鹅业标准化生产，必须考虑低碳时代的要求。要按照资源节约、环境友好、生态高效的原则投入技术、资金和人才，提升鹅业可持续发展水平。

(3) 必须依靠科技化支撑

鹅业产业化发展离不开科技支撑，科学技术也是鹅业发展的第一生产力。鹅业的科技化支撑，主要包括品种创制技术、工程化设施化技术、信息化管理技术、饲料营养技术、生物安全技术、废弃物无害化处理技术、食品深加工技术、市场营销技术，以及这些领域形成的产品的应用。在我国土地、环境、资金、疫病、劳动力、饲料等资源限制越来越大的今天，科技进步的作用更是至关重要！甚至是决定性的作用！

(4) 必须进一步完善和延伸产业链

鹅业产业建设就如人体，产业链像人体的血液循环系统。这个系统越发达，产业建设越兴旺。产业链建设中，良种繁育体系是根本，饲料加工体系是基础，疫病防控体系是保障，食品加工体系是龙头，市场营销与信息体系是导向。当前，每一个环节都受到科技创新和体制创新的制约，发展缓慢。应根据产业化发展要求、市场化的呼唤，着力建设一批产加销"龙头"企业，形成科技和组织体制创新的平台，组建完整产业链，再逐步完善和延伸这个产业链。如以前匈牙利的鹅业发展带动全国玉米种植和羽绒服装产业的发展就是典型的例子；再如法国养鹅业带动产业链各环节的设备开发和肥肝产品深加工业的高度发展。我国鹅业要"接二连三"，"接二"就是要大力发展鹅肉、蛋、羽毛制品深加工，产品交易批发、冷藏和物流包装等，集科研、生产、包装、加工、仓储、商贸、物流于一体。"连三"就是在鹅产业链建设中高位嫁接电子商务和现代物流服务技术，把发展鹅业同旅游观光、休闲购物、食品文化等结合起来。

总之，发展鹅产业，科技是支撑，创新是灵魂。目前鹅产业科技薄弱，产业刚刚起步，各环节潜力巨大。按照中央"供给侧结构改革"的思路对鹅产业规模、水平、结构、技术进行全面升级改造，使鹅产业真正成为解决"三农"问题的好帮手还有很长的路要走，可以这样说，这里天地广阔，大有可为！

第二章 鹅场建设与主要设备

11. 如何准确把握鹅场建设在鹅业生产中的地位？

鹅场建设是养鹅生产的第一步，不仅要为鹅群提供良好的小气候环境，还要给养殖场职工提供舒适的生活和工作环境；既要有利于生产的组织和劳动定额的安排，又要适合生物安全措施的顺利实施和符合现代畜牧业高效生产的要求。

（1）鹅场建设是设施化养鹅的重要部分

鹅场是鹅生长发育、休息、繁殖的场所，是鹅生活的外部环境。鹅场的位置、布局，鹅舍间的间距，每个鹅舍内部的光照、通风、水源供应、污物的处理等，都会对鹅群生产性能的发挥产生影响。

（2）鹅场建设关系到环境保护问题

现代畜牧业已经进入生产与环保并重、强调可持续发展的时代。所以，鹅场建设，还必须注意环境保护，做到排放符合有关环保指标，最好能变废为宝。

（3）鹅场建设与鹅疫病防控紧密相关

鹅场建设关系到将来鹅场的管理、生物安全措施的落实，以及未来鹅场的扩大和发展问题。规模化产业化的养鹅生产，鹅舍建设应着眼长远，并使鹅舍和鹅场符合管理方便、有利防疫和预留未来发展空间的要求。

12. 鹅场选址应注意哪些因素？

鹅场场址的选择要根据鹅场性质（级别：祖代种鹅、父母代种鹅、商品代肉鹅）、自然条件和社会条件等因素进行综合判断，应符合本地区农牧业生产发展的总体规划、土地利用规划、城乡建设发展规划和水源环境保护规划的要求。

（1）位置和交通

鹅场场址的选择首先要考虑防疫隔离，保证安全生产，同时又要考虑产品及饲料运输的方便。鹅场要远离禽场和屠宰场，以防交叉传染，距离在1 500米以上；要远离交通要道、铁路、公路主干线和车辆来往频繁的地方，距离在1 000米以上。要了解鹅场所在城镇近期及远期规划，远离居民住宅区，距离1 000米以上。

商品鹅场的主要任务是为城镇提供肉鹅，因此场地的选择，一方面要考虑运输的方便，另一方面又要考虑到城镇的环境卫生和场内防疫的要求。因此，商品鹅场宜选择在城镇的近郊，距城镇10千米左右。种鹅繁育场防疫隔离要求严格，应离城镇和交通枢纽远一些。育种场和祖代场则宜选择相对隔离，周围有山、水、林地等天然屏障与外界隔开的地方。

在选择鹅场场址时，要特别注意排污问题。最好能把鹅场排污与周围的农田灌溉结合起来；也可以利用鹅场肥水养鱼，有控制地将污水排向鱼塘，做到既可纳污，又能肥塘。鹅场污水不能直接排入河流，应修建化粪池，进行污水处理。

（2）水源和电力

鹅的用水量大，应以夏季最大耗水量为标准来计算需水量。鹅场的水源应当充足，水质良好，卫生无污染。鹅场附近有沟、河、湖等流动活水最为理想，前提是水源上游应无畜禽加工厂和化工厂污染源。水面尽量宽阔，深1米以上。需要取用地下水的地区，打井应符合当地政府部门相关规定并考虑供水量。山区的山泉水有寄生虫污染的风险，应进行检测和监测，经处理后使用。

选择鹅场场址时，要考虑电源的位置和距离，如有架设双电源的条件最理想；如地处电力不足地区，应备发电机。电力安装容量以每只种鹅5～6瓦，商品鹅1.5～2.0瓦计算，另加孵化器、保温电器、饲料加工、照明等的用电量。

（3）地势和土质

鹅场要避开耕地，宜建在向阳缓坡地带，阳光充足，利于通风排水。场地应地势高燥、平坦或为缓坡地带，南向或东南向缓坡地势最佳。选择沙壤土最为理想，因沙壤土透气性、透水性良好，能保证场地干燥；土壤自净能力强，病原微生物不易滋生繁殖，符合卫生要求。要选择空旷闲置的地块，坐北朝南，开阔干燥，通风良好。要了解当地气候条件，场地应高于历史最高洪水位。山区建场不可位于潮湿低洼的山谷，最好建在半山腰。

（4）草源草场

鹅能大量利用青绿饲料，并生性喜欢缓慢游牧。据测定，每只成年鹅一天可采食 1.5～2.5 千克青草，放牧鹅群生长发育良好，并可节约用粮，降低成本。因此，鹅场附近有可供放牧的草地、草坡、果木林园最为理想。没有放牧条件的地方，应该在邻近鹅场有牧草生产地，按每 667 米^2 耕地养鹅 150～300 羽规划牧草面积。

13. 如何进行鹅场规划布局?

规模鹅场各类建筑物间的布局要做到因地制宜，科学合理，以节约资金，提高土地利用率，便于生产管理和预防疫病传播。布局首先考虑风向，其次是地势，再考虑分区和隔离。各功能区相对隔离，脏道净道不交叉。按风向排列依次是：职工生活区、生产管理区、生产区和隔离区（兽医室和粪污处理区）（图 2-1）。规模鹅场规划时，应建设专门的围墙/防疫沟，人员进出和车辆进出通道应配备清洗、消毒、更衣设备。

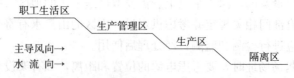

图 2-1 鹅场按地势、风向分区规划示意图

鹅场生产区如果包含孵化、种鹅繁殖、育雏、育成与育肥等生产区域，则它们之间应相对隔离，若有条件，应达到 200 米以上的卫生间距。同时，根据风向和地势，按照孵化、种鹅繁殖、育雏、育成与育肥这样的顺序排列（图 2-2）。

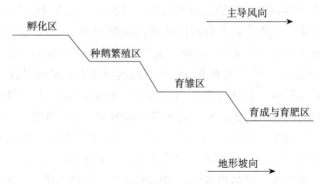

图 2-2　鹅场生产区布局示意图

鹅场布局上要合理设计生产区内各种鹅舍建筑及设施的排列方式、朝向、相互之间的间距和生产工艺的配套联系。

（1）排列方式

生产区鹅舍要坐北朝南或南偏东 30°以内。鹅舍群一般横向成排（东西），纵向成列（南北）。超过 2 栋以上的鹅舍群的排列要根据场地形状、鹅舍数量和每栋鹅舍的长度，酌情布置为单列式、双列式或多列式（图 2-3）。

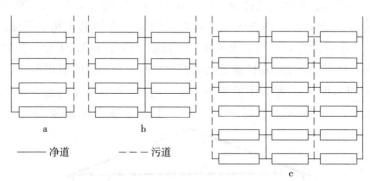

图 2-3　鹅舍单列式、双列式和多列式布局示意图
a. 单列式布局　b. 双列式布局　c. 多列式布局

（2）鹅舍间距

鹅舍足够的间距是通风、采光、防疫、防火的需要。传统的鹅舍需要设置陆上和水上运动场，这使得鹅舍之间必定有足够的距离。而完全密闭的鹅舍，必须根据当地地理位置、气候、场地的地形地势等

来确定适宜的间距。如果按日照要求，当鹅舍高度为 H 时，要满足鹅舍的冬季日照要求，北京地区的鹅舍间距约需 2.5H，黑龙江的齐齐哈尔地区约需 3.7H，江苏地区需 1.5～2H。若按防疫要求，间距为 3～5H 即可。鹅舍的通风应根据不同的通风方式来确定适宜间距，以满足通风要求。若鹅舍采用自然通风，间距取 3～5H，既可满足下风向鹅舍的通风需要，又可满足卫生防疫的要求；如果采用横向机械通风，其间距也不应低于 3H；若采用纵向机械通风，鹅舍间距可以适当缩小，1～1.5H 即可。鹅舍的防火间距取决于建筑物的材料、结构和使用特点，可参照我国建筑防火规范。若鹅舍建筑为砖墙、混凝土屋顶或木质屋顶并做吊顶，耐火等级为 2 级或 3 级，防火间距为 8～10 米（3H）。

14. 育雏室建设有何要求？

雏鹅保暖期最长可达 21 天左右，所以育雏鹅舍的要求是保温、干燥，通风而无贼风，便于安装保温设备。通常鹅舍梁高 2.2～2.5 米，窗户面积与地面之比为 1：（10～15），后檐高 1.6～1.8 米，前檐高 1.8～2.0 米，内设平顶，这样可增强舍内的采光和空气流通。育雏室应保温良好，利于通风换气。育雏舍内可分成若干个单独的育雏间，也可用活动隔离栏栅分隔成若干单间，每小间的面积为 25～30 米²，可容纳 30 日龄以下的雏鹅 100 只左右，配置 1 个保温伞和 4 个饮水器，其剖面示意图见图 2-4。舍内地面应比舍外高出 20～30 厘

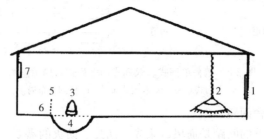

图 2-4　平养育雏鹅舍剖面示意图

1. 南窗　2. 保温伞　3. 饮水器　4. 排水沟　5. 栅栏　6. 走道　7. 北窗

米，地面可用黏土或沙土铺平压实，或采用水泥地面。鹅舍正前面应设喂料槽和戏水池。舍内育雏最好采用高床育雏，育雏网床高 80 厘米左右，网眼 1.1 厘米×1.1 厘米。

育雏室也可以用蔬菜大棚改建，6 米、8 米宽的连栋大棚均可，棚内地面垫高 20 厘米，周围三面挖排水沟，一面通活动场。棚顶先盖稻草麦秆等，再覆盖塑料薄膜。夏季需再盖遮阳网。采用烟道加温效果较好。也可以在连栋大棚内用高床育雏。

15. 肉鹅舍建设有何要求？

在南方气候温暖地区，可采用简易的棚架式鹅舍。①单列式棚架鹅舍：四面可用竹竿围成栅栏，围高 70 厘米左右，每根竹竿间距5～6 厘米，以利鹅伸出头来采食和饮水。②双列式棚架鹅舍：可在鹅舍中间留出通道，两旁各设料槽和水槽。棚架离地面约 70 厘米，棚底用竹条编成，竹条间孔隙约 3 厘米，以利于漏粪。育肥棚内分成若干小栏，每小栏 15 米^2 左右，可养中型育肥鹅 80～90 只。

砖木结构的育肥鹅舍特别要考虑夏季散热问题。在设置窗户时就要考虑到散热的需要。简单的办法是，前后墙可设置上下两排窗户。下排窗户的下缘距地面 30 厘米左右。为防止敌害，可安装一层金属网。这样可使从下排窗户吹过鹅舍的风经过鹅体，起到良好的散热降温作用。冬季为防止寒冷的北风侵袭，可将北面窗户封堵严实。

肉鹅舍以每舍饲养 500 羽肉鹅为宜，出栏前大型鹅每平方米不宜超过 2.5 羽、中型鹅不超过 3 羽、小型鹅不超过 4 羽。

肉鹅舍一个单元一般设置鹅舍/遮阴棚、活动场和水池（也可以没有）。鹅舍部分占 1/4，活动场占 1/2。水池最好建成长沟式（彩图 2-1），宽 1.5 米，深 0.5 米，保持沟内水流动、清洁。

16. 鹅舍的类型有哪些？如何建设种鹅舍？

鹅舍和其他畜禽舍一样，需根据当地气候条件和生产目标而定。按照建筑学上的分类方法，鹅舍有棚式、开放式、半开放式、有窗密

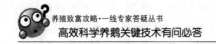
闭式和无窗密闭式鹅舍几种类型（图 2-5、彩图 2-2、彩图 2-3）。其中后两种在达到完全可控光的条件下就是繁殖调控鹅舍。

种鹅舍建筑视地区气候而定，以防暑降温或防寒保暖、有效通风等功能为依据设计。南方炎热地区多为全开放式鹅舍，我国长江以北、黄河以南地区多为半开放式鹅舍（彩图 2-2），要进行人工繁殖调控的鹅舍必须为全密闭式（彩图 2-3）。每栋种鹅舍以养 800～1 000 只种鹅为宜。产蛋期用种鹅舍一般由舍内、陆上运动场和水上运动场三部分组成，舍内面积的计算办法为：大型种鹅每平方米养 2～2.5 只、中型种鹅每平方米养 3 只、小型种鹅每平方米养 3～3.5 只。陆上运动场一般应为舍内面积的 1.5～2 倍，不能低于 1 倍；水上运动场可以利用天然水面，水面面积可与陆上运动场面积相等或占陆上运动场面积的 1/3～1/2，水深要求 50～100 厘米。如果是人工建设水池，水池宽度为 1.5 米左右比较经济实用，水深 30～50 厘米即可，长沟式（彩图 2-1）。南方炎热地区，鹅舍运动场上还可以设

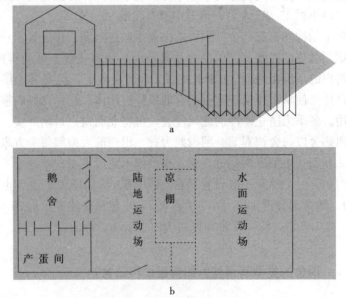

a

b

图 2-5 种鹅舍

a. 剖面图 b. 平面图

置遮阳网（凉棚，图2-5），在夏季炎热时使用。鹅舍檐高1.8～2.0米，窗与地面比例为1：（10～12）。舍内地面比舍外高10～20厘米，一般种鹅场在种鹅舍的一隅地面较高处需设产蛋间（或栏）或安置产蛋箱。产蛋间最好采用离地50～80厘米高的网床，网床上铺设稻草等垫料；开设2～3个小门，让产蛋鹅自由进出。种鹅舍正面（一般为南面）设陆地和水面运动场。北方地区、山区冬季降雪较多的地区和临海风大地区，种鹅舍建设要充分考虑抗雪、抗风能力，以免造成不必要的损失。

繁殖调控鹅舍建设：完全的自然光照条件并不利于种鹅繁殖性能的发挥，这种情况下种鹅繁殖跟着"天"走（一年四季每天的太阳光照时数、强度都在变化），形成了产蛋少、产蛋季节性强的特点。要想使种鹅产蛋跟着"人"走，随时产蛋和多产蛋，就要建设环境控制型（简称环控型）鹅舍。环控型鹅舍是全密闭式的，有动力通风设施，设置料线和水线，全人工光照，要安装降温设备，如湿帘风机系统等（彩图2-3）。机械通风鹅舍的形式很多，利用安装在墙上的风机向舍外排风，同时新鲜空气从墙基的进风口进入鹅舍。有些规模较大的生产场鹅舍跨度达到12米甚至15米，长度60～70米的种鹅舍采用大功率风机驱动的隧道式负压通风，不仅可以对鹅舍进行高效通风换气，而且结合湿帘降温，还可以在夏季炎热时很好地降低舍内温度。南方炎热地区，特别是广东、广西地区，因地制宜地建设的"反季节"鹅舍，经济适用，值得推广。一般在墙上安装能够上下开启的完全可遮光的卷帘，在舍内部安装电灯，安装数量以所需照度和不同的光照程序而定。这种繁殖调控鹅舍，除要求闭光性良好外，还必须保证通风降温效果佳。一般要提高鹅舍的高度，顶高可以达到4.5米以上，跨度10米以上，屋顶采用钟楼式，墙脚设置通风口。运动场宽阔，有一定的坡度。水面开阔，水源充足清洁。

全密闭环控种鹅舍，内部应设置饮水区（水线）、喂料区（料线）、产蛋区和休息区。有些企业已经开始在鹅舍内局部或全部采用塑料或镀锌网床，全程旱养，效果很不错。

17. 如何控制鹅场环境污染？

（1）对外隔离

鹅场的大门必须建造大消毒池，其宽度大于大卡车的车身，长度大于车轮 2 周长，池内放有效消毒溶液。生产区门口要建职工过往消毒池，要有更衣消毒室。鹅舍门口必须建小消毒池，要宽于舍门。鹅场建设可以选择自然的山、林、沟渠、河流等作为场界，形成天然屏障。鹅舍最好是安装一些过滤装置，使臭气及灰尘被吸附在装置上；要建有粪污及污水处理设施，如三级化粪池等。粪污及污水处理设施要与鹅舍同时设计并合理布局。

（2）粪污处理

一般是将粪污用于农田。在将粪污用于农田时，一方面要了解粪污的性质，主要是氮、磷的含量和比例，以及其他成分如重金属等的含量；另一方面，要准确估计具体土地和作物所能消纳的营养成分的量，避免污染地下水，使农牧业有机结合，保护整个生态环境，达到持续发展。

（3）使用环保型饲料

仅考虑营养而不考虑环境污染的日粮配方，会给环境造成很大的压力，并带来浪费和污染；同时，也会使鹅产品达不到绿色食品的要求。由于鹅对蛋白质的利用率不高，饲料中 50%～70% 的氮以粪氮和尿氮的方式排出体外。一部分氮被氧化，所生成的硝酸盐以及一些未被吸收利用的磷和重金属如铜、锌及其他矿物质等渗入地下或地表水流入江河，从而造成广泛的污染。如果日粮干物质的消化率从 85% 提高到 90%，那么随粪便排出的干物质可减少 1/3，日粮蛋白质减少 2%，粪便排泄量就降低 20%。粪污的恶臭主要为蛋白质腐败所产生，如果提高日粮蛋白质的消化率或减少蛋白质的供给量，那么臭气的产生将大大减少。因此，要注意使用最少剩余营养的日粮，使用理想蛋白，补充氨基酸，并在日粮中补充植酸酶等，提高氮、磷的利用率，减少氮、磷的排泄。营养平衡配方技术、生物技术、饲料加工工艺的改进、饲料添加剂的合理使用等新技术的出现，为环保饲料指明了方向。发酵饲料技术也是养鹅环保型饲料生产的新途径。

（4）绿化环境

在鹅场内外及场内各栋鹅舍之间种植常绿树木及各种花草，既可美化环境，又可改变场内的小气候，减少环境污染。许多植物可吸收空气中的有害气体，使氨、硫化氢等有毒气体的浓度降低，恶臭明显减少，释放氧气，提高场区空气质量。某些植物对铜、镉、汞等重金属元素有一定的吸收能力；叶面还可吸附空气中的灰尘，使空气得以净化。

绿化还可以调节场区的温度和湿度。夏季绿色植物叶面水分蒸发可以吸收热量，使周围环境的温度降低；散发的水分可以调节空气的湿度。草地和树木可以挡风沙，降低场区气流速度，减少冷空气对鹅舍的侵袭，使场区温度保持稳定，有利于冬季防寒。场周围种植的隔离林带可以控制场外人和其他动物往来，利于防止疫病传播。鹅场防护林、种草绿化和运动场绿化遮阳场景见彩图2-4。

（5）种养结合

鹅是喜欢并可以大量采食青草的家禽，种草养鹅是种养结合、生态良性循环的好模式。在国外农业发达国家，许多农场都是种植业和养殖业并存的综合性农场，农场内不仅有养殖和粮食种植，往往还有蔬菜和水果园。鹅场可以规划专门化的牧草地，可以绿化环境、消纳鹅粪、提供饲料。使用粪便作为肥料既能增加土壤肥力，改变土壤结构，提高土壤蓄水力，又能促进粮、果、菜增产，降低生产成本，增加农民收入。在规模养鹅场实施"干湿分离、雨污分流、节水养殖、循环利用"技术，对鹅粪便经发酵、沼气池无害化处理后，作为有机肥就近还田利用，可实现养殖污染零排放。污水则采取种养结合的生态循环模式，利用管道、贮存池，把经过发酵的污水直接用于农田、果园和鱼塘，种植优质果树，林下种草，供鹅食用，提高经济效益。

（6）环保宣传和监测

要真正做好鹅场的环境保护工作，必须以严格的卫生防疫制度作保证，加强环保知识的宣传。建立和健全卫生防疫制度是做好鹅场环境保护工作的保障，应将鹅场的环境保护问题纳入鹅场管理的范畴。应经常向职工宣传环保知识，使大家认识到环境保护与鹅场经济效益和个人切身利益密切相关。制订切实措施，抓好落实。环境卫生监测

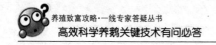
包括空气、水质和土壤的监测。

(7) 采用发酵床养殖技术

用锯末、统糠粉、棉籽壳粉、椰子壳粉、花生壳粉、各种秸秆等做成养鹅的垫料，并加入特制的益生菌就可以制作成发酵床，开展零排放养鹅。发酵技术是功能菌群生长繁殖并完成粪尿降解转化的过程，这是广义的发酵过程。这个过程以氧化反应为主导并且有厌氧发酵和兼性厌氧发酵。发酵的过程就是垫料及鹅粪转化为菌体蛋白的过程。发酵床是利用全新的自然农业理念，结合现代微生物发酵处理技术提出的一种环保、安全、有效的绿色养殖法。冬春季育雏舍采用发酵床，益生菌的发酵会产生相当多的热量，降低鹅舍的供暖成本。

18. 鹅场的其他设备及用具有哪些？

(1) 育雏加温设备

加温育雏设备多采用地下烟道、地上烟道、电热育雏伞、煤炉、电阻丝、红外线灯等。炕道育雏分地上炕道式与地下炕道式两种，由炉灶、烟道和烟囱组成。煤炉可以用油桶自制。电热育雏伞用铁皮或纤维板制成伞状，伞内四壁安装电热丝作热源，有市售的，也可自制。一个铁皮罩，中央装上供热的电热丝和2个自动控制温度的胀缩饼装置，悬吊在距育雏地面50~80厘米高的位置上，伞的四周可用20厘米高的围栏围起来，每个育雏伞下可育雏200~300只，管理方便，节省人力，易保持舍内清洁。另外，还有近年来一些公司研发的育雏保温成套设备。

(2) 喂料器和饮水器

雏鹅饮水器和喂料器见表2-1。40日龄以上鹅应改用槽式喂料器和饮水器。

表 2-1　雏鹅用喂料器、饮水器尺寸

日龄	饲喂器直径（厘米）		饲喂器高（厘米）		围栏间距（厘米）		饲喂鹅数量（只）	
	大型鹅	中小型鹅	大型鹅	中小型鹅	大型鹅	中小型鹅	大型鹅	中小型鹅
1~10	17	15		5	2.5~3.0	2.5	13~15	14~16

（续）

日龄	饲喂器直径（厘米）		饲喂器高（厘米）		围栏间距（厘米）		饲喂鹅数量（只）	
	大型鹅	中小型鹅	大型鹅	中小型鹅	大型鹅	中小型鹅	大型鹅	中小型鹅
11～20	24	22	7～8	7	3.5～4.0	3.5	13～15	13～14
21～40	30	28	9	9	4.5～5.0	4.5	12～14	13～14

（3）产蛋巢或产蛋箱

一般生产鹅场多采用开放式产蛋巢，即在鹅舍一边用围栏隔开，地上铺以垫草，让鹅自由进入产蛋和离开；也可制作多个产蛋窝或箱，供鹅选择产蛋。箱高50～70厘米，宽50厘米，深70厘米。箱放在地上，箱底不必钉板（图2-6）。种鹅饲养者也可因地制宜地设计各种形式的产蛋箱，如法国和匈牙利已有的三种类型（彩图2-5）。

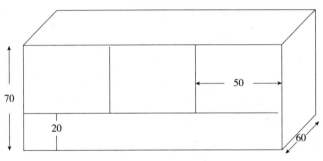

图2-6 三个一组的种鹅产蛋箱（厘米）
（引自克里木公司"种鹅饲养指南"）

（4）盛装、周转、搬运设备

鹅运输笼：用作育肥鹅的运输，铁笼、塑料笼或竹笼均可，每只笼可容纳8～10只，笼顶开一小盖，盖的直径为35厘米，笼的直径为75厘米、高40厘米。购买专门的塑料笼运输更好，鹅用运输塑料箱（周转箱）规格为长75厘米、宽56厘米、高40厘米。如果装运的是后备种鹅，每笼数量应少一些。其他同类设备还有雏鹅盛装/运输箱、种蛋盛装/运输箱、手推车、三轮车等。

（5）孵化、填饲、割草等设备

41所鹅蛋孵化机（朗德鹅和狮头鹅应选用6656型）、出雏机和配套设备、仿法式填饲机、电动割草机、切草机或青绿饲料打浆机

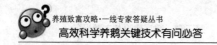

等。这些设备都有专门的厂家生产，可以根据需要适当购置，以便减少用工，提高劳动生产效率。

（6）防疫消毒设备

高压清洗机、喷雾器、连续注射器、焚烧炉等，用于卫生、消毒、防疫和病死鹅处理。

第三章　鹅的品种选择及利用

19. 我国鹅品种资源概况如何?

我国鹅品种资源非常丰富,除有起源于灰雁的伊犁鹅外,其他29个地方品种均起源于鸿雁。欧洲学者把我国起源于鸿雁的29个地方品种都称为"中国鹅"。中国鹅种从羽色上分深灰、浅灰、纯白羽三种;从体重上,分大、中、小三种类型;从地域分布上看,北到黑龙江,南到海南,西到云贵高原的西昌、新疆的伊犁,东到东海之滨的上海,以及宝岛台湾,都有家鹅的分布。中国鹅种的显著特点是繁殖性能优良和耐粗性良好。

欧洲是世界上鹅品种资源最丰富的地区,也是鹅业生产比较先进的地区,它们用于商品生产的品种一般都经过专业的育种公司选育。被引进至我国饲养的欧洲鹅种有中型白羽肉用品种如莱茵鹅、霍尔多巴吉鹅,以及中型灰羽肝用型如朗德鹅。这些鹅种多数早期生长发育速度较快,繁殖性能中等,羽绒性能优良,群体整齐度高,遗传性能稳定。它们已经成为我国鹅种资源的重要组成部分,并在生产中发挥重要作用。

任何鹅品种都可产肉、产绒,甚至都可以产肝和产蛋,只是不同品种生产性能特点倾向不同而已,有的偏向于产肉,有的绒多质好,有的产蛋高,有的肥肝性能突出。生产者根据市场需求和生产目标选择相应生产性能特点的品种养殖即可。我国养殖的主要鹅品种及相对突出的生产性能见表3-1,供养殖者参考。

表 3-1　我国养殖的主要鹅品种分类及特点

品种	经济用途	体型	羽毛颜色	培育情况	突出特点	用途
豁眼鹅	肉用	小型	白羽	原始品种	繁殖	肉用、母本

(续)

品种	经济用途	体型	羽毛颜色	培育情况	突出特点	用途
四川白鹅	肉用	中型	白羽	原始品种	繁殖	肉用、母本
狮头鹅	肉用	大型	灰羽	原始品种	生长	肉用
浙东白鹅	肉用	中型	白羽	原始品种	生长	肉用、父本
马冈鹅	肉用	中型	灰羽	原始品种	肉质	肉用
皖西白鹅	肉用	中型	白羽	原始品种	生长、羽绒	肉绒兼用、父本
溆浦鹅	肉用	中型	白羽/灰羽	原始品种	生长	肉用、父本
乌鬃鹅	肉用	小型	灰羽	原始品种	肉质	肉用
钢鹅	肉用	中型	灰羽/白羽	原始品种	生长	肉用、父本
伊犁鹅	肉用	小型	灰羽/花羽	原始品种	飞翔	肉用
兴国灰鹅	肉用	中型	灰羽	原始品种	生长	肉用
籽鹅	肉用	中型	白羽	原始品种	繁殖、羽绒	肉绒兼用、母本
广丰白鹅	肉用	中型	白羽	原始品种	生长	肉用
道州灰鹅	肉用	中型	灰羽	原始品种	生长	肉用
平坝灰鹅	肉用	中型	灰羽	原始品种	生长	肉用
织金白鹅	肉用	中型	白羽	原始品种	生长	肉用
云南鹅	肉用	中型	白羽/灰羽	原始品种	生长	肉用
长乐鹅	肉用	小型	灰羽	原始品种	肉质	肉用
闽北白鹅	肉用	小型	白羽	原始品种	肉质	肉用
右江鹅	肉用	中型	白羽	原始品种	生长	肉用
定安鹅	肉用	中型	白羽	原始品种	生长	肉用
阳江鹅	肉用	小型	灰羽	原始品种	肉质	肉用
扬州鹅	肉用	中型	白羽	培育品种	繁殖	肉用、母本
天府肉鹅（配套系）	肉用	中型	白羽	培育品种	生长、繁殖	肉用
莱茵鹅	肉用	中型	白羽	培育品种	生长、羽绒	肉绒兼用、父本
朗德鹅	肝用	中型	灰羽	培育品种	肥肝	肝用
罗曼鹅	肉用	中型	白羽	原始品种	生长、羽绒	肉绒兼用、父本
霍尔多巴吉鹅	肉用	中型	白羽	培育品种	生长、羽绒	肉绒兼用、父本

20. 我国主要的优秀地方鹅种有哪些？生产性能如何？如何选择利用？

国内鹅种，按经济用途分，大多属肉用型鹅种。所有鹅都产绒，但羽绒性能白羽优于灰羽，高纬度地区鹅种优于低纬度地区鹅种。由于繁殖、生长等与生产效率紧密相关的生产性能不突出，一些鹅种被饲养者抛弃而濒临灭绝或已经灭绝，如酃县白鹅、雁鹅、永康灰鹅等。太湖鹅、百子鹅等由于体型较小，生长速度太慢，而繁殖性能和适应性与四川白鹅相比又没有明显优势，所以它们都处于濒危状态。武冈铜鹅等由于羽绒价值低，原产区饲养数量也越来越少。四川白鹅、豁眼鹅、浙东白鹅、皖西白鹅、狮头鹅等品种，由于具有一些独特的优良性能或综合生产性能较高，适应性强，被许多地方广泛引种繁育，分布范围已经远远突破原产地的区域。特别需要强调的是，随着鹅饲养、饲料营养及疫病防治等方面的研究深入和技术应用的发展，鹅种的生产性能都会有相应的提高。总之，我国鹅种也在随着社会的发展而发生相应的变化，对一个品种的理解应该用发展的观点去看待。另外，我国大多数鹅种都没有经过肥肝性能的专门化选育，实际上不适合用于肥肝生产，故一般不作该方面介绍，以免误导。

（1）狮头鹅

1）原产地及主产区　狮头鹅是中国鹅种中体型最大的品种，是世界三大重型鹅种之一。原产于广东省饶平县，主要产区在澄海县和汕头市郊。狮头鹅的形成历史已有200多年，现在在产区建立了保种场，按羽毛颜色、体型外貌分为若干类型，进行了系统的选育工作，形成了外貌特征一致、遗传性能稳定的种群。在原产地，群众用狮头鹅与其他中型鹅种杂交，选择具有狮头鹅外貌特征的后裔留种，经长期培育形成了目前饲养较多的澄海类型的狮头鹅。目前狮头鹅主要在粤东各地广泛饲养，其中潮州市的饶平县、潮安县和湘桥区，汕头市龙湖区和澄海区，揭阳市揭东、榕城等地为主产区。

2）体型外貌　狮头鹅（彩图3-1）体躯硕大轩昂，头部前额黑色肉瘤发达，向前突出，两颊有对称的肉瘤1~2对，成年公鹅和2

岁以上母鹅的头部肉瘤特征更加明显；颔下咽袋发达，一直延伸到颈部，从头的正面看，整个鹅头像狮子头，故得名狮头鹅。

传统灰羽型狮头鹅体躯呈长方形，前躯略高，头大，颈粗微弯；喙短而坚实，黑色，与口腔交接处有角质锯齿；眼皮凸出，多呈黄色，外观眼球似下陷，虹彩褐色；颔下咽袋发达，一直延伸至颈部。胫粗蹼宽，胫、蹼为橙红色，有黑斑。狮头鹅全身背面羽毛、前胸羽毛及翼羽均为棕褐色，由头顶至颈部的背面形成如鬃状的深褐色羽毛带，全身腹面的羽毛白色或灰白色。褐色羽毛的边缘颜色较浅、呈镶边羽。白羽狮头鹅全身羽毛洁白，头部肉瘤、喙为橘黄色。体型与灰羽一致。两种羽色成年狮头鹅见彩图 3-1。

3）生产性能

①肉用性能：成年公鹅体重 10～12 千克，最大可达 17 千克；成年母鹅体重 8～10 千克，最大可达 13 千克。大群饲养条件下，狮头鹅在 40～70 日龄时增重最快，51～60 日龄平均日增重 116.7 克。70～90 日龄未经填肥的仔鹅公母平均体重为 5.84 千克。半净膛率为 82.9%。全净膛率为 72.3%。

②肥肝性能：狮头鹅的肥肝性能较好。据测定，肥肝平均重为 538 克，最大肥肝重 1 400 克，肝料比 1：40。

③繁殖性能：母鹅的产蛋季节为每年的 8—9 月至翌年的 3—4 月。全年产蛋 25～35 个，母鹅就巢性强，无就巢性或就巢性很弱的只占群体的 5% 左右。一般每年产 3 窝蛋、少数母鹅可产 4 窝，每产一窝蛋就巢 1 次。蛋重 200 克左右，蛋壳白色。母鹅开产日龄 160～180 天，为了提高种蛋质量，产区习惯把开产期控制在 220～250 日龄，公鹅的配种年龄控制在 200 日龄以上，母鹅可利用 5～6 年，产蛋盛期 2～4 年。

公母鹅配种比例为 1：（5～6），种蛋的受精率一般为 70%～80%，受精蛋孵化率 85%～90%。

4）用种建议　狮头鹅是我国最大型的鹅种，也是世界最大型鹅种之一，是一个具有独特外貌特征、体型及优良生产性能的稀有品种，应对狮头鹅进一步进行提纯复壮，改善缺点，提高生产性能尤其是繁殖性能。可作为改良其他地方鹅种生长性能的素材，也可利用狮头鹅培育我国的肥肝生产专用品种，培育出肉鹅生产或肥肝生产的父本品系。

（2）皖西白鹅

1）原产地及主产区　原产于安徽西部丘陵山区的霍邱、寿县，广泛分布于霍邱、六安、肥西、舒城、长丰、寿县，以及河南的固始县等地。据史料记载，该鹅种已有 400 多年的饲养历史，具有生长快、觅食力强、耐粗饲、肉质好和羽绒品质优良等特点。

2）体型外貌　皖西白鹅（彩图 3-2）体型中等。头顶有光滑的橘黄色肉瘤，成熟公鹅特别发达，向前突出。颈细长呈弓形。公鹅体躯略长，母鹅体躯呈卵圆形，胸部丰满，前躯高抬，体态高昂。全身绝大部分羽毛白色、喙橙黄色。胫、蹼橘红色。有少数鹅颌下有咽袋，少数个体后顶部有顶心毛。多数个体头、颈、尾等部位有少量灰色羽毛。

3）生产性能

①肉用性能：皖西白鹅成年公鹅体重 5.5～6.5 千克，母鹅 5～6 千克。在一般放牧条件下，60 日龄仔鹅体重 3.0～3.5 千克，90 日龄可达 4.5 千克。肉用仔鹅半净膛率 79.0%，全净膛率 72.8%。

②繁殖性能：母鹅开产日龄 180 天左右。产蛋期多集中在 1 月和 4 月。年产蛋 25 枚左右，平均蛋重 142 克，蛋壳白色。母鹅就巢性很强，鹅群中有 3%～4% 无就巢性，当地群众称之为"常蛋鹅"，无就巢性的母鹅年产蛋约 50 枚，但当地群众多用就巢母鹅自然孵化，故这种鹅一般被淘汰。

公鹅 4 月龄性成熟，用于配种多在 8～10 月龄以后，公母配比为 1：（4～5）。种蛋受精率 88% 左右，自然孵化的受精蛋孵化率可达 92%，健雏率可达 97%。

皖西白鹅是一个未经系统选育的较古老的品种，品种内也有不同的类型。据当地畜牧兽医部门介绍，皖西白鹅按体型、早期生长速度和繁殖特性分为大型和小型两种类型，大型皖西白鹅，主要分布在寿县、霍邱及河南固始县，成年鹅平均体重 6.0 千克左右，母鹅就巢性强，年产蛋 25 枚左右；小型皖西白鹅，主要分布在舒城地区，成年体重平均 4.0 千克左右，母鹅年产蛋 4 次，年产蛋量 40

枚左右。

4）用种建议　皖西白鹅特有的高品质羽绒，使其在当地倍受青睐，数量迅速扩大，成为当地农民致富的好品种。同时，以养殖皖西白鹅形成的种苗、羽绒、鹅肉生产也成为当地一大产业。目前，皖西白鹅的年饲养量约1 800万羽。根据皖西白鹅绒质好、耐粗饲、肉质好、体格较大等特点，可以进一步进行系统选育，提高群体整齐度、羽毛生长速度和繁殖性能，纯化羽色，使其成为羽绒为主、肉用为辅的兼用品种。也可探索其与高繁殖性能品种（系）杂交育种的途径，培育肉绒俱佳的商用生产配套系。

（3）四川白鹅

1）原产地及主产区　四川白鹅主产于四川省温江、乐山、宜宾、永川和达县等地，广泛分布于平坝和丘陵水稻产区。四川白鹅是我国中型鹅种，基本无就巢性，产蛋性能优良。该鹅种由于全国各地引进后适应性好，所以其生产区几乎遍布全国主要养鹅区域。

2）体型外貌　四川白鹅（彩图3-3）全身羽毛洁白，喙橘黄色，胫、蹼橘红色，虹彩蓝灰色。公鹅体型较大，头颈稍粗，额部有一呈半圆形的橘黄色肉疣；母鹅头清秀，颈细长，肉瘤不太明显。

3）生产性能

①肉用性能：成年公鹅体重5.0～5.5千克，母鹅4.5～4.9千克。四川白鹅平均出壳体重71.1克，60日龄2.5千克，90日龄3.5千克。半净膛率公鹅86.28%，母鹅80.69%；全净膛率公鹅79.27%，母鹅为73.10%。180日龄胸腿肌重公鹅829.5克，占全净膛重的29.71%；母鹅为644.6克，占全净膛重的20.40%。

②繁殖性能：公鹅性成熟期为180日龄左右，母鹅于200日龄开产。母鹅基本无抱性，产区群众习以鸡孵鹅蛋进行自然繁殖。平均年产蛋量60～80个，高产母鹅有超过100个的。平均蛋重146.28克，蛋壳白色。公母配比1：（3～4），加强公鹅选择，可以提高到1：5。种蛋受精率85%左右，受精蛋孵化率84%左右。

4）用种建议　四川白鹅的配合力好，是培育配套系母本的理想品种。四川白鹅可以选育为肉鹅生产配套系的母本品系，也可以用于改良一些品种的繁殖性能。四川白鹅适应性很好，全国各地引种后生产性能基本保持稳定，可以直接作为两品种简单杂交的母本使用。

（4）豁眼鹅

1）原产地及主产区　原产于山东莱阳地区，因集中产区地处五龙河流域，故又名五龙鹅。历史上有大批山东移民北上"闯关东"，带着这个鹅种北上，使其分布地扩展到辽宁、吉林、黑龙江等地。在吉林通化地区又称为疤拉眼鹅。在辽宁省昌图地区，称为昌图鹅。在1982年全国家禽品种资源调查时，由于三地的鹅种体型外貌基本一致，产蛋性能均较高，且都有豁眼特征，故统称豁眼鹅。

2）体型外貌　豁眼鹅（彩图3-4）体躯呈长方形，全身羽毛白色。头较小，头顶部肉瘤明显，肉瘤、喙、足、蹼均为橘黄色。公鹅体型略大，有好斗性，叫声高而洪亮；母鹅性情温顺，叫声低而清脆，腹部有少量不太明显的皱褶，俗称"蛋包"。上眼睑有一疤状豁口，因而得名。成年豁眼鹅体型比四川白鹅稍小，体躯稍短。

3）生产性能

①肉用性能：公鹅体重4～5千克；母鹅体型略小，体重3.12～3.82千克。仔鹅90日龄体重3.0～4.0千克。豁眼鹅全身羽毛洁白，羽绒质量较佳。活鹅换羽期一年可采集2次羽绒，每次可收获75克，含绒量为30％。屠宰后每只可产毛140克，产绒60克左右。120日龄前的育肥鹅含绒量低、绒絮短；越冬后的鹅羽绒质量极佳，利用价值极高。

②繁殖性能：开产日龄180天，配种控制在210～240日龄。母鹅年产蛋80～100枚，蛋重130克，2～3年为产蛋高峰期。昌图豁眼鹅成熟较早，出壳后6～7月龄开始产蛋。昌图县粗放饲养条件下一般多在2～3月开始产蛋，5～6月达产蛋高峰。如果舍饲，冬季也可产蛋。种蛋利用70枚左右，种蛋受精率85％左右，受精蛋孵化率85％左右，1只母鹅可提供50只雏鹅。种鹅第2年和第3年达繁殖高峰，可利用3～4年。公母鹅配种比例为1∶（4～5），母鹅无就巢性，28日龄雏鹅存活率为92％。由于昌图豁眼鹅产蛋量最高、抗逆性极强，目前被广泛用于杂交繁育理想的母本品种。

4）用种建议　豁眼鹅可培育为肉鹅生产的母本品系、羽绒生产配套母本品系，还可培育为高产蛋鹅品系。然而，豁眼鹅的高产性能有地域的限制，东北地区有其发挥良好生产性能的生态地理环境，其他地区不宜盲目引进。

（5）浙东白鹅

1）原产地及主产区　浙东白鹅主产于浙江省东部的奉化、象山、定海等县，分布于鄞县、绍兴、余姚、上虞、嵊县、新昌、宁波市及江苏洪泽县等。该鹅生长快、肉质好、耐粗饲，颇受饲养户欢迎，近年来已经向江苏淮阴市等地区扩展。洪泽县的浙东白鹅由原主产区引进，但由于自然条件优越，受到政府重视，近年来鹅业生产发展迅速，其生产水平和效益甚至超过了原浙东白鹅主产区。目前，洪泽湖鹅已经通过地方品种认定。

2）体型外貌　浙东白鹅（彩图3-5）体型中等。体躯呈长方形。全身羽毛白色，少数鹅的头部和背侧夹杂少量斑点状灰褐色羽毛。额上肉瘤高突、呈半圆形，成年后突起明显。颈细长，无咽袋。喙、胫、蹼橘红色，爪为玉白色，虹彩蓝灰色。浙东白鹅是我国白鹅的典型代表，体型外貌优美。

3）生产性能

①肉用性能：成年公鹅体重5.0～5.8千克，母鹅4.2～5.2千克。70日龄体重3.2～4.0千克。半净膛率为81.10%，全净膛率72.0%。

②繁殖性能：公鹅120日龄开始性成熟。初配控制在160日龄以后，公鹅一般利用3～5年。母鹅一般在150日龄左右开产，早熟个体100日龄可开产。一般每年有4个产蛋期。年产蛋量40～50个。平均蛋重149.6克，蛋壳白色。

公母配种比例1:（5～6），产区群众多采用人工辅助配种。种蛋受精率90%以上，自然孵化率90%左右。

浙东白鹅别称"四季鹅"，每个季节产蛋1次，然后就巢停产。以前农户一般用就巢母鹅自然孵化种蛋，现在人工孵化已经开始在当地推广。

4）用种建议　浙东白鹅生长发育迅速，公鹅表现较强的交配能力，可作为肉鹅生产的第一父本品系；也可通过建立家系进行选择，剔除抱性强的个体，提高产蛋量，培育本品种内肉鹅生产母本品系。

(6) 籽鹅

1) 原产地及主产区　原产于东北松辽平原，广泛分布在黑龙江、吉林、辽宁等地。东北籽鹅以产蛋多而著名，是世界上少有的高产蛋鹅种。需要说明的是，在1982年的品种资源调查中，没有东北籽鹅，只有豁眼鹅。东北籽鹅可以说是由豁眼鹅中的高产个体培育而成，其产蛋量是世界上最高的。

2) 体型外貌　籽鹅（彩图3-6）体型较小、紧凑，体躯呈蛋圆形，颈细长，有小肉瘤，头上有缨状头髻，颌下偶有咽袋，全身羽毛白色。

3) 生产性能

①肉用性能：成年公鹅体重4～4.5千克，母鹅3～3.5千克。

②繁殖性能：母鹅180日龄开产，年产蛋90枚左右，蛋重131克，蛋壳白色。补饲料中加入适量豆饼，可见年产蛋量200～250枚的个体。公母配种比例以1：（5～7）为宜。水上配种时公母比例1：8左右，种蛋受精率90%以上。在严冬季节，受精率常降至50%～60%。

4) 用种建议　籽鹅以产蛋性能高而著名，可以进行系统选育，培育成世界罕见的蛋鹅品种。籽鹅还可作为肉鹅生产的母本，也可用于改良某些品种的繁殖性能。

(7) 马冈鹅

1) 原产地及主产区　原产开平市马冈乡，已有170多年的历史。佛山、肇庆、湛江和广州等地也有分布，广西有小量引种。1925年，马冈区翠山乡农户梁奕德引入高明县三洲公鹅与阳江母鹅杂交，经长期重视外貌特征和生产性能的选择，将具有乌头、乌颈、乌背、乌脚、生长快、肉质好、体型大、产蛋多的鹅留作种用，从而形成现在的马冈鹅。

2) 体型外貌　马冈鹅（彩图3-7）属中型鹅种，头羽、背羽、翼羽和尾羽均为灰黑色，颈背有一条黑色鬃状羽毛，胸羽灰棕色，腹羽白色，喙、肉瘤、蹠、蹼均为黑色，虹彩棕黄色。马冈鹅头长，喙宽，颈较粗长，体躯呈长方形，蹠长适中、蹼宽大。成年种鹅具有乌头、乌颈、乌背、乌脚（统称四乌）的特征。公鹅体型大而紧凑，头大而较长、呈方形，眼大有神，喙短宽而微弯，颈粗直而长，肩宽。胸宽而深，腹部平，羽面宽大而有光泽，尾羽开张平展，脚高粗直，步态雄壮。母鹅头圆而小，颜面清秀，眼睛有神、和善，颈细长，身长而圆，前躯较浅窄，后躯深而宽并向上翘起，臀部宽广，形状呈"瓦筒形"。羽毛细致而有光泽，两脚结实，间距较宽。

3）生产性能

①肉用性能：成年公鹅平均体重5.45千克，母鹅4.75千克。肉鹅在一般饲养条件下，90日龄体重达3.5～4千克；在以混合料舍饲的条件下，63日龄平均体重达3.2千克，料重比为2.45：1。屠宰9周龄未经育肥的肉鹅，公鹅平均重3.9千克、半净膛率89.7％、全净膛率76.2％；母鹅平均重2.8千克、半净膛率88.1％、全净膛率77％。

②繁殖性能：母鹅一般控制在140～150日龄开产，在一般饲养条件下，母鹅年产蛋4窝，产蛋34～35枚。在良好饲养条件和半人工孵化条件下，母鹅年产蛋5窝，产蛋可达38～40枚，平均蛋重168.5克。蛋壳白色。母鹅就巢性强，每产一窝蛋后就巢一次，全年达4～5次，总时间达70～100天。种鹅群的公、母比例一般为1：（5～6），种鹅利用年限5～6年。

4）用种建议 马冈鹅是广东省优良地方鹅种之一，具有体型大小适中、耐粗饲料、易养、肉质鲜嫩、屠宰率高等优点，深受我国港澳市场欢迎。尤其是它作为"烧鹅"原料鹅生产的最主要品种，市场广阔，可以加强繁殖性能和整齐度的系统选育，提高品种生产性能，从而提高烧鹅生产链的整体效率。

（8）乌鬃鹅

1）原产地及主产区 乌鬃鹅原产于广东省清远市，主产区在该市北江两岸、江口、源潭、洲心、附城等10个乡镇。现中心产区为清远市清新县；邻近的清远市佛岗县、英德市，广州市花都区、番禺区、从化市，佛山市的南海、顺德、三水等区，肇庆的高要市、四会市以及珠海市的斗门县等地均有引种饲养。

2）体型外貌 乌鬃鹅（彩图3-8）体质结实，被毛紧贴，体躯宽短，背平。公鹅体型比母鹅大，呈橄榄核形，肉瘤发达，雄性特征明显；母鹅呈楔形，脚矮小，颈细长而灵活，眼大小适中，虹彩褐色，喙和肉瘤黑色。胫、蹼黑色。尾羽呈扇形，稍向上翘起。其特征可归纳为三黑、三细、一矮，即嘴黑、毛黑、脚黑；头细、颈细、骨细；脚矮。成年鹅的头部自喙基和眼的下缘起直至最后颈椎有一条由大渐小的鬃状褐色羽毛带，颈部两侧的羽毛为白色，翼羽、肩羽和背羽乌褐色，并在羽毛末端有明显的棕褐色镶边，故俯视呈乌/灰色。胸羽灰白色，尾羽灰黑色，腹尾羽绒白色。在背部两边，有一条起自肩部直至尾根2厘米宽的白色羽毛带，在尾翼间不被覆盖部分呈现白色圈带。青年鹅的各部羽毛颜色比成年鹅深。

3）生产性能

①肉用性能：乌鬃鹅早期生长速度较快，在放牧养条件下，8周龄上市体重可达2.5～3千克；在舍饲条件下，加强饲养，8周龄上市体重可达3～3.5千克，半净膛率可达88％，全净膛率可达78％。乌鬃鹅的生活能力较强，育雏率一般在90％左右，觅食力强，特别适应于华南高温多湿地区放牧饲养；在舍饲时也有良好的育肥性能。乌鬃鹅皮薄骨细，肉鲜嫩多汁，出肉率高。

②繁殖性能：乌鬃鹅性成熟早，一般在140日龄开产。一年产蛋4期，分别在7—8月、9—10月、11月至翌年1月、2—4月，平均年产蛋量为30枚，多者可达35枚。平均蛋重为145克。蛋壳白色。

乌鬃鹅的公母配种比例一般为1∶（8～10）。公鹅通常控制在8月龄才配种，配种能力强，1只强健的公鹅1天可交配15次之多。种蛋平均受精率在88％左右，受精蛋孵化率在92％左右。产区群众绝大多数采取母鹅天然孵化，受精蛋孵化率平均达92.5％。母鹅的就巢性很强，每产完一期蛋就巢一次，每年就巢达4～5次。

4）用种建议 乌鬃鹅为我国较典型的灰羽品种，对南方高温、高湿的环境有良好的适应性，其良好的肉质、出肉率及灰羽的外观特征，为广东、广西及香港、澳门地区消费者所喜爱。首先要建立保种开发基地，从原始群选择出基础群，进行群体的提纯复壮，提高其产蛋性能和群体整齐度，建立保种核心群。其次通过适度杂交的方式引入其他繁殖性能较高的品种的血缘，建立专门化品系以改良乌鬃鹅的繁殖性能；也可引入中型灰羽品种血缘，提高其早期生长速度。

(9) 阳江鹅

1) 原产地及主产区　又称阳江黄鬃鹅，属小型灰羽品种。主产于广东省阳江市，分布于临近的阳春、电白、恩平、台山等地。目前，阳江市智特奇鹅业有限公司建有大型保种繁育场。

2) 体型外貌　阳江黄鬃鹅（彩图3-9）毛色分为黑灰、黄灰、白灰等几种，其共同特征是从头顶部至颈背部有一条棕黄色的羽毛带，形似马鬃，因而又称为"阳江黄鬃鹅"。全身羽毛紧贴，背、翼和尾羽灰色，胸羽灰黄色，腹羽白色，喙、肉瘤黑色，虹彩棕黄色，蹠、蹼为黄色、黄褐色或黑灰色。阳江鹅体型中等，母鹅头小颈长，肩部稍窄，后躯发达，躯干似"瓦筒形"，产蛋期肉瘤隆起。公鹅头颈较粗，躯干似"船底形"，肉瘤发达，眼大有神，肩宽胸挺，背腰丰满。

3) 生产性能

①肉用性能：雏鹅28日龄（4周龄）成活率为96%以上。在以混合料为主的舍饲条件下，公鹅9周龄平均体重（3 012±53）克，屠宰体重（2 655±7.1）克，半净膛重2 477.15克，半净膛率82.23%，全净膛重2 232.15克，全净膛率74.10%；母鹅9月龄平均体重2 600克，屠宰体重（2 257.5±31.8）克，半净膛重2 131.95克，半净膛率82.00%，全净膛重1 895.85克，全净膛率72.91%。

②繁殖性能：阳江鹅较早熟，公鹅70~80日龄出现爬跨，配种适龄为160~180日龄；母鹅150~160日龄开产。就巢性强，每产完一窝蛋就巢一次，每次就巢20~25日，年就巢80~100日。自然情况下，每年7月至翌年4月为产蛋季节，全年产蛋4窝。

自然孵化的条件下，每个生物产蛋年产蛋（29±3）个；人工孵化控制就巢的条件下，平均产蛋数可达（36.1±1.3）个，平均蛋重（145.2±26.7）克。集约化饲养、水源良好、自然繁殖条件下，受精率平均89%。采用全程机器孵化情况下，受精蛋孵化率平均92.5%。通常公母鹅比例为1：（5~7），种鹅利用年限5~6年。

4) 用种建议　阳江鹅也是我国较典型的灰羽品种，对南方高温、高湿的环境有良好的适应性，又兼具肉质鲜美、易肥、耐粗饲、抗病力强及典型的外观特征，为广东、广西及香港、澳门地区消费者所喜爱。生长快、皮下脂肪比较薄、肉质鲜美，可用于制作白切鹅。目前该品种的种群数量处于濒危状态，必须大力加强品种保护，扩大纯繁群体数量，在此基础上保持和发展其肉质优良的特点，提高其产蛋性能和群体整齐度，并向"优质型肉鹅"的方向开发利用。

（10）溆浦鹅

1）原产地及主产区 溆浦鹅产于湖南省沅水支流溆水两岸，中心产区在新坪、马田坪、水车等地，分布在溆浦全县及怀化地区各地。溆浦鹅是我国肥肝性能比较优良的鹅种之一。

2）体型外貌 溆浦鹅体型高大，体躯稍长，呈圆柱形。公鹅直立雄壮，护群性强，肉瘤发达，颈细长呈弓形。母鹅体型稍小，后躯丰满、呈卵圆形，腹部下垂，有腹褶，群体中约有 20% 的鹅有顶心毛。该鹅觅食能力强，性情温驯。

溆浦鹅有灰、白两种羽色，以白色居多。灰鹅的颈、背、尾部羽毛为灰褐色，腹部白色。喙黑色。肉瘤表面光滑，呈灰黑色。胫、蹼橘红色。虹彩蓝灰色。白鹅全身羽毛白色。喙、肉瘤、胫、践呈橘黄色，皮肤浅黄色，眼睑黄色，虹彩蓝灰色。彩图 3-10 为白羽溆浦鹅和放牧中青年溆浦鹅群，可见灰羽个体。

3）生产性能

①肉用性能：成年公鹅体重 6.0～6.5 千克，母鹅 5～6 千克。仔鹅 60 日龄体重 3.0～3.5 千克。6 月龄溆浦鹅半净膛率在 88% 左右，全净膛率约 80%。

②繁殖性能：溆浦鹅性成熟较早，一般 180 日龄达性成熟，常控制在 200～210 天开产。产蛋季节集中在秋末到初春时期。母鹅抱性很强，每产 8～10 个蛋就抱窝一次。一般年产蛋 2～3 期，高产者有 4 期，年产蛋 30 个左右；平均蛋重 212.5 克；蛋壳颜色多为白色，少数淡青色。

公母配种比例为 1：（3～5）。种蛋受精率 97.4%。自然孵化率 93.5%。溆浦鹅有较强的就巢性，年就巢 2～3 次，多的 5 次。

4）用种建议 溆浦鹅各项生产性能类似浙东白鹅，可以进行系统选育提高生产性能（生长速度和繁殖性能等）和群体整齐度，纯化羽色，建立纯白羽和典型灰羽品系。溆浦鹅种群已经很小，应加强保种工作，特别是扩大养殖群体和范围。

（11）伊犁鹅

1）原产地及主产区　伊犁鹅是我国鹅种中唯一起源于灰雁的品种，又称"塔城飞鹅"。原产于新疆维吾尔自治区伊犁哈萨克州各直属县市，分布于新疆西北部的各州及博尔塔拉蒙古族自治州一带。

2）体型外貌　伊犁鹅（彩图3-11）体型中等，外貌形态与欧洲鹅种和灰雁相似。头浑圆无肉瘤，颈短而直，胸宽广而突出，颌下无咽袋，体躯与地面基本水平，腿粗短。

伊犁鹅雏鹅后背及头颈为黄褐色，背两侧及翅黄色，腹部浅黄色，眼灰黑色，喙黄褐色，胫、趾、蹼橘红色，喙豆乳白色。成年鹅喙象牙色，胫、趾、蹼肉红色，虹彩蓝灰色。羽毛有灰色、灰白相间和白色三种。

3）生产性能

①肉用性能：伊犁鹅属中等偏小的品种，公鹅成年体重约4.2千克，母鹅约3.5千克。仔鹅放牧饲养条件下，60日龄可达3千克左右。

②繁殖性能：一般每年春季3—4月有一个产蛋期，也有个别鹅分春秋两季产蛋。全年产蛋10枚左右。伊犁鹅第一个产蛋年产蛋7～8枚；第二个产蛋年为10～12枚；第三个产蛋年最高，为15～16枚；此后一般保持到第五年，以后逐渐下降。平均蛋重156.9克。

公母鹅品种比例为1：（2～4）。种蛋受精率83.1%，受精蛋孵化率81.9%。母鹅有一定就巢性，一般每年一次。

4）用种建议　伊犁鹅属来源于灰雁的鹅种，应该具有良好的产肉及肥肝生产潜力。可改善饲养条件和加强选育，探索提高其生产性能的可能性。由于长期饲养粗放，该鹅具有一定的野生特点，非常适合放牧饲养。在有条件的地方，可以用其生产绿色食品和半野生性食品。

（12）兴国灰鹅

1）原产地及主产区　兴国灰鹅原产于江西省兴国县，是经过长期精心选育形成的地方优良鹅种。1 700多年前，晋人所撰《稽神录》对兴国养鹅已有记载，分大型和小型两种：大型者称棉花鹅，中心产区在古龙冈；小型者称石潭鹅，中心产区在均村、兴江。现今的兴国灰鹅主要以棉花鹅为基础选育而成。兴国灰鹅先为江西省保护品种，后又上升为国家保护品种，现在分布范围已经扩展到江西的赣县、宁都、于都、瑞金、泰和永丰、遂川等地，湖北、福建、广东也有引进饲养。

2）体型外貌 兴国灰鹅属中型肉用鹅种，喙青色，头、颈、背部羽毛呈灰色，胸、腹部羽毛为灰白色，虹彩乌黑色。胫黄色，皮肤黄色。全身羽毛紧密呈灰色，颈前及腹下部为灰白色，翅羽毛呈波纹状。成年公鹅体躯较长，头较大；性成熟后前额肉瘤突起，下颌无咽袋，叫声洪亮。

3）生产性能

①肉用性能：初生重93克，成年公鹅体重5.5～6.5千克，成年母鹅体重4.5～5.5千克。屠宰测定：半净膛率公鹅为80.98%，母鹅为81.46%；全净膛率公鹅为68.83%，母鹅为69.41%。仔鹅70日龄体重4～4.5千克，全净膛率75%，半净膛率88%。

②繁殖性能：公鹅性成熟期平均为160～180天。母鹅开产日龄180～200日龄，受精率85%，受精蛋孵化率85%。公鹅10月龄、母鹅8月龄可配种繁殖，通常产蛋期为9月至翌年4月。母鹅有就巢性，每产10～15枚蛋后抱窝一次，年产蛋3～4窝。年产蛋30～40个，平均蛋重149克，蛋形指数1.42，蛋壳白色。公母配种比例1∶（5～6）。

4）用种建议 兴国灰鹅具有觅食力强、耐粗饲、抗逆性强、生长快、个体适中、肉嫩味美、皮薄、脂肪低、蛋白质及碳水化合物含量高、肥而不腻、营养丰富等特点，市场竞争力强，可出口创汇，具有广阔的发展前景。兴国灰鹅可以加强本品种选育，特别要提高群体整齐度和繁殖性能，形成优质高档肉鹅品系；可与广东中小型灰鹅品种配套杂交，提高商品鹅生产性能。

（13）闽北白鹅

1）原产地及主产区 原产于福建省闽北南平市武夷山、浦城、政和、松溪、建阳等10个县市。分布于福建省的古田、沙县、尤溪及江西省的铅山、广丰、资溪等县市部分乡村。目前闽北山区白鹅存栏量可达到 50 万只，出栏量 100 多万只。

2）体型外貌　闽北白鹅全身羽毛白色。头顶有橘黄色肉瘤，无烟袋。喙橘黄色，喙边缘有锯齿。虹彩灰蓝色，皮肤白色，胫、蹼橘黄色。公鹅头部高昂，肉瘤较发达，颈长。母鹅尾部丰满宽阔，头部清秀，颈较短。产蛋母鹅常有腹褶。雏鹅全身绒毛黄色。

3）生产性能

①肉用性能：公鹅成年体重 4 千克以上，母鹅 3.2 千克以上。商品肉鹅 13 周龄平均体重可达 3.5 千克以上。90 日龄屠宰率 85% 以上。

②繁殖性能：公母配比 1∶5 左右，种蛋受精率 85% 以上。见蛋日龄 150 天，年产蛋量 30～36 枚，就巢性强。母鹅每年产蛋 3～4 窝，每窝 8～12 枚。

4）用种建议　闽北白鹅肉质好，对福建地区气候适应性强。应加强保种和繁育工作，扩大种群数量。同时，开展系统的选种工作，提高整齐度和生产性能。

(14) 广丰白翎鹅

1）原产地及主产区　广丰白翎鹅又名白银鹅。原产于江西省广丰县。现分布于江西省广丰县及周边的玉山、上饶、铅山、横峰和弋阳等县。

2）体型外貌　广丰白翎鹅体型紧凑匀称，胸部丰满，头大颈长，头部前额有一橘黄色的肉瘤。喙宽扁平，呈橘黄色，两侧有锐利的锯齿。全身羽毛洁白而有光泽。皮肤呈淡黄色，胫、蹼呈橘黄色。公鹅的头部肉瘤圆、稍大而前突。母鹅的肉瘤扁平，腹部较大。雏鹅绒毛呈黄色。

3）生产性能

①肉用性能：成年体重公鹅 3.57 千克，母鹅 3.33 千克。90 日龄公、母鹅平均体重 3 301 克，56 日龄料重比为 4∶1，初生至 21 日龄成活率 92%，22～56 日龄成活率 98%。

②繁殖性能：广丰白翎鹅 180～210 日龄开产，年产蛋数 40～60 个，开产蛋重 88 克，300 日龄平均蛋重 112 克。种蛋受精率 85%，

受精蛋孵化率 90％。母鹅有就巢性。

4）用种建议　加强品种资源保护；开展品种提纯复壮，提高群体整齐度；进一步开展品系繁育，着重提高生长速度和繁殖性能。

(15) 道州灰鹅

1）原产地及主产区　道州灰鹅原产于湖南省道县。目前主要分布于道县、江永、江华、宁远、双牌、零陵、东安、广西全州和兴安等。目前年饲养量 224 万只，年末存栏量 70 万只。

2）体型外貌　道州灰鹅外形美观，铁嘴、铜脚、白肚皮、瓦灰背和"二短一圆"，全身羽毛基本为灰颜色，而腹部及颈部腹面为白色，嘴呈黑色，脚橘黄色；颈短，脚短，屁股圆。

3）生产性能

①肉用型能：道州灰鹅觅食力强，抗病力强，耐粗饲，生长迅速。成年个体重 4.5 千克，在粗放饲养条件下，70 日龄左右即可上市。60～75 日龄个体重 3.5～4 千克。90 日龄公鹅体重 5 千克，母鹅 4～4.5 千克。

②繁殖性能：母鹅 270 日龄开产，年产蛋 40 枚，蛋重 181.7 克，年产蛋 3～4 窝并集中在 8 月下旬至翌年 3 月底。公、母性比例为 1：(7～10)。经产母鹅的年产蛋量为 50～60 枚，平均蛋重 172.1 克，母鹅的就巢性较强，一般产蛋 11～15 枚即就巢孵化，每个产蛋年就巢 3～4 次，每窝可抱蛋 10～15 枚。

4）用种建议　加强保种，开展本品种选育，提高道州灰鹅各项生产性能。

(16) 织金白鹅

1）原产地及主产区　原产于贵州西北部毕节地区织金县，现主要分布于黔西、大方、毕节、纳雍、金沙和相邻的六枝、普定等县。年饲养量 30 万只，年末存栏量 3 万只。

2）体型外貌　织金白鹅体型紧凑，头清秀，颈部细长、呈弓形。全身羽毛白色，偶有杂色。喙、肉瘤呈橘红色。皮肤呈白色。胫、蹼呈橘红色。公鹅体型高大，喙长且宽，颈粗壮，胸较深，背宽平，肉瘤较大。母鹅肉瘤较小，体长而深。雏鹅绒毛呈黄色。

3）生产性能

①肉用性能：织金白鹅成年体重中等，公鹅 5.0 千克，母鹅 4.0 千克。

②繁殖性能：织金白鹅 200～240 日龄开产，年产蛋数 40 个，平均蛋重 165 克。种蛋受精率 80%，受精蛋孵化率 85%。母鹅就巢性强。

4）用种建议　织金白鹅属中型鹅种，具有耐粗饲、适应性强等特点；但其就巢性强，应开展本品种选育，进一步提高其生产性能。

(17) 云南鹅

1）原产地及主产区　云南鹅原产于云南大理自治州，目前主要分布于在大理、玉溪、普洱、红河、楚雄、文山、德宏等州市，云南省其他地区亦有分布。年饲养量约 100 万只，年末存栏量 30 万只。

2）体型外貌　云南鹅有白色鹅和灰色鹅两种。白色鹅头较大，喙橘黄色，喙基部有一肉瘤，颈细长、稍弯曲，胫较长，形似天鹅，胫和蹼橘黄色。灰色鹅的喙和肉瘤黑色，胫和蹼灰黄色。白色鹅和灰色鹅的虹彩多数黄色，少数蓝灰色、褐色。

3）生产性能

①肉用型能：成年白公鹅 4 670 克，母鹅 4 220 克；成年灰公鹅 4 180 克，母鹅 3 650 克。成年公鹅平均半净膛率 85.12%，母鹅 85.92%；成年公鹅平均全净膛率 72.40%，母鹅 72.07%。商品肉鹅 90 日龄 2 070 克；120 日龄 3 050 克；180 日龄 3 470 克。

②繁殖性能：白色云南鹅平均开产日龄 390 天，平均年产蛋 23 枚，平均蛋重 136 克；灰色云南鹅平均年产蛋 25 枚，平均蛋重 141 克。一般在春秋两季繁殖，但因地区不同而有差异。云南鹅母鹅就巢性强，平均就巢持续期 31 天。公鹅利用年限 2～3 年，母鹅 3～5 年。

4）用种建议　加强本品种选育，进一步提高其生产性能。为适应规模化、工厂化生产发展需要，需要纯化羽色，建立纯白羽和纯灰羽品系或生产类群。

21. 我国引进饲养的欧洲鹅种有哪些？有何性能特点？

国外的鹅优良品种主要分布在东欧，大部分已经过专门化的选育，生产性能特点是体型较大、早期生长发育迅速、繁殖性能中等、羽绒性能优良。国外鹅种还有肥肝性能突出的朗德鹅等优秀品种。

（1）莱茵鹅（Rhin）

1）原产地及主产区　原产于德国莱茵河流域的莱茵洲。莱茵鹅被欧洲国家广泛引种饲养，匈牙利、法国等均进行了进一步的培育。我国南京市畜牧兽医站最早引进该鹅种饲养，并和南京农业大学等单位进行了大量的杂交试验，证明其对改良我国鹅种的肉用性能有良好效果。现在，我国上海、贵州、吉林、重庆等地都引进了该鹅种进行生产。

2）体型外貌　莱茵鹅（彩图3-12）全身羽毛洁白，喙、胫、蹼呈橘黄色，具有欧洲鹅种的典型特征。雏鹅多数头、背部为灰色，颈、胸、腹、翅为黄色带灰。母鹅身上的灰羽面积明显多于公鹅，且颜色也较深。一般生长到4～6周后全身羽毛全部转白。

3）生产性能

①肉用性能：成年公鹅体重5～6千克，母鹅4.5～5千克。培育过程中曾引入爱姆登鹅的血统，改进了其肉用性能，仔鹅8周龄体重可达4.2～4.3千克，高于我国所有中型鹅种。作母本可用于肥肝生产，也是肉鹅生产的优良父本品种。成年莱茵鹅全身羽毛洁白，羽绒产量高、绒朵大、蓬松度好。

②繁殖性能：莱茵鹅以产蛋量高、繁殖力好而著称。母鹅210～240天开产，年产蛋量50～60枚，蛋重150～190克。公母鹅配种比例1∶5。受精率和孵化率均高。种鹅性成熟早，210天可配种。

1999年和2001年，上海市农业科学院畜牧兽医研究所两次从法国引进莱茵鹅。该引进鹅种在法国已经多年选育，目前各方面的性能又有所改善。初生重110克，仔鹅8周龄达4千克以上。30周开产，初产年产蛋50枚左右，第二年可超过60枚。

4）用种建议　莱茵鹅难能可贵地集许多优点于一身，可直接用于肉鹅生产和羽绒生产；可作为肉鹅生产的父本与繁殖性能优秀的地方品种配套生产，如四川白鹅、黑龙江籽鹅等；也可以作为育种素材，改良其他鹅种的肉用性能和羽绒性能。

(2) 朗德鹅（Landaise）

1）原产地及主产区　原产于法国西南部的朗德省，是由大型图卢兹鹅和体型较小的玛瑟布鹅杂交后，经长期的连续选育而成。朗德鹅现已多次被引入我国繁育，主要用于肥肝生产。上海、浙江、河北、吉林、四川等地都有较大的种群和饲养规模。

2）体型外貌　朗德鹅（彩图 3-13）雏鹅全身大部羽毛深灰，少量颈部、腹部羽毛较浅。喙脚棕色，少量为黑色；喙尖白色。脚粗短，头浑圆。个别的也会出现带白斑或全身羽毛浅黄色。

成年朗德鹅背部毛色灰褐，颈背部接近黑色，胸毛色浅、呈银灰色，腹部毛色较浅、呈银灰色到白色。颈粗大，较直。体躯呈方块形，胸深背阔。脚和喙橘红色稍带乌（浅灰）。

3）生产性能

①肉用性能：成年公鹅体重 7～8 千克，母鹅 6～7 千克。8 周龄时体重即达 4～5 千克。雏鹅成活率高达 90% 以上。育成鹅经过强制育肥 3 周后，平均肝重 750 克。宰杀后，白条鹅重 5 千克以上。

②繁殖性能：一般 210 日龄开产，母鹅产蛋高峰期 4～5 年，第 1 年每只母鹅产蛋 35 枚左右，第 2～4 年每年产蛋 50 枚左右。蛋重 180～200 克。种蛋受精率 65% 左右。

③肥肝性能：朗德鹅经填饲活重可达 10～11 千克，肥肝重 800～1 000 克，是世界著名的肥肝专用品种。朗德鹅适应性强，成活率高，抗病易养，能适应各种生活环境，产肝性能好，容易育肥。

4）用种建议　用于专门化的肥肝生产，同时可以获得较高质量的鹅肉和羽绒。如果群体规模足够大，可以开展品系重建。

(3) 罗曼鹅（Roman）

1）原产地及主产区　欧洲古老品种，原产于意大利。丹麦、美国和我国台湾对白色罗曼鹅进行了较系统的选育，主要提高其体重和整齐度，改善其产蛋性能。英国则选体型较小而羽毛纯白美观的个体留种。罗曼鹅是我国台湾地区主要的肉鹅生产品种，饲养量占台湾全省的 90% 以上。近年来，福建、广东等地有台商引进繁育。

2）体型外貌　外表很像爱姆登鹅，体型比爱姆登鹅小一些，属于中型鹅种。羽毛有灰、白、花三种。罗曼鹅体型明显的特点是

"圆"，颈短，背短，体躯短。成年罗曼鹅群见彩图 3-14。

3）生产性能

①肉用性能：罗曼鹅成年体重公鹅 6～7 千克，母鹅 4.5～5.5 千克。台湾专门选育的品系，仔鹅 8 周龄也可达 4.0 千克

②繁殖性能：母鹅每羽初产年产蛋 25 枚左右，第二年可达 50枚。受精率 82％，孵化率 80％。

4）用种建议　罗曼鹅中的白羽变种，也称白罗曼鹅，肉用性能好，羽绒价值高，可以用于肉鹅和羽绒生产，也可用于改善其他品种的肉用性能。

（4）霍尔多巴吉鹅

1）原产地及主产区　霍尔多巴吉鹅是由匈牙利霍尔多巴吉鹅股份公司培育而成的绒肉兼用型优良品种。该品种来源于匈牙利白鹅，匈牙利白鹅又称玛加尔鹅，主要由爱姆登鹅、巴墨鹅和意大利的奥拉斯鹅杂交育成。霍尔多巴吉鹅饲养于霍尔多巴吉平原上，这里也是著名的匈牙利霍尔多巴吉国家公园所在地，由霍尔多巴吉鹅股份公司控制。我国内蒙古通辽、山东乳山和安徽六安先后引进饲养。目前，该品种已经广泛分布于内蒙古、山东、安徽、江苏、黑龙江、河南、湖南、海南和吉林等地。

2）体型外貌　该品种（彩图 3-15）成年鹅体型高大，羽毛洁白、丰满、紧密，胸部开阔、光滑，头大呈椭圆形，眼蓝色、喙、胫、蹼呈橘黄色，胫粗、蹼大，头上无肉瘤，腹部有皱褶下垂。雏鹅背部为灰褐色，余下部分为黄色绒毛，2～6 周龄羽毛逐渐长出，灰色逐步褪去变成白色。该品种比罗曼鹅体型较长。

3）生产性能

①肉用性能：雏鹅体重平均 100～110 克，28 天体重平均可达 2 200 克。60 天体重可达 4 500 克，此时料重比可达 2.8：1。180 日龄公鹅体重达 8.0～12.0 千克，母鹅体重 6 000～8 000 克。

②繁殖性能：公母鹅配比为 1：3。母鹅 8 月龄左右开产，年平均产蛋 50～60 个，蛋重平均 160～190 克，蛋壳坚厚、呈白色。种鹅在陆地即可正常交配，正常饲养情况下，种蛋受精率为 90％，受精蛋孵化率在 80％以上。母鹅可连续使用 5 年。

4）用种建议　霍尔多巴吉鹅肉用性能好，羽绒产量高、品质好，产蛋性能也达到中等水平，群体整齐度好。可以用于肉鹅和羽绒生产，也可作为父本与豁眼鹅、四川白鹅和籽鹅等杂交，提高杂交后代的生长速度和羽绒性能。也可以用于改善其他品种的肉用和羽绒性能，以及克服抱性等。

22. 开展鹅育种工作需要做好哪些基础工作？

（1）整群

整群就是整理鹅群，使鹅群符合育种工作开展的要求。为了做好整群工作，首先要了解和分析鹅群现有情况，包括禽群包含的品种和品系、数量和生产性能、批次和生产阶段、饲养管理水平、育种的设备等。

育种场中，一般根据品种、品系、性别和年龄进行分群。

按育种价值，分为核心群、扩繁群和淘汰群。育种场中的淘汰群是暂养的，应该及时"淘汰"出育种场，提高育种场的利用率和专门化程度。

在育种过程中，必然产生初鉴定群体、续鉴定群体和已鉴定群体，均需分群饲养。

最后，根据育种目标和育种需要，逐步调整鹅群结构，包括品种结构、血统结构、性别结构和年龄结构；然后对群体分级，分为核心群、外围繁育群、淘汰群。

分群后，注明各群体的基本情况及各群体间的相互关系（亲缘关系或杂交配套关系）。

（2）编号与标记

要开展鹅的育种工作，个体记录是最重要的依据。因此，在种鹅出壳时需进行个体编号并标记，以便进行个体记录，供选种、选配时参考。

育种场收集育种素材后，就需要制订一套简单易行的编号标记系统。编号中要求体现年度、品系、个体、家系、性别等，通常有翅号、脚号和肩号3种。

在鹅的育种工作中，种鹅蛋是采用系谱孵化方法孵化的。入孵种鹅蛋的锐端记有其父号和母号，所以，雏鹅在系谱笼或袋中出壳，待绒毛干后应即取出编上翅号。翅号用薄铝片制成，穿过右翅尺骨与桡骨前侧的翅膜（此处血管少，穿刺后不会出血），圈带于翅上。翅号可采用6位数编号，以1个英文字母表示品系或家系。例如"A23 12 17"，"A"表示某一品系或家系，"23"表示父号，"12"表示母号，"17"表示个体号。这种编号系统一看翅号就知道这只雏鹅的父母，再查记录就知道亲代的生产成绩。这对必须采用家系选择的某些低遗传力的性状是必不可少的资料。所以翅号从出生后就应佩戴。

脚号或肩号一般在产蛋前或配种前佩带。脚号容易弄脏而看不清编号，所以，现在多采用肩号。肩号用塑料制作，并有多种颜色，可以明显区别品种或品系。脚号戴在左胫上，肩号戴在右肩上。脚号或肩号的编码比翅号简单些。例如"96C22"，"96"代表出生年份，"C"代表品系或家系，"22"是个体号。一般公鹅用单数（奇数），母鹅用双数（偶数）。在进行场户结合的群众性选育工作时，也有必要对农户的种鹅进行编号，以便获得个体记录。

水禽的蹼发达，因此，可利用编号钳在蹼间打洞或剪缺口进行编号。这种方法简单易行，而且是终身性的。对于每个家系一个配种小间的情况，也可按配种小间进行编号。编号方法，不同的育种场可以自己制订，只要适用就行。

（3）体质外形鉴别

鹅的体质外形鉴别是靠眼看和用手触摸，这是家禽工作者应该识累经验、熟练掌握的实用选种技术。体质外形鉴别的原则是先看鹅的整体，后看局部。鉴别时，在不引起鹅惊吓的前提下，与鹅保持适当的距离，先从前面、侧面和后面观察鹅的全貌。看是否符合品种特征，发育是否正常，身体结构是否协调匀称，有无明显缺陷。在获得整体印象后，再仔细查看全身各部位及动作。观察完毕后，再触摸皮肤的质感，是粗糙还是细致；手指检测耻骨间的距离、开张程度，以及耻骨尖端的柔软性等。在鉴别时，要注意品种、性别、年龄和体况的差异。种鹅与商品鹅的要求也有所不同，最后根据观察印象，触摸品质，综合分析，得出鉴别结果。

体质外形鉴别多在初选时采用，或者作为综合鉴别的一个方面。在育种中，种鹅的鉴定必须以生产性能测定记录为主，外形鉴别仅作为辅助指标之一。

体质外形鉴定除了是选种的依据之一外，还能区分鹅的公母，判断母鹅是开产还是休产，以及估测鹅的年龄。这些在商品鹅生产中也是有实用意义的。

（4）体重测定

鹅主要为肉用和肥肝用，体重可以定量且能比较准确地反映鹅体生长发育状况。种鹅各个重要的生长发育阶段都需要测定体重。一般是测定初生、30日龄、60日龄、90日龄体重。鹅的成年体重在56周龄测定，母鹅的开产体重在鹅群日产蛋率达到5%时测定。对于肉鹅生长发育的测定，一般每周或两周需测定体重一次。肥肝用品种，填饲前和填饲后测定体重。

测定体重时往往会惊扰鹅群，造成应激反应。频繁称重会影响正常增重，甚至影响生长发育。一般大群体抽测群体数的10%即可。

测定体重一律在鹅空腹状态下进行，一般在早晨饲喂前或断料8～10小时以后进行。为防止称重时鹅挣扎，引起称测不准确和鹅体受伤，最好采用专门设计的称禽漏斗。

（5）体尺测定

体尺是反映鹅体型外貌的重要指标。体尺指标往往与鹅的生长发育及胴体性状指标高度相关，在选种上可作为间接选择的依据。

以下为鹅的主要体尺指标和测定方法。

1）体斜长　指从肩关节前缘至坐骨结节后缘的距离。体斜长反映鹅体在长度方面的发育情况。用皮尺测量。

2）胸宽　指左右两肩关节间的距离，胸宽表示鹅胸腔及胸肌发育的情况。用卡尺测量。

3）胸深　指从第1胸椎至胸骨前缘间的距离。胸深表示鹅胸腔、胸肌、胸骨的发育情况。用卡尺测量。

4）胸骨长　指胸骨前后两端的距离。胸骨长反映鹅体躯长度及胸骨、胸肌发育情况。用皮尺测量。

5）背宽　又称骨盆宽，指左右两腰角外缘的距离。表示骨盆宽度和后躯发育情况。用卡尺测量。

6）胫长　指从蹠骨上关节到第 3 与第 4 趾间的直线距离。反映骨干的发育情况。用卡尺测量。

7）胫围　指胫中部的周长。反映骨干的发育情况。用皮尺测量。

8）半潜水长　指鹅颈向前伸直，由喙前端至髋关节的距离。反映鹅在半潜水时，没入水中部分的最大垂直深度，与喙长、颈长、体躯长度有关。用皮尺测量。

9）颈长　指第一颈椎前缘至最后一颈椎后缘的直线距离。颈长表示颈部的发育情况。用皮尺测量。

(6) 个体种蛋收集

提高繁殖力是许多鹅种选育的最重要的目标之一。鹅个体产蛋的收集以前采用自闭产蛋箱的方法。具体的做法是：在晚间，逐个捉住母鹅，用中指伸入泄殖腔内，向下探查有无硬壳蛋进入子宫部或阴道部，这称为"探蛋"。将有蛋的母鹅放入自闭产蛋箱内关好，待次日产蛋后放出。这个工作相当烦琐，而且母鹅的窝外蛋和公鹅不配问题难以解决。现在，国外一些育种公司已经采用单笼饲养的方法，个体记录更加方便准确。

参考我国台湾和法国的笼养经验，可以对笼养鹅舍作如下设计：母鹅笼宽 40 厘米，高 65 厘米，深 55 厘米；公鹅笼宽 50 厘米，高 80 厘米，深 70 厘米；两列笼背对背并排在一起为一组，笼前方设饲料槽，每 2 只鹅的笼背上方共用 1 个乳头式饮水器。鹅笼放在 50 厘米高的支架上。支架下设粪尿沟，可以清洗或刮粪。母鹅采用人工授精方法配种。第一年的种鹅在产蛋前 1 个月上笼，必须先训练鹅群适应乳头式饮水器，否则会引起死亡数增加。育种上采用这种方法饲养，还必须注意配制适合笼养需要的日粮，防止营养不良，影响生长发育和繁殖性能的发挥。

(7) 谱系孵化

育种用的种鹅蛋，必须采用谱系孵化的方法。这是进行鹅育种的重要步骤之一。现介绍如下。

首先，谱系孵化的鹅蛋必须是有个体记录的，蛋上标明父号和母号，一般还应称测蛋重、编蛋号。

1）入孵前码盘　按家系号分别码在孵化蛋盘中（每码一枚蛋均应看家系号是否有误），家系之间应有明显的间隔，并在孵化蛋盘边框贴有该盘的家系号。如果是育种孵化场，最好在孵化盘框上钉上金属卡片夹，然后插上入孵家系号。每码完一个家系都要统计入孵蛋数，并填入"家系孵化记录表"中。

2）照蛋　照蛋时拣出的无精蛋、死精蛋应单独放在蛋托里，并且家系间有明显间隔，以便统计各家系的无精蛋与死精蛋数。全部照完后统计数字，并登记入表，计算出受精率。

3）移盘　按家系将个体出雏的胚蛋放入"个体孵化出雏盘"，根据胚蛋数量调节活动隔板距离，以提高出雏盘利用率；并放入相应的"出雏卡"，最后盖上盖网。群体出雏的胚蛋，放入一般出雏盘中。每放完一个家系号，统计数字，填入"家系孵化情况表"的"移盘"栏"实"（即实际移盘数）格，并与"应"（即应该移盘蛋数，是入孵蛋数减去无精蛋、死精蛋的余数）格数目核对。如果数目不相符，应逐个检查胚蛋上的家系号及孵化盘该家系附近的其他家系胚蛋上的家系号，以防误移或漏移。然后将"系谱孵化出雏卡"放入该格中，最后在孵化盘上盖上盖网，用橡皮筋和曲别针固定盖网，以免出雏时雏鹅串格。

4）出雏　包括出雏、鉴别、带翅号、称测初生重、进行第一次选择等。

①出雏：按家系出雏，每个家系放1个雏鹅盒。取出"系谱孵化出雏卡"，登记健雏、弱雏、残死雏、死胎数；然后将该卡放入出雏盒中，进入下一项工作。

②鉴别：翻肛或顶肛等方法鉴别，每个家系鉴别完毕后，登记雄、雌雏数于"出雏卡"中，清理鉴别盒中雏鹅，再鉴别另一家系。

③带翅号：翅号上打有家系号和母鹅号。将翅号带在雏鹅翅膀的翼膜处。现多用在鹅的蹼上打孔或剪缺口的方法进行标记。

④称测初生重：用天平称测雏鹅初生重，根据育种方案进行第一次选择，淘汰不合要求的雏鹅。

（8）性能测定

鹅的生产性能测定是育种的重要依据。鹅生产性能包括产肉性能指标、产蛋性能指标、繁殖性能指标、肥肝和羽绒性能指标等。当然，产蛋性能指标也可归入繁殖性能指标。它们同时也可反映出生产单位的生产动态和管理水平。主要指标如下：

1）繁殖性能指标

①开产日龄：个体的开产日龄指产第一个蛋的日龄。常用的是群体开产日龄，即鹅群达5%产蛋率时鹅群的日龄。

②产蛋量：指母鹅在统计期内的产蛋数。年产蛋量表示母鹅一个生物学产蛋年的产蛋数。

③产蛋率：指母鹅在统计期内的产蛋百分比。

④蛋重：指蛋的大小，单位以克计。个体测定时，逐个蛋称重取平均值。群体测定时，在产蛋率达5%后，连测3天，取其平均数。

⑤产蛋重：分日产蛋重和总产蛋重两种表示法。

$$日产蛋重（克）＝蛋重（克）×产蛋率$$

$$总产蛋重（千克）＝［蛋重（克）×产蛋量（个）］/1000$$

⑥产蛋期死淘率：产蛋期死淘母鹅数占开产前母鹅的百分比。

⑦种蛋合格率：指种母鹅在规定的产蛋期内所产的符合本品种（品系）要求的种蛋数占产蛋总数的百分比。第一个产蛋年按70周龄，利用多年的鹅以生物学产蛋年计。

⑧种蛋受精率：指孵化5～7天照检所得受精种蛋数占入孵蛋数的百分比。血圈、血线蛋按受精蛋计算，散黄蛋按无精蛋计算。

⑨孵化率：包括受精蛋的孵化率和入孵蛋的孵化率两种，分别指出雏数占受精蛋数和入孵蛋数的百分比。显然，受精蛋孵化率高于入孵蛋受精率。

⑩健雏率：指健康初生雏鹅数占出雏数的百分比。健雏鹅指适时出壳，绒羽正常，脐部愈合良好，精神活泼，无畸形者。

⑪单位种母鹅提供健雏数：指在规定产蛋期内，每只种母鹅提供的健康雏鹅数。

⑫育雏率：指雏鹅4周龄结束，成活雏鹅数占入舍雏鹅数的百分比。

2）产肉性能指标

①活重：指鹅停水停料6小时后的空腹体重。

②屠体重：指鹅屠宰、放血、拔羽后的重量。

③半净膛重：指鹅屠体去气管、食管、嗉囊、肠道、脾脏、胰脏和生殖器官，留心、肝（去胆囊）、腺胃、肌胃（除去内容物及角质膜）、腹脂（包括腹部皮下脂肪和肌胃周围脂肪）和肺、肾脏的重量。

④全净膛重：指半净膛去心、肝、腺胃、肌胃、腹脂，保留头、胫、脚的重量。

⑤半净膛率：为半净膛重占活重的百分比。

⑥全净膛率：为全净膛重占活重的百分比。

⑦胸肌率：为胸肌重占全净膛重的百分比。

⑧腿肌率：为大、小腿去骨净肌肉重占全净膛重的百分比。

⑨翅膀率：为两侧翅膀重占全净膛重的百分比。翅膀分割方法是将翅膀向外侧拉开，在肩关节处切下。

⑩腿比率：为两侧腿重占全净膛重的百分比。腿的分割方法是将腿向外拉开使之与躯体垂直，用刀沿着腿内侧与体躯连接处中线向后，绕过坐骨端，避开尾脂腺部，沿荐中线向前直至最后胸椎处，将皮肤切开，用力把腿部向外扳开，切离髋关节和部分肌腱，即可连皮撕下整个腿部。

⑪腹脂率：指腹部脂肪和肌胃周围脂肪占全净膛重的百分比。

3）肥肝性能指标

肥肝性能与肉用性能有一定关系，但又不完全相同，可以制订一些指标进行度量和记录。

①肥肝重：单位肥肝鹅经一定时间填饲后取出的鲜肝重量。

②填饲期淘汰率：在一定的填饲时间内，填饲开始鹅数减去填饲结束鹅数的值与填饲开始鹅数的比值。

③填饲期增重率：填饲期增重与填饲前体重的比值。

④肝料比：指肥肝重量与填饲期饲料消耗量的比值。

4）羽绒性能指标　我国鹅羽绒生产已经进行了多年，但具体性能指标未制定。不同品种、不同个体、不同生产类型的鹅，其羽绒产量和质量不一样，因此应该制定羽绒生产性能指标。由于鹅羽绒的生长受品种、季节、饲养管理条件等影响，因此测定应在相同条件下进行，只有这样才有可比性。

①12 周龄产羽量和产绒量：测定 12 周龄鹅的全部羽毛重量及产绒量。产绒量/羽毛重量＝产绒率（鹅一般在 84 日龄左右第一次进行换羽期采集羽绒）。

②18 周龄产羽量和产绒量：测定 18 周龄鹅羽毛和羽绒产量。（鹅一般 6～7 周龄后羽毛可长齐，这时可以进行第二次换羽期采集羽绒）。

③全年可进行换羽期采集羽绒次数及全年羽绒产量：第一次换羽期采集羽绒起，待羽绒再次长齐时再进行换羽期采集羽绒一次，如此可得全年换羽期采集羽绒次数。各次所采集羽绒累积，可得全年羽绒产量。

④产蛋结束时羽绒产量：鹅在即将完成一个正常产蛋年前，在产蛋率下降到 3％准备休产时，进行羽绒采集或屠宰取绒所得的羽绒产量。

23. 如何进行鹅的选种？

（1）根据体型外貌和生理特征选择

繁殖场缺少后备鹅群的系谱记录和个体生产性能记载，只能依靠体型外貌与生理特征来选优去劣。采用体型外貌选择种鹅，要在不同发育阶段进行多次复选。在专门化的育种场，这种选种方法仅为初选用。初选后需根据生产性能记录进行复选。

1）选雏鹅　不同孵化季节孵出的雏鹅对其今后生产性能的影响较大。早春孵出的雏鹅生长快，体质健壮，开产早，生产性能好。选留的雏鹅的绒羽、喙、胫的颜色和初生体重都应符合品种（系）的特征和要求。健雏特点是举止活泼，眼大有神，反应灵敏，卵黄吸收良好，毛干后能站稳，叫声有力，用手握住颈部提起来时双脚迅速收缩。对腹大、歪头、杂色雏、发育不良的弱雏一律不能留作种用。

2）复选　一般在 70～80 日龄、120～130 日龄和母鹅开产前/公鹅配种前进行 3 次复选。在进行第 1、2 次复选时。早晨出牧后，将公、母鹅分开，散放在草地上，任其自由活动、边看边选。将杂色羽、扁头、垂翅、翻翅、歪尾、畸腿等不合格的淘汰，此两次复选时要特别注意种鹅各部分器官发育匀称，体格健壮，骨骼结实，活泼好动，反应灵敏，品种特征鲜明等项目。第3次是在母鹅开产前、公鹅配种前进行。对母鹅的要求是：头大小适中，喙不要过长，眼睛明亮有神，颈细中等长，身体长圆形，羽毛细密贴身，后躯宽而深，两脚健壮、距离宽，尾腹宽大，尾平不竖。对公鹅的要求是：体型大，体质结实、强壮，各部发育匀称，肥度适中，头大脸宽，两眼灵活有神，喙长而钝，闭合有力，叫声响亮，颈长而粗大、略弯曲而有力，体躯呈长方形，肩阔胸挺，腹平整、不下垂，腿长短适中、粗而有力，两脚间距宽。有肉瘤的品种要求发育良好，雄性特征显著，颜色符合品种特征。在种鹅的选择中，对公鹅的要求应更严格，淘汰量更大。公鹅的生殖器官，特别是阴茎，发育不良的占有较高比例。因此，除选择体格健壮之外，还应检查阴茎是否发育良好，即使阴茎发育良好的公鹅，精液品质也不一定好，所以还需进一步检查精液品质。只有这样才能选好留种公鹅。

(2) 根据本身和亲属记录资料选择

体型外貌与生产性能有密切关系，但还不是实际生产性能的表现。因此，单从体质外型选种，还难于准确地评定种鹅潜在的生产性能和种用价值。种鹅场应做好主要经济性状的观测和记录，并根据这些资料进行更有效的选择。这些指标包括繁殖性能、产肉性能、产蛋性能、肥肝和羽绒性能等指标。根据记录资料可进行以下4个方面的选择。

①根据系谱资料选择：这种方法适合于尚无生产性能记录的幼鹅、育成期的鹅或选择公鹅某些性能（如产蛋性能）时采用。在此种情况下，只有利用系谱资料，通过比较其祖先生产性能记录，才能推断它们可能继承祖先什么样的性能。将血缘优良的选留作种用，血缘差的淘汰。选择时，与个体亲缘关系越近的影响越大，因此，在根据系谱资料选择时，一般只比较亲代和祖代即可。

②根据本身成绩选择：亲本本身成绩是种鹅生产性能在一定饲养管理条件下的现实表现。因此，种鹅本身成绩可作为选择的重要依据，系谱选择只能说明该个体生产性能的潜在可能性，而本身成绩则反映了该个体已经达到的生产水平。个体本身成绩的选择只有对遗传力高的性状，如体重、蛋重、生长速度等有效；而遗传力低的性状，

如繁殖力方面的性状和适应性性状，则需要采用家系选择方才有效。

③根据同胞成绩选择：同胞指全同胞和半同胞两种亲缘关系。同胞选择即家系选择。同父同母的兄弟姐妹称全同胞，同父异母或同母异父的兄弟姐妹称半同胞。这种选择方法对早期选择公鹅最为可行。种公鹅既不产蛋又尚无女儿的产蛋成绩，在这种情况下若要鉴别种公鹅的产蛋性能，则可根据种公鹅的全同胞或半同胞姐妹的产蛋成绩来估测该公鹅的产蛋性能。因为这种血缘关系有共同的父母或共同的父或母，在遗传结构上有一定的相似性，故生产性能与其全同胞或半同胞的平均成绩接近。当全同胞或半同胞数越多时，同胞均值的遗传力越大。对于一些低遗传力性状，用同胞资料进行选种的可靠性也增大。此外，对一些不能活体度量的性状，如屠体品质、屠宰率等，采用同胞选择就更有意义了。这里要说明的是同胞测验只能区别家系之间的优劣，而同一家系内的个体就难于鉴别其好坏了。

④根据后裔成绩选择：后裔指子女，根据后裔成绩选种可以说是选择种鹅的最高形式。因为这种方法选出的种鹅不仅本身是优秀的个体，而且能把其优秀性能遗传给下一代。种鹅的利用年限可长达4～5年。因此，这种选择方法在鹅的育种工作中更有实用价值。

(3) 标记辅助选择

标记辅助选择的出现是伴随着分子遗传学、数量遗传学和分子生物学技术的发展而不断得到广泛的应用，并已经成为目前家畜选育和研究的热点。目前，发现了很多与肉质、生长和繁殖性状有关的基因，如与肉质性状有关的激素敏感脂肪酶基因 HSL（Hormone-sensitive lipase）、钙蛋白酶抑制蛋白基因 CAST（calpastatin），与生长性状有关的生长激素基因（GH）、类胰岛素因子-I（IGF-I）和 Myostatin 基因等；与繁殖性状有关的雌激素受体基因（ESR）、促卵泡素-B 亚基基因（FSH-B）、促乳素受体基因（PRLR）。模拟研究表明，采用标记辅助选择比传统指数选择的理论相对效率可提高2～4倍。纯种选育中标记辅助选择有3个主要方案：①同时利用表型、系谱和与数量性状基因位点紧密连锁的遗传标记的信息来对个体进行遗传评定，并在此基础上进行种畜的选留，即所谓的标记辅助 BLUP；②进行两阶段选择，即在性能测定之前先用标记信息进行第一次选择，然后再利用性能测定所获得的表型信息估计的育种值进行第二次选择；③充分利用标记信息进行选择。

（4）综合选择

上述 4 种选择方法并不互相排斥，而是相互补充的。实际生产中往往是多个选择方法结合使用。如只有祖先记录时，根据系谱资料进行初选；具有个体资料时，高遗传力性状可以进行个体选择；而低遗传力性状，则需进行家系选择；有时是家系选择后，再进行家系内个体选择；后裔测定可以作为最终选择的主要依据。

24. 如何进行鹅的选配？

选配是在选种的基础上进行的。把优秀的具有种用价值的个体选出之后，下一步就是有目的地组配公母个体或家系或群体，以便获得体质外貌理想和生产性能优良的后代。有了选配的后代后，又要进行选种，所以，育种工作中总是选种与选配交替进行。

（1）品质选配

1）同质选配　又称为相似选配，指具有相同生产性能特点或同属高产个体之间的交配。同质选配能巩固和加强性状的表现，可以提高后代个体基因型的纯合性和遗传稳定性。但同质选配容易导致生活力下降，也可引起不良性状的积累，所以同质选配一般只用于理想型个体之间的选配。

2）异质选配　又称为不相似选配，指不同生产性能特点或性状之间的个体交配。异质选配能丰富后代的变异，提高后代的生活能力。异质选配既可能使双亲各自的优良性状在后代身上结合起来，也可能把双亲的不良性状在后代身上结合起来。异质选配也可以是用一方优点矫正另一方缺点的选配，但这种选配方式在现代家禽育种中已不主张采用。

（2）亲缘选配

亲缘选配指具有一定血缘关系的公、母鹅之间的交配。按交配双方血缘关系的远近，可分近交和远交两种。

1）近交　近交指亲缘关系近的个体间的交配。凡所生子代的近交系数大于 0.78% 者，或交配双方到其共同祖先的代数的总和不超过 6 代者，谓之近交。

在一个刚开始选育的群体内，或者在品种形成的初期阶段，其群体遗传结构比较混杂，但只要通过持续地、定向地选种选配，就可以提高群体内顺向选择性状的基因频率，降低反向选择性状的基因频率，从而使群体遗传结构朝着既定的选择方向发展，达到性状比较一致的目的。具体讲，近交可以固定优良性状，保持优良血统；暴露有害隐性基因；通常伴有鹅只生活力下降的趋势。因此，近交后必须同时进行严格的选种。选留那些体质结实、体格健壮、符合育种要求的个体继续作为种用；凡体质纤弱、生活力衰退、繁殖力降低、生产性能下降，以及发育不良甚至有缺陷的个体要严格淘汰。

2）远交　亲缘关系较远或无亲缘关系的个体间的交配，称为远交。远交通常在杂交育种初期使用，以组合不同遗传基础的个体的优秀基因。

3）随机交配　采用随机法决定与配双方，这种随机交配可称为随机选配。随机选配的优点是有可能把原来分散在群体中各个个体上的不同优秀基因集中到同一个个体中，从而获得理想型的个体。这种交配方法往往在建立基础群时采用。

(3) 种群选配

1）纯种繁育　纯种繁育是在本种群内，通过选种选配、品系繁育等形式，达到提高种群总体水平的一种方法。其目的是为了保持和发展一个种群的优良特性，不断提高有利基因的比例及优良基因型个体的比例，尽可能地克服种群的某些缺点。种群、纯系的维持和选育提高，品种的保护等均采用纯种繁育。

2）杂交繁育　杂交指不同种群间的选配，包括品种间的杂交和品种内的系间杂交。鹅群在生产父母代和商品代时，采用杂交繁育。

25. 如何进行肉用鹅新品系培育？

鹅业生产的一个重要任务就是生产高质量的鹅肉。根据选育目标和在杂交繁育体系中的作用，肉用品系又分为父本品系和母本品系。

同鸡、鸭一样，鹅也有快大型和优质型之分。

（1）肉用鹅品系的要求

1）早期生长速度快，体重较大　肉鹅一般在 8～10 周龄上市，所以一般不强调成年体重的大小，但必须早期生长速度快。特别是肉鹅生产的母本品系，必须具备一定的早期生长速度，但成年体重又不大，且产蛋性能较高。

2）屠宰率和净肉率高　屠宰率和净肉率高是衡量肉用鹅产肉性能的重要指标。欧美国家对净肉率有较高的要求。在做烤鹅时，我国南方地区及东南亚地区，则要求肉鹅有一定的肥度。在选育时可根据不同的目标市场确定选育目标。

3）饲料利用率高　饲料利用率与饲养者的经济效益直接相关。同时，饲料利用率的选择一般可提高早期生长速度和胴体净肉率。

4）具有较好的繁殖性能　多数鹅品种虽然体型较大，但繁殖性能较低。这不利于肉鹅的规模化生产。肉用鹅品系不要求体型特别大，只要早期生长发育速度较快就行，但必须具有中等繁殖力，如莱茵鹅、四川白鹅等。

5）强健的双腿、整齐的羽色和良好的适应性　肉用品系一般体型较大，良好的腿脚是活动和交配的基础。整齐的羽色则是肉鹅规模化、产业化生产的要求。除我国南方地区和东南亚国家外，其他绝大部分地区要求肉鹅羽毛纯白。良好的适应性则是一般品系均要求的，没有良好适应性的品系是没有应用价值的。

（2）肉用品系培育的素材

肉用型鹅，特别是父本品系新品系育成的素材，应该是生长速度快、体型较大、适应性较强的品种或品变种。我国的狮头鹅、马冈鹅、皖西白鹅、溆浦鹅、浙东白鹅、钢鹅和国外的莱茵鹅、霍尔多巴吉鹅、朗德鹅和罗曼鹅等，是肉用鹅父本品系育成的常用素材。其中，狮头鹅、马冈鹅和朗德鹅为灰羽品种，皖西白鹅、浙东白鹅、霍尔多巴吉鹅、莱茵鹅和罗曼鹅属纯白羽品种。

肉用鹅母本品系育成的素材常选用中型或中偏小型品种或品变种，如我国的四川白鹅、豁眼鹅、黑龙江籽鹅及国外的莱茵鹅等。这些品种不仅产蛋性能优良，一般还具有一定的早期生长速度。

(3) 肉用品系的选育

肉用品系的目标性状大多属高遗传力性状，包括生长速度、屠宰率或净肉率等。因此，肉用品系的选育，可以采用个体选择的方法，加大选择压，即可取得较好的遗传进展。对于肉用鹅母系，不能过分强调生长速度，一般根据群体平均体重制订一个高限和低限，去除高限以上和低限以下的个体，再根据产蛋记录进行家系选择。羽色属于质量性状，一般经过几代的严格淘汰即可达到目标。肉用鹅品系育成时，还应注意群体整齐度，以适应规模化、集约化生产和现代加工业的要求。群体整齐度还包括母系的开产日龄等。

肉用鹅父本品系选育，应按育种方法的要求，以群体的性状遗传改进为中心，按育种方案有序进行。一般可参照表3-2进行。

表3-2　肉用鹅父本品系选育

选择性状	选择的时间	选择方法
腿脚、初生重及畸形	出壳	个体选择：选择腿脚健壮、无畸形、孵化正常且初生重较大的个体
生长速度	4 周龄	个体选择：个体称重
饲料转化率	4 周龄	间接选择：生长速度
羽色	4 周龄	个体选择：观察
生长速度	8 周龄	个体选择：个体称重
饲料转化率	8 周龄	间接选择：生长速度
屠宰率、胸肌率	12 周龄	同胞选择：屠宰测定或活体评价
腿脚健壮	4 周龄，8 周龄	外观及活动表现
精液品质、阴茎发育	25～28 周龄	个体观察及人工采精镜检
体型外貌及体重	8 周龄，产蛋前 1 个月	观察及称重
健雏率	40 周龄左右	家系选择

对于母本品系，应该重点选择繁殖性能，一般以家系结合个体选择为主。在育成期，应把增重太快和太慢的淘汰。

我国地方鹅种中有人认为乌鬃鹅皮薄骨细、出肉率高且肉质风味好；对浙东白鹅等品种也有类似的评价。今后应开展优质型鹅的研究工作，开发我国的资源，形成我国优质鹅产业特色。

由于鹅的羽绒价值较高，对经济效益影响大，在选育肉鹅新品系时，要把羽绒生产性能指标纳入选种指标中，使育成的新品系不仅肉用性能突出，羽绒生产性能也优良。

26. 如何开展肝用鹅新品系培育？

肥肝是水禽的特有产品，是世界三大美味之一。鹅肥肝质量和价格高于鸭肥肝。随着社会的发展和人们生活水平的提高，人们对肥肝的需求量迅速增长，培育与此相适应的专用品系势在必行。

（1）肝用鹅品系的要求

肝用鹅品系，同样应具有肉用型鹅的高效生长和繁殖的特点。除此之外，肝用型品系还有以下特殊要求：①体型硕大，胸宽体深，颈短而粗，腿脚粗壮。②肥肝重量应达到国际优质肥肝的要求（600～900克）。③耐粗饲，填饲前期料重比高，填饲期肝料比高。④鹅只性情温顺，安静。⑤能够把碳水化合物高效转化存储在肝脏，而肝脏功能良好。

（2）肝用鹅品系育成的素材

肝用鹅品系一般由大中型肥肝性能良好的品种或变种作为育种素材。肝用品系培育，欧洲研究较早，起源于灰雁的鹅种更适合于选育肥肝型品系。在法国，图鲁兹鹅、朗德鹅等产肝性能卓越。在匈牙利有莱茵鹅、匈牙利白鹅等。在其他一些欧洲国家，宾科夫白鹅、以色列鹅、埃姆登鹅也是肥肝生产的较好品种。我国鹅种中也有肥肝性能突出者，如狮头鹅、溆浦鹅、皖西白鹅等，均可根据育种目标和方案进行肥肝专用品系的培育；也可以用欧洲鹅种杂交改良我国鹅种的肥肝生产性能。

（3）肝用鹅品系的选育

我国有狮头鹅、皖西白鹅和溆浦鹅等肝用性能较好的品种，近年来又引进了国外的肝用品种朗德鹅，选育肝用品系及配套系的素材已经具备。现在紧迫的任务是如何用好引进的品种和选育我国自己的肝用品系或配套系。

狮头鹅和溆浦鹅可以作为肝用品系父本品系的选育素材。由于肝重的遗传力很高，可以通过同胞选择获得好的遗传改进。同时，肝重与体重呈正相关，可以通过体重选择间接选择肝重。填饲期增重与肥肝重也呈强正相关，可以通过间接选择对肥肝性能进行选择。

肥肝生产性能与体重呈正相关，与繁殖力呈负相关；同时，有的品种肥肝重量很大，但肝质较差。因此，今后的肥肝生产趋势是用专门化的父系和母系进行配套杂交生产。

肝用型父系的选育（表3-3）类似于肉用型父系的选育。肝用型品系选育中，对公鹅和母鹅选择的标准是不一样的，选择时可参考表3-4进行。

表3-3　肝用鹅父系的选育

选择性状	选择时间	选择方法
腿脚、外貌	出壳	个体选择：腿粗、体重、颈短
体重、腿脚、外貌	4周龄	个体选择：称重、观察
体重	8周龄	个体选择：称重
肥肝重	10周龄	间接选择：体尺测定
性情温顺	12周龄	个体选择
肥肝重	16周龄	同胞选择：填饲期增重率、肝料比、肥肝重
肥肝重	50周龄	后裔测定：肝重、肝质、肝料比

表3-4　肝用鹅品系公母鹅选育标准

选择性状	公鹅	母鹅
12周时体重	是	是
交配能力	是	否
受精率	是	否
开产日龄	否	是
40周内平均孵化率	否	是
产蛋量	否	是
产蛋特征	否	早熟或稳定
蛋重	否	是
孵化率	否	是

肥肝生产的母系要求有一定的生长速度和体型大小，主要选育提高繁殖性能和与父本的配合力，可以用正反交反复选择法进行培育。

27. 为什么要建立鹅商用杂交体系？鹅商用杂交体系有哪些形式？

现代家禽生产几乎完全采用杂交繁育，这是因为通过一定的杂交繁育体系而进行的杂交繁育，可以充分利用杂种优势和组合不同亲本的优秀生产性能；可以加快纯系选育的遗传进展，即将多个性状特别是呈负相关的性状，分配给不同的纯系作为各自的选种目标，使纯系选育进程加快。然后通过纯系间的杂交，将不同纯系的优点综合到杂交商品代中，使商品禽生产性能得到全面提高。建立高度专门化的配套品系用于生产，还有利于现代家禽育种者控制种源，获得应有的经济利益。

鹅商用杂交体系按杂交亲本的数量，分为二元杂交生产、三元杂交生产和其他杂交生产。

（1）二元配套杂交

二元杂交是最简单的杂交方式（图 3-1）。如浙东白鹅、皖西白鹅等分别与四川白鹅杂交；狮头鹅、溆浦鹅等分别与东北豁眼鹅杂交等。国外的两系配套杂交有朗德鹅与莱茵鹅（肥肝生产）；莱茵鹅与匈牙利鹅（肥肝生产）；苏联用莱茵鹅和库班鹅作母本，分别与大灰鹅和高尔基鹅杂交等。

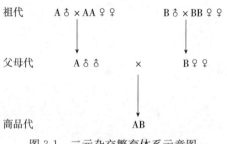

图 3-1　二元杂交繁育体系示意图

（2）三元配套杂交

三系配套一般在肉鹅生产上使用，即用一无抱性的高产母本品系作为第一父本与小型高产母系杂交，产生的杂交后代的母鹅用一个生长速度快的大型或中型品种公鹅配种，产生商品代（图3-2）。

三元杂交的显著优点是父母代种母鹅有杂种优势；商品代有三个品种或品系的优点；经过二次扩繁，供种量扩大；终端父系公鹅部分用于配套杂交，部分与自身母鹅进行纯繁，节约制种费用。

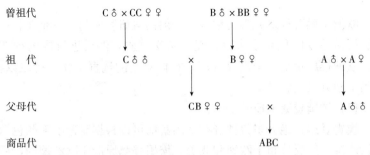

图3-2　三元杂交繁育体系示意图

（3）其他杂交生产

其他杂交方式包括三品种或品系轮回杂交、四元杂交、回交等。

1）轮回杂交　有二品种或三品种轮回杂交。除第一次杂交的母鹅是纯种鹅外，以后的杂交中母鹅均为杂种鹅，有利于利用繁殖性能的杂种优势。三个品种或品系轮回杂交见图3-3。

2）四元杂交　四个品系两两杂交后代中，来源于父本品系的用公鹅，来源于母本品系的用母鹅再次杂交生产商品鹅的方式。法国克里莫公司的莱茵鹅和朗德鹅均为四系配套。四系配套的缺点是由于要维持四个纯系，制种费用较高，且四个系生产的杂交鹅很难整齐一致。

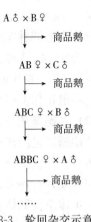

图3-3　轮回杂交示意图

3）回交　指杂交后代再与亲本之一交配生产商品代的方式。如乌鬃鹅的繁殖性能较差，但羽毛为灰羽，肉质特别好，深受广东、广西和香港、澳门市场欢迎。为了提高其生产水平，将乌鬃鹅与豁眼鹅交配，后代母鹅再与乌鬃鹅公鹅回交一次，商品鹅外观与乌鬃鹅一样，并保持了肉质好的特点。由于豁眼鹅产蛋性能高，且杂交后的母鹅产蛋性能也高，大大提高了商品鹅的供应量，降低了生产成本。

28. 欧洲鹅良种繁育体系建设有哪些典型实例？

欧洲是鹅育种最先进的地区，一般由科研院所与私营企业长期合作进行鹅的专门化品系培育、配套杂交试验，然后进行国内推广示范、欧洲推广示范、全世界推广。它们对鹅的选育工作，持之以恒，产品不断升级更新。

（1）埃姆登鹅（Embden）

埃姆登鹅，绝大多数种群在 2 周龄前可以根据雏鹅羽毛颜色深浅辨认雌雄。广泛分布于欧洲和北美。埃姆登鹅原产于欧洲德国，后被引进到欧洲、美国和我国台湾等地。分大型和小型两种：①小型埃姆登鹅：体型中等，全身羽毛洁白。成年公鹅体重 9 千克左右，母鹅8 千克左右。②大型埃姆登鹅：成年公鹅体重 10~12 千克，母鹅 8~10 千克。在美国标准品种中大型埃姆登鹅与非洲鹅和图卢兹鹅一起组成世界大型鹅种家庭。小型埃姆登鹅母鹅年产蛋量 40 枚左右，公母配比为 1：4，种蛋受精率 85%，受精蛋孵化率 80% 左右，母鹅可利用 4~5 年。初生时公母可自别雌雄。埃姆登鹅可用于肉鹅和羽绒生产，一般用作肉鹅生产的父本品种。

（2）兰德斯鹅（Landes）

兰德斯鹅是原产于法国的肥肝专用品种，公母鹅均为灰羽，喙胫为橘黄色。广泛分布于欧洲各国，特别是匈牙利，主要用于肥肝生产。到现在，有许多肥肝性能方向选育的专门化品系来源于兰德斯鹅。成年体重公鹅体重 6.0 千克，母鹅 5.0 千克。平均年产蛋量 40枚蛋重 170 克。从 20 世纪 70 年代中期开始，法国农艺研究院 INRA和赛巴拉水禽选育公司合作，以该品种的不同类型为基础，建立了几个品系。每个专门化品系分别选育，主要选育提高肥肝性能、胸腿肉量和繁殖性能，并最终形成三个配套系。

A 配套系：米朗德父系×阿蒂盖母系；

B 配套系：苏普罗士父系×阿蒂盖母系；

C 配套系：苏普罗士父系×米朗德母系。

米朗德父系的活重大、生长快，成年活重 8～9 千克，肥肝性能好，平均肥肝重 850～900 克，成活率 92%～95%；而苏普罗士作为父系也有相似的特点。

阿蒂盖母系的活重较轻，成年活重 7～7.3 千克，肥肝性能稍差，平均肥肝重 800 克，但繁殖力极强，第一年平均产蛋 40～45 枚，第二年采用二次产蛋法产蛋可达 60～65 枚，种蛋受精率为 85%。

在上述三个配套系中，当时他们认为 A 配套系最好，因为阿蒂盖母系体型较小，耗料较少，而产蛋率和受精率均比米朗德高，养作母系经济效益较好；而米朗德父系的活重大、长势快，肥肝性能好，用于和阿蒂盖母系杂交配套，其后代生活力强、耐粗饲，同时肥肝平均重量大，在法国销路很好。

克里莫兄弟选育公司则以该品种选育了 A、B、C、D 四个品系，父母代 AB 父系称为 MG72，CD 母系称为 FG72，作为母系 4 个产蛋期总计产蛋 204 枚。商品代（ABCD）称为 G36；12 周龄仔鹅活重公鹅 5.7 千克、母鹅 5.2 千克。

哥尔莫选育公司选育了 2 个类型，重型的其父系称为 JG、母系称为 OG，商品代 16～20 周龄平均活重 7～7.5 千克，肥肝重 900克。中型的商品代 16～20 周龄活重 6.5 千克，肥肝重 750 克。

赛巴拉水禽选育公司选的兰德斯肥肝专用品系分两种类型，每种类型 2 个品系。①大型者：其父母代公鹅活重 9 千克，母鹅 7 千克。第一个产蛋期产蛋 30～35 枚，可孵出雏鹅 22～25 只；第二个产蛋期产蛋 40～50 枚，出雏鹅 32～35 只。商品代雏鹅饲养到 12 周龄时活重：公鹅 5.8 千克，母鹅 5.2 千克。经 15 天强制填饲后，平均肥肝重可达 850～950 克。②中型者：其父母代公鹅活重 9 千克，母鹅 6.5 千克。第一个产蛋期产蛋 38～42 枚，可孵出雏鹅 26～30 只；第二个产蛋期产蛋 52～58 枚，出雏鹅 36～40 只。商品代雏鹅饲养到 12 周龄填饲前活重：公鹅 5.6 千克，母鹅 5 千克。经填饲后，平均

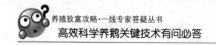
肥肝重 850～950 克。

(3) 匈牙利白鹅（White Hungarian）

匈牙利白鹅是匈牙利肉鹅生产（兼顾羽绒生产）的主要品种和肥肝生产品种。匈牙利鹅，主要由爱姆登鹅、巴墨鹅和意大利的奥拉斯鹅杂交育成。成年公鹅平均体重 5.5 千克，母鹅 4.7 千克。仔鹅早期生长速度快，8 周龄可达 4 千克以上。平均年产蛋量 48 枚，蛋重 160～190 克。该品种选育出了烤鹅型、肥肝型和羽绒型的新品系。肥肝型鹅肥肝重达 500～600 克，且肥肝质量很好。羽绒型羽绒质量很好，一般年可采集毛 3 次，产绒 400～450 克。

(4) 意大利白鹅（White Italian）

意大利白鹅是欧洲饲养最广泛的肉鹅品种。白色意大利鹅体型中等，全身羽毛洁白。喙和胫橘红色。该鹅种已经选育成父系和母系进行配套生产。两个品系初生雏鹅 10 日龄内都可以根据绒毛颜色自别雌雄（公鹅颜色比母鹅浅）；成年后具有欧洲灰雁鹅种的典型特征。父系成年公鹅体重 7.0 千克，母鹅 6.5 千克。母系成年公鹅 6.5 千克，母鹅 6.2 千克。仔鹅早期生长发育速度快，8 周龄体重可达4.5～5 千克。

父系母鹅年产蛋量 55～65 枚；母系年产蛋 60～70 枚。平均蛋重 160～180 克。公母配比为 1∶4，种蛋受精率 85%，受精蛋孵化率 80%左右，母鹅可利用 4～5 年。白色意大利鹅是欧洲肉鹅生产的首选品种，可用于肉鹅和羽绒生产，特别是分割肉生产，也可用作肥肝生产的母本品种。

(5) 库班鹅（Kuban）

库班鹅是苏联 Kuban 农业研究所用高尔基鹅和中国鹅杂交培育而成，通常作为杂交的母本使用。成年体重公鹅5.2 千克，母鹅4.8千克。平均年产蛋量 50～60 枚，蛋重 150 克。虽然库班鹅为灰羽品种，但作为杂交配套母本，而后代为白羽，这就克服了其本品种生产的胴体问题。

29. 我国鹅良种繁育体系建设有哪些典型实例？

我国绝大多数鹅种均缺乏产肉、产肝、产绒、繁殖等方面性能的专门化选育，配套杂交后代生产性能参差不齐，性能低下，以致国外专门化品种占领了巨大的市场份额。但我国鹅种特别丰富，特点鲜明，传统养殖地历史悠久，养殖数量庞大。对这些鹅种进行科学分类（表3-5）和合理杂交，对于构建良种繁育体系，提升商品鹅质量和生产水平，具有重要意义。

（1）父本品种

当需要生产灰羽的商品鹅时，所有灰鹅包括狮头鹅、乌鬃鹅、马岗鹅、阳江鹅、合浦鹅（灰羽者）、兴国灰鹅等均可以作为父本与四川白鹅或豁眼鹅杂交；杂交后还可以用灰羽鹅作父本级进杂交一次；或灰鹅品种中较大型者和生长较快者作父本与中小型繁殖性能优秀者杂交。

当需要生产白羽商品鹅时，中型的生长速度较快的皖西白鹅、溆浦鹅（白羽者）、浙东白鹅及其纯繁选育的品系就可成为父本；引进的罗曼白鹅、匈牙利白鹅、霍尔多巴吉鹅、莱茵鹅等也是生产白羽商品鹅的理想父本。

（2）母本品种

我国鹅种中不乏适应性强、繁殖性能高的母本品种，如四川白鹅、太湖鹅、豁眼鹅、籽鹅及其培育的新品系，是配套杂交中母系的理想鹅种。

表3-5　我国养鹅生产父本和母本

灰鹅生产		白鹅生产	
父本	母本	父本	母本
狮头鹅	四川白鹅、扬州鹅	浙东白鹅	四川白鹅、豁眼鹅
马冈鹅	四川白鹅、豁眼鹅	皖西白鹅	四川白鹅、扬州鹅
兴国灰鹅	四川白鹅	溆浦鹅（白羽）	四川白鹅、扬州鹅
溆浦鹅（灰羽）	四川白鹅	霍尔多巴吉鹅	四川白鹅、莱茵鹅
乌鬃鹅	四川白鹅	罗曼鹅	四川白鹅、莱茵鹅
朗德鹅父系	朗德鹅母系	莱茵鹅	四川白鹅、豁眼鹅
钢鹅	四川白鹅、豁眼鹅	天府肉鹅父系	天府肉鹅母系

第四章 鹅的繁殖与孵化

30. 如何选择种鹅进行繁殖？

种鹅常用的选择方法主要有以下 3 种。

（1）根据鹅的体型外貌进行选择

此法为最常用的选种方法，但仅可作初选手段，还要配合其他选种方法同时进行。本法的选择标准主要按该品种的固有特征选择，不符合品种外貌特征的鹅只必须淘汰。雏鹅除要求符合品种特征外，还应该要求生长迅速，躯体高大，两眼有神，叫声洪亮，机警敏捷，挣扎有力，善于觅食，健壮活泼。种用公鹅体型一般要大，体质强壮，发育均匀，肥度适中，头中等大，两眼灵活有神，喙甲粗短并紧合有力，颈粗而稍长，胸深而宽，背部宽长，腹部平整，脚粗壮有力，脚间距离宽，叫声洪亮。手挤压泄殖腔，阴茎很容易勃起伸出，阴茎伸出泄殖腔外面，长度 3～4 厘米，精液品质合格。阴茎不易伸出、短而粗的和畸形者一律淘汰。种用母鹅则应选择食欲良好，配种行为多的个体。

（2）根据生产性能记录进行选择

生产性能记录主要包括产蛋性能、产肉性能和繁殖性能三个方面。根据系谱资料、本身成绩、同胞成绩、后裔成绩和综合记录资料等，选择早期生长速度快、育肥性能好、肉的品质好、饲料报酬高、屠宰性能好的个体或其后代留种。母鹅或者母本，要选择开产日龄早、年产蛋量多、种蛋合格率高、蛋的受精率高、孵化率和雏鹅成活率高的个体或其后代留种。

（3）根据孵化季节进行选择

一般种鹅选择以早春孵化的雏鹅，即 2—3 月（北方地区可在3—4 月）出壳的雏鹅为好。此时雏鹅的生长条件好，能确保所选种鹅的体质健壮和生产性能的充分表现。同时，多数鹅品种可在休蛋期结束后利用第二批经产种蛋孵化，提高种鹅生产的经济效益。当然，如果要进行反季节种鹅生产，则应将在夏末秋初对出雏的苗鹅留种。

31. 不同阶段种鹅的选择标准是什么？

健雏应选留体型外貌符合品种特征和要求的个体，且活泼健壮，来自高产种群后代，血统记录清楚。如有需要，在育雏期结束后约30日龄，再进行一次选择。

后备种鹅的选择一般在 60～70 日龄（生长慢的在 80～90 日龄）育成期结束时进行。选择要求是品种特征典型，体质结实，生长发育快，羽毛发育好。后备公鹅要求肥瘦适中，羽毛整齐、有光泽，体质健壮，头大脸阔，两眼有神，喙长无畸形，叫声洪亮，颈长粗大，体躯呈长方形，胸部丰满，腹部不下垂，腿粗有力，两脚间距宽。后备母鹅要求体型不宜过大，羽毛紧贴有光泽，头大小适中，眼睛灵活有神，颈细长，身长而圆，前躯较浅窄，后躯深而宽（彩图 4-1）。

经产母鹅不仅要品种特征明显，体重符合要求，还要综合其开产日期、产蛋性能、蛋重、受精率等情况，将体型大小适中、产蛋多、持续期长、蛋重适中、就巢性弱、种蛋受精率高的个体留作种用。公鹅则要求生长发育好，叫声洪亮，体大脚粗，肉瘤光滑凸显，羽毛紧凑，采食力强，性欲旺盛，配种力强，精液品质好，雄性特征显著，体重和外貌符合品种要求。一般此时的公母鹅配比是：自然交配的1∶（4～8），人工授精的 1∶（10～15）。对经产种鹅可进行每年复选一次，根据其生产性能表现，结合系谱鉴定、后裔测定成绩进行全面的综合测定，不断淘汰不合格种鹅。

32. 种鹅何时配种比较适宜？合适的配种比例是多少？目前常用的配种方法有哪些？

（1）适宜的配种年龄
中国鹅种性成熟较早，公鹅一般在 5～6 月龄达到性成熟，母鹅在7～8月龄。中小型品种控制在200日龄左右配种较好；大型鹅种控制在9～10月龄配种。对于特别早熟的小型品种，公母的配种年龄可以适当提前。

(2) 合适的配种比例

自然交配情况下，小型品种鹅的公母比例一般为1：（6～7），中型品种1：（4～5），大型品种1：（3～4）。但也要根据种蛋受精率、水源条件、公鹅体质、饲养管理条件等适当调整。母鹅一般饲养3～4年淘汰，公鹅最多饲养3年，并且每年要更新一部分。

(3) 常用的配种方法

根据生产需要、鹅的品种和体型大小等因素，目前鹅常用的配种方法主要为自然交配、人工辅助配种和人工授精（较少使用）。

1）自然交配　指在母鹅群中，放入一定数量的公鹅让其自由交配的方法。在农村种鹅群或种鹅繁殖场多采用大群配种，育种场中多采用小群配种。对于有固定配偶习性的公母鹅，则采用一只公鹅与一只母鹅配对配种，定时轮换以提高配种比例和受精率。此外，为了多获得父系家系和进行后裔测验，可采用同雌异雄轮配法。

2）人工辅助配种　在利用大型鹅种作父本进行杂交改良时，为了克服公母鹅体躯大小悬殊和行动笨拙而造成的配种失败，或为了解决缺少水面的地方鹅交配时母鹅没有水体平衡身体的矛盾而采用的配种方式。在不采用人工授精的情况下，人工辅助配种是不可缺少的重要方法。一般是在地面上抓住母鹅的两腿和两翅，轻轻摇动尾部，引诱公鹅接近。当公鹅踏上母鹅的背时，一只手托住母鹅，另一只手将母鹅的尾羽向上提起，此时公鹅就会主动交配。人工辅助配种能有效地提高种蛋受精率。

3）人工授精　就是通过人工采集优秀公鹅精液，并将其输入母鹅体内使母鹅受精的技术。鹅的人工授精是一项先进的繁殖技术，但目前技术仍不够完善，生产实践中基本没有采用。但随着鹅饲养方法的不断进步及该技术的完善，人工授精技术也会在我国鹅业的产业化建设中发挥应有作用。

33. 鹅的繁殖特点有哪些？

鹅繁殖规律的最大特点就是表现出明显的季节性，多数鹅种产蛋一般从当年的秋末开始，直到翌年的春末夏初，也就是说春季是鹅的主要繁殖季节，夏秋季休产。北方豁眼鹅和黑龙江籽鹅则是春末开产，秋末停产。这是长短光照周期的变换刺激引起的，因此，与鸡、鸭等家禽相比，鹅的产蛋周期短，一般鹅种全年只产 3～4 窝蛋，而且每产 1 窝蛋后就出现就巢。

鹅的繁殖特性还表现在公母鹅有固定配偶交配的习惯。据观察，有的鹅群中 40% 的母鹅和 22% 的公鹅是单配偶，这与家鹅是由单配偶的野雁驯化而来的有关。

鹅的繁殖性能低于鸡和鸭。传统养殖情况下的种鹅，产蛋在前 3 年随年龄的增长而逐年提高，而且种蛋质量也表现同样的规律，到第 3 年达到最高，第 4 年开始下降，因此，种母鹅的经济利用年限可长达 4～5 年之久，生产性种鹅群以 2～3 岁的鹅为主组群较为理想。

34. 鹅的非正常蛋是如何形成的？主要有哪些类型？

鹅的非正常蛋有很多种，其形成原因如下，饲养管理中应加以注意。

(1) 薄壳蛋

由于日粮中钙含量不足、钙磷比例失调、应激及疾病等使蛋壳腺碳酸钙沉积功能受到影响所致。锰的缺乏和过量也可间接地造成薄壳蛋的发生。

(2) 软壳蛋

母禽饲料中缺乏钙质和维生素 D，或钙、磷比例失调；或病理原因造成的子宫部分泌蛋壳的机能失常；或输卵管内寄生有蛋蛭，影响了蛋壳分泌机能；或由于接种某些疫苗反应强烈，影响蛋壳形成。

(3) 血壳蛋

蛋体过大或产道狭窄；或蛋壳形成后，因蛋壳腺黏膜弥漫性出血，使蛋壳骨质层表面附着了血迹，后被形成的蛋壳胶护膜包裹而呈暗红色细小点状血壳蛋。

（4）裂纹蛋

蛋壳形成过程中有效磷缺乏，以致蛋壳的韧性较差，脆性较大，抗破裂强度降低。在蛋壳胶护膜形成前，母鹅受到外界一定程度的挤压碰撞或子宫应激性收缩振荡而使蛋壳出现裂纹。

（5）沙皮蛋

因母鹅缺锌使碳酸酐酶活性降低，导致蛋壳钙沉积不匀不全；钙过量而磷不足时，蛋壳上发生白垩状物沉积，使蛋壳两端粗糙如沙；由于输卵管部感染病毒使子宫部上皮细胞破坏；或母鹅受到急性应激使蛋在子宫部中滞留时间太长，而额外沉积了多余的"溅钙"。

（6）皱纹蛋

由于铜的缺乏，形成蛋壳腺胶原和弹性蛋白的胶联减少而使蛋壳膜缺乏完整性、均匀性，在钙化过程中导致蛋壳起皱褶。

（7）粉皮蛋

产蛋母鹅感染病毒或受营养、环境应激后，蛋壳腺分泌色素卵嘌呤的功能受到影响。

（8）双黄蛋

在初产或产蛋盛期卵巢上有两个卵子同时成熟排卵，被输卵管漏斗部接纳，由于两个卵子（蛋黄）的较强刺激，膨大部分泌比正常蛋多的蛋白，将双蛋黄包裹住，又形成壳膜、硬壳，最后产出体外。较多双黄或超大蛋发生的原因是育成期营养不调或管理不善，使得生殖器官发育不均衡。

（9）小黄蛋

因饲料中黄曲霉毒素超标，影响肝脏对蛋黄前体物的转运，阻滞了卵泡的成熟。

（10）无黄蛋

输卵管上部严重感染病毒，卵巢上并无正常的卵子（即卵黄）排出，只是膨大部出现一块较浓的蛋白，或卵巢出现的小血块，或输卵管上部的黏膜组织脱落，刺激伞部或膨大部而引起输卵管各部功能启动，将凝固的浓蛋白等包上蛋白、壳膜、蛋壳，最后形成一个小的无黄蛋。

(11) 血斑蛋

日粮中维生素 K 不足或苄丙酮豆素等维生素 K 类似物过量而使血凝机制正常作用受到影响，导致卵巢破裂出血。

(12) 肉斑蛋

发生原因是输卵管感染发炎。

(13) 蛋包蛋

一个正常的蛋在子宫部形成后，由于某种原因引起生理反常现象，或母鹅受惊引起输卵管发生逆向蠕动，将已形成的蛋从子宫部推移到输卵管的上部，待输卵管恢复正常的蠕动后，此蛋再向下移行，刺激输卵管各部，又包上蛋白、蛋壳膜和硬壳，形成蛋包蛋后产出体外。

(14) 异形蛋

输卵管的异常蠕动和收缩造成。

35. 鹅产蛋有何规律性？

鹅的产蛋具有一定的规律性，不同的品种产蛋规律差异往往很大。有的鹅种基本无抱性，产蛋量高，产蛋曲线为"钟形"，如我国的豁眼鹅、籽鹅和四川白鹅等，国外的莱茵鹅、罗曼鹅和霍尔多巴吉鹅等。有的则抱性强，产蛋量低，产蛋曲线为"波浪形"或"锯齿形"，如我国广东、安徽、浙江、湖南、江西等地的鹅种，包括广东四大灰鹅、皖西白鹅、浙东白鹅、兴国灰鹅等，产蛋约 1 个月即停产抱窝，一年可以产蛋—停产—抱窝 3～4 次，其产蛋量一般在 40 个左右。鹅的产蛋和休产与全年光照周期性变化紧密相关，有的冬春产蛋，有的夏秋产蛋。掌握鹅种的产蛋规律，对于科学饲养、节约饲养成本及休产期的人工辅助换羽等具有重要的指导作用。

36. 影响种蛋受精率的因素有哪些？如何提高种蛋的受精率？

影响种蛋受精率的因素包括遗传和环境因素，受精率的遗传力很低，受环境影响很大，所以要提高受精率，需要在种鹅的饲养管理上下功夫。影响受精率的因素及对策包括以下几方面。

（1）遗传与选育

应用现代遗传育种学原理和方法，通过家系选择、导入杂交等方式，培育繁殖性能高的品种或品系。

（2）营养与饲养管理

按照种鹅的生长发育规律及繁殖规律特点进行科学饲养。通过合理的营养调控，控制种鹅的性成熟、产蛋量和蛋的品质。

（3）投苗与管理

按照科学方法，适时早春投苗，人工辅助换羽，对种鹅进行阶段饲喂、合理光照和营养、防病和治病，以及尽量减少应激因素的干扰等。

（4）人工授精

可防止公鹅选配和母鹅漏配。同时，可使单羽公鹅配种的母鹅大大增加，从而扩大优秀种公鹅的影响力，充分发挥其繁殖性能潜力。

（5）公鹅质量

应选择体大毛纯，厚胸，颈、脚粗长，两眼有神，叫声洪亮，行动灵活，具有雄性特征的公鹅；淘汰阴茎发育不良和精液品质差的公鹅。

（6）母鹅质量

选择标准为：外貌清秀，前躯深宽，臀部宽而丰满，肥瘦适中，颈相对较细长，眼睛有神，两脚距离适中，全身被毛细而实；腹部饱满，触摸柔软而有弹性；肛门羽毛形成钟状；耻骨端柔软而有弹性，耻骨间距在二指宽以上。

（7）公母鹅比例

一般小型品种公母配比 1 :（6～7），中型品种 1 :（4～5），大型品种（包括欧洲中型鹅种）1 :（3～4）。

（8）种鹅的淘汰与更新

公鹅的利用年限，一般为 2 年，不超过 3 年；母鹅一般利用 3 年，不超过 4 年；每年淘汰部分伤残和生产性能不合格的公母鹅。

（9）水面运动场质量

一般每只种鹅应有 0.5～1.0 米^2 的水面运动场，水的深度 1 米左右。水源最好是活水，缓慢流动，且水质良好。

（10）活动场地

种鹅在炎热的夏季，要有充足的运动场活动，每只种鹅应有 0.4～0.5 米² 的运动场面积，而且尽量能通过遮阳网或绿化遮阴。

（11）种鹅的营养

鹅从出壳到 100 日龄左右不宜太粗放饲养，特别是 3 周前。100 日龄以后，种鹅进入维持饲养期，要以青粗饲料为主，不宜喂得过肥。产蛋前 4 周开始改用种鹅日粮，粗蛋白质水平为 16％～18％，在整个产蛋期间每天每只种鹅喂给 150～250 克精料。种鹅产蛋期的饲料应为全价饲料，保证产蛋所需的能量和蛋白质、维生素、矿物质等。每天饲喂 2～4 次，同时供应足够的青饲料及饮水。有条件的地方也可放牧，特别是第二年的种鹅应多放牧，以补充青饲料。可在运动场上撒一些贝壳、沙砾，让其自由采食，以满足种鹅的营养需要。公鹅应早补精料，日粮中应含有足够的蛋白质，以使其有充沛精力配种，提高受精率。

（12）环境的稳定性

保持饲养环境的相对稳定，建立有规律的饲养制度，形成良好的条件反射，排除不必要的意外干扰和应激。

（13）防疫和保健

从生物安全体系建设高度防控疫病，保障鹅群健康。严格进行预防注射和日常卫生保健工作，以增强种鹅体质，减少疾病发生。

37. 鹅人工授精有何优点？推广现状如何？前景如何？

（1）人工授精的优点

①人工授精可免除因公母鹅体型差异太大所引起的配种上的困难，在杂交育种上有重要意义。②可以使每只母鹅皆有受精的机会，防止漏配，提高配种机会，提高种蛋受精率。③可以使鹅在无水池的环境下，同样可以获得高的受精率。④可以减少公鹅饲养的数量，每只公鹅每次所采得的精液可授精 10～15 只母鹅，可少养 3/4 公鹅，节约饲养成本，提高经济效益。⑤鹅在繁殖季的早期与末期自然交配受精率较低，人工授精可调整采精的频率或增加授精的次数，提高受精率。如能进行精液冷冻保存，以优质精液授精，效果更佳。⑥在育

种中进行后裔测定时，可缩短测定时间，加快育种进程。⑦母鹅一般采用笼养，每只母鹅的产蛋均可记录，便于及早淘汰产蛋数少或不产蛋鹅只，以提高生产效率。⑧可使单只公鹅的与配母鹅数大大提高，迅速扩散种公鹅的优秀基因于群体中，加快育种进程。⑨加强了对公鹅的选择，特别是性欲低下、阴茎发育不良、精液品质差的公鹅必然淘汰不用，这对提高鹅群群体质量具有重要意义。⑩可以减少自然交配时生殖器官疾病的传染。

(2) 人工授精的推广现状

目前种鹅的饲养管理方式，还无法推行人工授精。但是，专门化的育种单位，在品系培育中，特别是鹅只笼养的情况下，人工授精可以使育种工作更准确有效。对于一些自然交配受精率低下的鹅种，如狮头鹅、朗德鹅等，在小群饲养或育种中笼养时，人工授精具有重要作用。台湾的彰化种畜繁殖场实施人工授精，试验公母鹅均采用单笼饲养，每周授精一次，受精率约80%；如每隔4天授精一次，则可维持90%以上的受精率。鹅人工授精的操作见彩图4-2、彩图4-3。

38. 鹅蛋的孵化方法有哪几种？

(1) 自然孵化法

自然孵化法是我国广大农村传统养鹅情况下较多采用的孵化方法。这种孵化方法虽然不适应规模化、产业化养鹅的需要，但在某些养鹅数量较少、交通不发达、能源紧张、技术短缺、资金不足的地区，特别是饲养品种具有较强抱性的地区，仍是一种有效的繁殖方法（图4-4）。自然孵化具有设备简单、费用低廉、管理方便、效果良好等特点。

(2) 传统人工孵化法

传统人工孵化法居于自然孵化和现代孵化之间，是现代机器孵化的萌芽和探索。主要有桶孵法、平箱孵化法、仿生孵禽温箱孵化法、塑料温水袋孵化法、摊床孵化法和嘌蛋法。

(3) 现代机器孵化法

规模化、商品化的家鹅生产，传统和自然孵化都不能满足要求，应代之以现代机器孵化（图4-1）。现代机器孵化包括种蛋的收集、处理、保存、孵化、出雏等一系列过程。

图 4-1　鹅蛋孵化场景

a，b. 自然孵化　c. 现代机器孵化

39. 为使胚胎正常发育，取得良好的孵化效果，需要为入孵鹅蛋提供怎样的孵化条件？

种蛋经过孵化成为雏鹅，需要依赖外界环境条件提供适宜的温度、湿度、通风、翻蛋、凉蛋等才能完成。

（1）温度

温度决定胚胎的生长、发育和生活力。孵化过程中给温标准受多种因素影响，如地域、孵化器类型、品种、蛋壳质量、蛋重、保存时间、入孵蛋数量等，为此应结合实际情况，在给温范围内灵活掌握运用。小型鹅种给温应稍低于中、大型鹅种；夏季室温较高时，孵化温度应低于冬、春季节等。

（2）湿度

孵化的不同阶段对湿度的要求不同，基本的控制原则是"两头高，中间低"。孵化初期，胚胎要产生羊水和尿囊液，湿度要求较高；孵化中期，胚胎要排出羊水和尿囊液，湿度应低些；孵化后期，为使有适当的水分与空气中的二氧化碳作用产生碳酸，使蛋壳中的碳酸钙转变为碳酸氢钙而变脆，有利于胚胎破壳而出，并防止雏鹅绒毛与蛋壳粘连，要求较高的湿度。因此，鹅蛋孵化的第 1～9 天，相对湿度可控制在 60％～65％；第 10～26 天为 50％～55％；第 27～31 天为 65％～70％；孵化后期如湿度不够，还可向蛋面上喷洒温水。若采用分批孵化，孵化器内有不同胚龄的胚蛋，相对湿度应控制在 50％～60％，出雏期间增加到 65％～70％。

（3）通气

早期的胚胎主要通过卵黄囊血管从卵黄中获得氧气；胚胎发育到中期，气体代谢依靠尿囊进行，通过气室气孔直接利用空气中的氧气；孵化后期，胚胎开始从尿囊呼吸转为肺呼吸，耗氧量和二氧化碳排出量大量增加。一般来说，胚胎周围空气中二氧化碳含量不得超过0.5%。若孵化机内二氧化碳含量超过1%，孵化率下降15%。如不及时改善通风换气，畸形、死胚会急剧增加。

（4）翻蛋

翻蛋，可防止胚胎粘连，减少死亡率，提高孵化率；翻蛋能促进胚胎运动，保持胎位正常，改善羊膜血液循环，增加卵黄囊血管和尿囊血管与蛋黄和蛋白的接触面积，利于胚胎吸收营养；翻蛋还可促使机内不同部位的胚胎受热和通风更加均匀，利于胚胎的发育；翻蛋还可减缓羊水损失，使胚胎在湿润的环境下顺利啄壳、出雏。

（5）凉蛋

凉蛋对鹅蛋有着特殊的生物学意义，是鹅蛋孵化的关键技术之一。①鹅蛋比鸡蛋大，其单位重量所具有的表面积相对较厚，散热能力比鸡蛋低；加上鹅蛋脂肪含量高，孵化至16～17天以后脂肪代谢能力增强，因此产生的生理代谢热较多。如果多余的热量不能及时散出去，蛋的温度就会增高，影响胚胎发育，甚至造成胚胎死亡。②鹅胚从尿囊绒毛膜呼吸转为肺呼吸时，需氧量比鸡胚高3倍。在孵化后期采取凉蛋措施有助于胚胎吸收氧气，排出二氧化碳，促进气体代谢，及时散热，提高孵化率。③外界温度的变化对胚胎也有刺激和锻炼作用，可提高胚胎的生活力。

40. 鹅种蛋的消毒方法有哪些？从种鹅产下种蛋到出雏，需要对种蛋进行哪些消毒程序？

（1）种蛋的消毒方法

种蛋的消毒方法主要有福尔马林熏蒸消毒法、新洁尔灭消毒法、漂白粉消毒法、高锰酸钾消毒法、碘液消毒法和抗生素药液浸泡消毒法等。用以上各法消毒、处理种蛋时应注意三点：①消毒前对种蛋再进行一次选择，将不符合要求的种蛋挑出来作食用蛋；②消毒时轻拿轻放，防止损伤种蛋；③消毒后将种蛋平放或稍倾斜放入蛋盘内，排列整齐。如有蛋盘架，可事先将蛋盘推入架上，36～38℃预热6～8小时，最后一齐入孵。这样不但入孵后升温快，且胚胎发育比较均匀整齐。

（2）种蛋消毒

严格来讲，从种鹅产下种蛋到出雏，需要对种蛋进行 4 次消毒。

1）鹅舍种蛋消毒　收集种蛋时要做到尽快收集、尽快消毒，每捡一次即消毒一次，可采用福尔马林与高锰酸钾按 2∶1 混合熏蒸或季铵盐类喷雾，并在鹅舍消毒室内安装 40 瓦的紫外线灯管对室内空气进行消毒。

2）入库种蛋消毒　将种蛋送到孵化厂，先挑出不合格蛋后，用 3 倍福尔马林与高锰酸钾熏蒸 20 分钟，然后入库贮藏。

3）入孵种蛋消毒　把种蛋从蛋库拉出，先码蛋预热，待蛋壳上凝结的水珠消失后，用 2 倍福尔马林与高锰酸钾熏蒸 20 分钟。该项工作一般在开机前 9 小时内进行。

4）落盘后消毒　落盘后，以 40～50 毫升/米^3 过氧乙酸（20％）自然挥发。

41. 鹅蛋人工孵化异常的表现和原因是什么？孵化过程中如何提高种蛋孵化率？

（1）鹅蛋人工孵化异常及原因分析

鹅蛋人工孵化的异常表现与种鹅饲养、种蛋管理和孵化条件控制不当有关（表 4-1）。

表 4-1　鹅蛋人工孵化异常及原因分析

异常现象	可能造成的原因
第 7～10 天，验蛋无精蛋超过 10％	①种鹅群中公鹅太多或太少；②种鹅未完全成熟；③种鹅太老、过肥或有脚病；④种鹅常受惊吓；⑤无水池；⑥配种季节未供应青饲料或饲粮缺乏未知生长因子（UGF，如鱼粉）；⑦繁殖季节的初产蛋；⑧饲粮或水中加药物；⑨种蛋贮存过久或运输保存不当；⑩饲粮发霉或谷物遭虫害；⑪鹅生殖器官疾病；⑫过度消毒

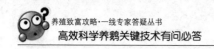

（续）

异常现象	可能造成的原因
第7～10天，验蛋有环状血丝	①种蛋贮存不当，储存温度过高；②孵化温度控制不规律
气室脱位	移蛋时动作粗鲁或蛋畸形
蛋黄黏附于蛋壳内膜	贮蛋过久，未予翻动
壳内膜有暗斑	蛋壳上有污物或细菌入侵
第7～25天，胚胎死亡超过5%	①饲料成分不当；②高度近亲；③孵化温度不正确；④某段时间温度太高或过低；⑤翻蛋不当；⑥饲料中缺乏UGF；⑦通风不良
孵化期间种蛋渗漏、腐臭及爆裂	①细菌感染；②鹅舍垫料污染；③产蛋巢箱肮脏；④蛋壳污染粪便；⑤交叉污染；⑥母鹅生殖道细菌感染
过早出雏	孵化温度过高或湿度过低
过迟出雏	①孵化温度过低；②孵化期间凉蛋时间过长
啄壳未出雏或未啄壳	①孵化期间温度过高或过低；②孵化最后5天内种蛋失温或过热；③出雏机湿度太低，使壳膜干化；④出雏机通气不良；⑤出孵前受到干扰；⑥鹅胚喙离壳较远；⑦鹅胚头部弯向腹部；⑧鹅胚上身受挤，头部无活动余地；⑨蛋壳过硬或虽啄壳但壳膜不破，也有一些鹅胚在孵化时因湿度太高或本身含水量高，造成啄壳时壳破了但胎膜、蛋膜具弹性而膜不破，致使鹅胚被闷死壳中
鹅雏与蛋壳膜粘连	①孵化或出壳期间湿度不够；②翻蛋不正常
脐带过大或脱出	①温度过高；②种蛋过度脱水失重；③细菌感染
雏鹅死亡	①过热或窒息；②病原感染
两腿开叉	出雏机底部过滑
除了开叉腿外，跛脚雏鹅超过5%	①翻蛋不当；②凉蛋时间过久；③遗传缺陷

（2）孵化中的补救措施

为了提高种蛋孵化率，必须科学分析以上人工孵化孵化率低的原因，及时纠正不正确的方法，同时对发育正常的鹅胚啄壳前死亡采取如下挽救措施。

1）翻蛋　孵化的前10天是胚盘定位关键期，为使胚胎眼点（头部）沿大头壳边发育而利于出壳时喙啄壳顺利，此期翻蛋操作时应注意保持始终平放，翻蛋角度以 180°为宜。

2）照蛋 孵化 10 天后照蛋，如发现种胚不见眼点，只在气室周围可见清晰血管，这些种胚至出壳时一般是头部位于气室中央或头部弯向腹部，出壳率极低。对于这些种胚要注意在蛋壳上做好记号，便于出壳时及时抢救。

3）出壳前的助产 对雏鹅进行助产最适宜的时间是在出雏高峰期的 1～2 小时，即快满 31 天整的前 5～6 小时。助产时稍将鹅胚头上半部蛋壳剥掉，把屈伸于腹部或翅膀下的头部轻拉出来即可。注意清除胚体鼻孔周围的黏液、污物，以免阻塞呼吸。

42. 如何对孵化效果进行检查?

(1) 照蛋

胚胎发育过程中通常照蛋 2～3 次，有时还要不定期抽检。通常照蛋的日龄安排在 5、15、24、26、28 天进行，通过照蛋可以知道不同时期的胚胎发育程度，然后与标准对照，及时调整孵化的条件，提高孵化率。

(2) 了解蛋重的变化

在孵化过程中可以抽样称重测定，根据气室大小的变化和后期胚胎的形态，了解和判断相对湿度是否适宜。通常孵化第 5 天胚蛋减重 1.5％～2％，第 10 天减重 11％～12.5％，出壳时雏鹅的重量为蛋重的62％～65％。

(3) 死胚的观察和剖检

对孵化不同日龄检出的死胚进行剖解，分析死亡原因，改进孵化管理。

(4) 出雏的观察与检查

在正常的孵化条件下，孵化 29 天可见有啄壳，啄壳后 12 小时可见出雏，一般 30 天的后半天到 31 天的上半天是出雏的高峰阶段，满 31 天出雏基本完成。如孵化条件不正常，出雏时间提早或推迟，出雏高峰不明显，出雏的时间较长，有的甚至到 31 天还有多数未能出

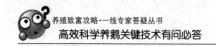
壳，应立即查明原因，采取有效措施。

(5) 从雏鹅外貌进行检查

如雏鹅的卵黄吸收、脐部愈合情况，绒毛、神态和体型等。雏鹅脐部吸收良好、绒毛清洁而有光泽、腹部绒毛干燥覆盖脐部、体型匀称、强健有力等，说明孵化条件适宜。雏鹅绒毛脏污蓬乱，脐部愈合不良，卵黄吸收不良，腹部较大，站立不稳，大小不整齐，表明孵化条件不正常。

43. 如何进行鹅的雌雄鉴别？

(1) 肛门鉴别

雏鹅期，最佳鉴别期是在出雏后 2～24 小时，常用以下 2 种操作方法。

1) 翻肛法　操作者用左手的中指和无名指夹住颈口，使其腹部向上，用右手的拇指和食指放在泄殖腔两侧，轻轻翻开泄殖腔。如在泄殖腔口见有螺旋形突起者，即雄雏；如有三角瓣形皱褶，即雌雏。

2) 捏肛法　左手握住雏鹅，以右手食指和无名指夹住雏鹅，中指在其肛门外轻轻向上一顶。如感觉有一细小突起者，即雄雏；如无，则为雌雏。此法较难掌握，要求中指感觉灵敏，熟练掌握后，鉴别速度较快。育成期，此期用翻肛法鉴别较为准确。操作者呈半蹲状，右膝压住鹅的背前部，稍用力。鉴别时，技术操作同育成期，手指微用力，阴茎即可伸出。正常的阴茎弹性良好，比较容易伸出或回缩。如见在其中部或根部有结节，则可能是患大肠杆菌病或其他疾病，可根据具体情况予以淘汰处理或治疗后继续留用。如翻开泄殖腔，可见有皱形的皱襞，则为雌鹅；经产雌鹅则较为松弛，很容易翻开。

(2) 外形鉴别

雏鹅期，雄雏体格较大、喙长宽、身较长、头较大、颈较长、站立姿势较直；雌雏体格较小、喙短而窄、圆形身体、腹部稍向下、站立姿势稍斜。育成期和成鹅期，随着日龄的增长，雌、雄鹅外形的差异日渐显著，雄鹅的雄相日益突出，至成鹅期已尤为明显，表现在体格较大，喙长而钝，颈粗长，前胸深而宽，背宽而长，腹部平整，有额头的品种鹅额头突起，雄性额头明显大于雌鹅额头。相对雄鹅而言，雌鹅的体型较为清秀，身长而圆，颈细长，前躯较浅窄，后躯深而宽（产蛋期腹部下垂尤为明显），臀部宽广，腿结实、距离宽。

（3）羽色鉴别

有的品种鹅可根据羽色来鉴别，如莱茵鹅、罗曼鹅、霍尔多巴吉鹅等。雏鹅在出壳后 24 小时内背部为羽深灰色的绝大多数是雌雏，背部羽色为浅灰色甚至浅黄色的是雄雏（彩图 4-4）。以后随着日龄增长，羽毛颜色区别会变小。

44. 鹅繁殖力低下的原因有哪些？

①鹅的性成熟迟；②产蛋期短、休产期长，一年内有半年的时间为非繁殖季节，在非繁殖季节内不仅母鹅不产蛋，公鹅的精液产生量也很少；③受环境因素的影响大，尤其是易受光照和高温天气的影响；④就巢性强，种鹅产蛋量较少；⑤雄性不育率高；⑥公鹅配种能力差；⑦具有较强的择偶性，导致种群内一部分母鹅不能得到正常的交配，势必影响到其所产蛋的受精率。

45. 提高种鹅繁殖效率的技术环节有哪些？

（1）选择和合理利用优良品种

鹅的品种较多，且品种间繁殖性能差异较大，所以选种非常重要。选种时既要考虑市场的需要，更要考虑繁殖性能和适应性。做好地方良种的本品种选育，利用高繁殖力鹅品种作为杂交利用的母本，利用引进的优良品种及我国地方良种分别培育生长速度快、产绒性能好、配种能力强的专门化父系，通过配合力测定，筛选最佳的配套系。

（2）合理安排繁殖季节

不同季节选留的种鹅其产蛋量、产蛋强度和产蛋的持久性及种蛋受精率等都有差异，南方正常产蛋季节种鹅应在 8—9 月开产，翌年

5月停产。北方种鹅应在3—4月开产，12月停产；反季节繁殖（南方）3—4月开产，12月停产。南方正常留种时间在12月至翌年2月，北方正常留种时间在7—9月；反季节繁殖种鹅留种时间在8月底至9月初。

（3）合理制定种鹅的选留标准

分别在雏鹅期、70～80日龄、产蛋前和休产期，根据种鹅标准对公、母鹅进行选择，并通过强制换羽、限制饲喂等方式，控制开产时群体的整齐度。

（4）选择种鹅合适的养殖模式，改善种鹅圈养条件

目前种鹅的养殖模式有很多种，但最适宜的饲养模式为放牧加补饲的饲养方式。通过合理的圈舍设计，调整适宜的群体大小，为种鹅提供良好的水质和舍内环境；同时通过舍内网床饲养、合理布置产蛋窝、在运动场与棚舍间设置圈门等方法，降低母鹅就巢率。

（5）加强饲养管理，提高繁殖效率

合理控制育雏期和育成期鹅体重；合理控制光照时间；控制种鹅抱性；加强产蛋期管理，提高种蛋合格率和受精率，加强休产期的饲养管理等措施，提高种鹅的繁殖性能。

（6）疫病防治

对常见和多发的疫病要定期接种疫苗，对鹅群做好日常保健工作。

（7）做好种蛋管理

保持蛋窝内清洁卫生，种蛋应随下随捡，避免污染，做好种蛋的保存和消毒工作。

第五章 鹅的营养与饲料

46. 鹅的能量饲料原料有哪些？各有何特点？在鹅日粮中的使用限量是多少？

能量饲料指水分含量低于 45%，在干物质中粗纤维含量低于 18%，粗蛋白质含量低于 20% 的饲料。其特点是消化率高，产生的热能多，粗纤维含量为 0.5%～12%，粗蛋白质含量为 8%～13.5%。能量饲料包括禾谷籽实类、糠麸类、块根块茎类及脂肪类饲料，含有丰富的碳水化合物或脂肪，在鹅日粮中的主要功能是供给能量。

(1) 禾谷籽实类饲料

禾谷籽实类饲料是养鹅日粮能量的主要来源，主要原料有玉米、小麦、大麦、燕麦、稻谷和高粱等。其干物质的消化率为 70%～90%；无氮浸出物为 70%～80%；粗纤维为 3%～8%；粗脂肪为 2%～5%；粗灰分为 1.5%～4%；粗蛋白质为 8%～13.5%，必需氨基酸含量少；磷的含量为 0.31%～0.45%，但多以植酸磷的形式存在，利用率较低；钙的含量低于 0.1%；一般都缺乏维生素 A 和维生素 D，但多富含 B 族维生素和维生素 E。

1) 玉米 是养鹅日粮中主要的原料之一，其能量高，鸡代谢能值 13.31～13.56 兆焦/千克；无氮浸出物为 74%～80%；消化率为 90%；粗纤维较低，为 2%；粗蛋白质为 7%～9%，缺乏赖氨酸和色氨酸；钙为 0.02%；磷为 0.2%～0.3%，且半数以上为植酸磷；粗脂肪为 3.5%～4.5%；粉碎后易于酸败变质；富含胡萝卜素；维生素 E 和维生素 B_1 较多。一般在鹅日粮中占 40%～70%。贮存时的含水量应控制低于 14%，以防止霉变。

2) 小麦 也可作为鹅日粮中的原料，其鸡的代谢能值约为玉米的94%，达12.72兆焦/千克；粗蛋白质含量为禾谷籽实类之首，达13.9%；赖氨酸和苏氨酸不足；粗纤维较高，为1.9%～2.4%；粗脂肪为1.7%；B族维生素含量丰富；适口性好，易消化，一般占日粮的10%～30%。患赤霉病和受潮发芽的小麦慎用。

3）大麦　在鹅日粮中用得较普遍，其鸡的代谢能值约为玉米的84%，达11.25兆焦/千克；粗蛋白质为11%～13%；粗纤维较高，为2.0%～4.8%；粗脂肪为1.7%～2.1%；赖氨酸含量比玉米约高1倍，为0.42%。此外，大麦中含有β-葡聚糖和戊聚糖，难以消化吸收，饲喂效果逊于玉米和小麦，通常在鹅日粮中占5%～25%。

4）燕麦　仅于我国西北地区种植较多，在鹅日粮中应用很少。其鸡的代谢能值是玉米的76%，为9.94兆焦/千克；因有硬壳，粗纤维含量较高，约10%；粗蛋白质约12%；粗脂肪为6.6%；含钙少、磷多；镁、胆碱及B族维生素含量丰富，但缺乏烟酸。一般在鹅日粮中占3%～15%。

5）稻谷　是禾谷籽实类产量之首，在鹅的日粮中应用广泛，其鸡的代谢能值是玉米的82%，为11.0兆焦/千克；粗蛋白质为7.8%；外壳粗硬，粗纤维较高，为8.2%；粗脂肪为1.6%。通常在鹅的日粮中应用10%～70%。

此外，在生产上常将稻谷去壳成糙大米，其鸡的代谢能值比玉米高4.7个百分点，达14.06兆焦/千克；粗蛋白质为8.8%。氨基酸组成与玉米类似，但色氨酸含量比玉米高，为0.12%；赖氨酸比玉米高33%，为0.32%。糙大米完全可以替代玉米或小麦等原料，一般在鹅的日粮中应用10%～60%。

6）高粱　在我国西北种植较多，其去皮后的成分和营养价值均与玉米相仿，鸡的代谢能值为玉米的92%，达12.3兆焦/千克；粗蛋白质含量与其品种不同差异较大，为8%～16%，常作饲料用的为9%；赖氨酸、胱氨酸略低于玉米，亮氨酸、色氨酸略高于玉米，钙、磷均高于玉米。高粱的种皮中含有单宁，是一种抗营养因子，一般红色的品种含单宁较多，白色或黄色的品种含单宁较少。因此，高粱在鹅日粮中的用量受到限制，通常单宁高的用量应低于10%，单宁低的可占15%～30%。

（2）糠麸类饲料

糠麸类饲料是稻谷制米和小麦制粉后的副产品，其营养特点是鸡的代谢能比原谷实类低，粗蛋白质和粗脂肪及粗纤维均比原谷实类高。另外，糠麸类饲料具有来源广、质地松软、适口性好、价格较便宜等优点。

1）米糠　是糙米加工成精米时分离出的种皮、糊粉层和胚及部分胚乳的混合物。其营养价值与出米率有关。其鸡的代谢能为11.24兆焦/千克，是玉米的83.5%；粗蛋白质为12.8%，赖氨酸是玉米的3倍、近似于小麦和稻谷及糙米的2.5倍，蛋氨酸含量比玉米中的含量高38%；粗脂肪高达16.5%，并且不饱和脂肪酸含量较高，极易氧化，酸败变质，不宜久贮，尤其是高温高湿的夏季，极易变质，应慎重使用。粗纤维含量高，为5.7%，影响消化率，应限量使用。富含B族维生素和维生素E。钙少磷多，钙与总磷和有效磷之比分别为1∶20和1∶1.43。一般在鹅日粮中的用量为5%～20%。

另外，为了安全有效地利用米糠，常将其经脱脂制成糠粕或糠饼，除了部分粗脂肪和维生素减少外，其他营养成分基本不变，且消化利用率提高。

2）小麦麸　又称麸皮，是小麦制面粉时分离出的种皮、糊粉层和少量的胚与胚乳的混合物。其营养价值与出面粉率有关。其鸡的代谢能值较低，是玉米的50.8%、小麦的53.6%，为6.82兆焦/千克。粗蛋白质较高，为15.7%，是玉米的1.8倍；赖氨酸、精氨酸是玉米的2.4倍，色氨酸是玉米的2.8倍，含硫氨基酸与玉米相当。维生素E和B族维生素较丰富。粗纤维含量较高，为8.9%，应控制用量。钙少磷多，钙与总磷和有效磷之比分别为1∶8.4和1∶2.2。此外，其比重轻、体积大、适口性好。通常在鹅的日粮中的用量为5%～20%。

3）次粉　又称四号粉，是面粉加工时的副产品。其鸡的代谢能值是玉米的93%，为12.51兆焦/千克。粗蛋白质含量为13.6%～15.4%，是玉米的1.6～1.7倍；赖氨酸、精氨酸和色氨酸是玉米的2.16倍、2.18倍和2.57倍；含硫氨基酸与玉米相近。粗脂肪为

2.1%，粗纤维为1.5%～2.8%。钙少磷多，适口性好。一般在鹅日粮中的用量为10%～20%。

(3) 块根块茎类

块根块茎类饲料又称多汁饲料，包括甘薯、木薯、胡萝卜、甜菜、马铃薯和南瓜等。其营养价值因种类不同差异较大，共同特点是新鲜的含水量高，多为75%～90%。干物质中鸡的代谢能值为9.20～11.29兆焦/千克。粗蛋白质7%～15%。粗脂肪低于9%。粗纤维较低，为2%～4%。钙磷很少，而钾、氯较丰富。维生素因种类不同，差别较大，胡萝卜、黄心甘薯、南瓜中含丰富的胡萝卜素，B族维生素含量较少。新鲜的适口性好，鹅多喜欢吃，但能值低，养分不能满足需要，应补充配合日粮。

(4) 油脂

油脂是油料作物（大豆、油菜籽、向日葵、花生、芝麻等）和动物（猪、禽、鱼等）加工时生产的植物油和动物脂肪。作为饲料原料，植物油优于动物脂肪。鸡的代谢能值，植物油为35.02～40.42兆焦/千克，动物油为32.55～39.16兆焦/千克。动植物油脂混合使用效果较好，饱和脂肪酸和不饱和脂肪酸在吸收上有协同作用，其代谢能比二者相加的值高，可改善日粮品质。添加油脂，可提高适口性和脂溶性维生素的利用率。鹅日粮中添加油脂可提高生产性能和饲料利用率。一般在鹅日粮中添加油脂1%～3%。

47. 鹅的蛋白质饲料原料有哪些？各有何特点？在鹅日粮中的使用限量是多少？

蛋白质饲料指水分含量低于45%，干物质中粗纤维含量低于18%，同时粗蛋白质含量在20%以上的植物性和动物性饲料。

(1) 植物性蛋白质饲料

植物性蛋白质饲料以豆科籽实及其加工副产品为主。常用作鹅饲料的植物蛋白类饲料有豆饼、花生饼、棉籽饼、菜籽饼、芝麻饼、豆粕、菜籽粕、花生粕、棉仁粕、芝麻粕、玉米蛋白粉等。这类饲料的共同特点是蛋白质含量一般为30%～45%，适口性较好，含赖氨酸较多，是鹅常用的优良的蛋白质饲料。

1）豆粕（饼）　为优良的传统蛋白质饲料，粗蛋白质含量达40％以上，赖氨酸含量高，除含硫氨基酸外，都能满足鹅的需要，用量可占日粮的10％～20％。

2）菜籽粕（饼）　来源较广，粗蛋白质含量可达35％以上。由于菜籽粕（饼）含有黑酸芥素和白芥素，在芥子酶作用下，可分解出有毒物质，会引起鹅的甲状腺肿大，激素分泌减少，生长和繁殖受阻，而且其适口性较差，限制性氨基酸的含量及利用率极低，因此不宜多喂，一般不超过日粮的8％。有条件的地方，使用前最好对其进行脱毒处理。

3）花生仁粕（饼）　蛋白质含量与豆粕（饼）类似，适口性好，用量可占日粮的10％～20％。蛋氨酸含量较高。使用时应防止花生粕（饼）霉变，否则易产生黄曲霉毒素中毒。

4）棉仁粕（饼）　也是一种重要的蛋白质资源，含粗蛋白质32％～40％，赖氨酸、色氨酸含量较低，缺乏维生素 D、胡萝卜素和钙，富含磷。棉仁粕（饼）因含棉酚，会影响鹅的血液、细胞和繁殖机能，因此，未经蒸煮和处理的棉仁粕（饼）不宜多喂，一般不超过日粮的8％。

5）向日葵仁粕（饼）　因加工工艺不同，其营养成分差异较大，粗蛋白质为 29％～36.5％，粗脂肪为 1％～2.9％，粗纤维为10.5％～20.4％。向日葵仁饼的钙、磷和 B 族维生素比豆饼丰富，不含抗营养因子。目前我国向日葵油加工多不去壳，粗纤维含量高，影响其营养成分的利用，因此在鹅的日粮中使用量应控制在10％～20％。

6）亚麻仁粕（饼）　又称胡麻仁粕（饼），其粗蛋白质为32.2％～34.8％，粗脂肪为 1.8％～7.8％，粗纤维为 7.8％～8.2％。粗蛋白质品质不如豆粕（饼）和棉仁粕（饼），赖氨酸和蛋氨酸含量较少，色氨酸较高。此外，其含有少量的氢氰酸，能引起中毒；还含有抗维生素 B_6 因子，因此在雏鹅日粮中不宜使用，成年鹅日粮中应控制在10％以下。

7）芝麻粕（饼）　是芝麻榨（浸）油后的副产品。其粗蛋白质为 39.2%～46%。赖氨酸含量是豆粕（饼）的 40%，为 0.9%；蛋氨酸含量较高，是豆粕（饼）的 1.5 倍，为 0.9%。代谢能值是豆粕（饼）的 85%左右，为 8.95 兆焦/千克。粗脂肪为 10.3%。粗纤维为 7.2%。其优点是不含不良因子；缺点是植酸较高，影响钙、锌、镁等元素的利用。如与花生粕（饼）、棉仁粕（饼）混合使用，其氨基酸组成可互补优劣，效果较好。一般雏鹅日粮中用量低于 10%，成年鹅则低于 18%。

8）其他加工副产品　这类饲料是禾谷类籽实经提取大量碳水化合物后的剩余物。如玉米蛋白粉，其粗蛋白质含量因加工工艺和提取成分的不同而差异较大，一般为 44%～63%。赖氨酸含量较豆粕（饼）低，为 0.71%～0.97%；蛋氨酸含量较豆粕（饼）高近 1 倍，为 1.04%～1.42%。粗纤维含量较豆粕（饼）低，为 1%～2.1%。代谢能值较玉米高，为 13.31～16.23 兆焦/千克。因此，既可替代部分蛋白质饲料，又可替代部分能量饲料。另外，豆腐渣、酒糟等也是鹅的良好饲料。在鹅的日粮中，玉米蛋白粉的用量一般为 5%～10%。

（2）动物蛋白饲料

动物蛋白饲料有鱼粉、肉骨粉、蚕蛹粉、血粉、酵母蛋白粉、肠衣粉等，蛋白质含量达 50%以上，生物学价值高，含有丰富的赖氨酸、蛋氨酸、色氨酸等，同时含有丰富的钙、磷、维生素 B_{12} 和一定量的核黄素、烟酸等，一般可占日粮的 5%～10%。我国传统的养鹅生产中常有"鸭吃荤、鹅吃素"之说，极少使用动物蛋白质饲料。鹅并非素食动物而是杂食动物，在日粮中添加少量的动物蛋白质饲料，对于达到日粮中氨基酸的平衡、保证雏鹅的生长发育、提高产蛋率和羽毛生长速度，都有积极作用。

1）鱼粉　是鹅优良的蛋白质原料，粗蛋白质含量为 50%～78%，含有鹅所必需的各种氨基酸，特别是富含赖氨酸和蛋氨酸；钙磷含量高，比例好，利用率高；含有脂溶性维生素，B 族维生素的含量丰富。在使用鱼粉时必须注意：①用量不能太多，因为鱼粉中组氨酸含量较多，很容易被分解转化为组胺，能破坏食管膨大部和肌胃黏膜，易造成消化道出血。其用量一般可占日粮的 2%～5%。②鱼粉易被沙门氏菌污染。被污染的鱼粉不能使用，必须经过再次烘炒杀菌后才能使用。③鱼粉中的含盐量，特别是国产鱼粉的含盐量较高，因此在日粮中应控制用量，否则易出现食盐中毒。

2）蚕蛹粉　粗蛋白质含量达到50%以上，含有鹅所必需的多种氨基酸，特别是赖氨酸和蛋氨酸含量较高，还富含脂肪，是十分理想的蛋白质原料，用量可占日粮的4%～8%。蚕蛹粉容易酸败变质，影响肉蛋品质，需特别注意保存。

3）肉骨粉　是屠宰场的加工副产品，也是优良的蛋白质原料，能有效地补充谷物饲料中必需赖氨酸的不足，蛋氨酸、色氨酸较少，钙磷含量高，维生素 A、维生素 D、维生素 B_2 缺乏，其蛋白质含量为20%～55%。由于原料来源以及加工方法的不同，各地生产的肉骨粉营养成分差异很大，使用之前应先了解其营养成分，在鹅日粮中可占5%左右。

4）血粉　蛋白质含量达80%左右，含铁较多，但蛋氨酸含量较少，异亮氨酸含量极低，而且血粉加工过程中高温使蛋白质的消化率降低，赖氨酸受到破坏，因此，血粉蛋白质的利用率较低，适口性差。在有条件的地方可使用喷雾血粉或发酵血粉，一般在鹅日粮中占1%～3%。

5）酵母蛋白粉　这是利用味精厂、啤酒厂等废液，经接种酵母菌等发酵而制成的单细胞蛋白饲料。蛋白质含量高达50%～70%。酵母菌含量每克达180亿～220亿个，活菌率达78%。氨基酸总和达51.4%（豆粕50.2%），赖氨酸、蛋氨酸、色氨酸三种主要限制性氨基酸均高于豆粕。富含维生素，尤其是 B 族维生素较高。富含微量元素及促生长因子，蛋白质利用率高，安全性特好，是一种优质高效的活性蛋白饲料，在鹅日粮中可占5%～10%。

（3）氨基酸饲料

氨基酸按国际饲料分类法属于蛋白质饲料，在我国生产上通常称为氨基酸添加剂。目前生产的饲料级有蛋氨酸、赖氨酸、色氨酸、苏氨酸、谷氨酸、甘氨酸等，其中蛋氨酸、赖氨酸最易缺乏，因此在养鹅日粮中常常添加。

48. 鹅日粮中可以使用的矿物质饲料原料有哪些？各有何特点？

鹅维持生命和生长繁殖的新陈代谢需要多种矿物元素，上述常用的粗饲料、青绿饲料、能量饲料、蛋白质饲料中虽然均含有矿物质，但其含量仍不能满足鹅的正常代谢需要，因此在鹅的日粮中通常需要加入贝壳粉、石粉、骨粉、磷酸氢钙等矿物质饲料。

(1) 钙、磷饲料

1) 石粉　是石灰岩开采磨碎的石灰石粉，主要成分为碳酸钙（$CaCO_3$），钙含量高于 35%，经济实用。在鹅的日粮中一般占 1%～7%。

2) 贝壳粉　是贝、蚌、蛤、螺等软体动物的外壳加工制成的，主要成分是碳酸钙，钙含量 32%～35%。在鹅的日粮中用量为 1%～7%。

3) 蛋壳粉　主要由蛋品加工厂收集的蛋壳经消毒灭菌粉碎而成。钙含量 30%～40%。使用蛋壳粉作钙源时，必须注意质量，严防感染传染病。

4) 碳酸钙　常称双飞粉，钙含量较高，为 38%～40%。常作为鹅日粮的钙源，用量为 1%～7%。

5) 骨粉　是动物骨骼经热压、蒸制、脱脂、脱胶、干燥、粉碎加工制成。钙含量为 29%，磷含量为 13.0%～15.0%，钙、磷比约为 2:1，是钙、磷较平衡的矿物质饲料。在鹅日粮中用量为 1%～2%。需特别注意的是，未经脱脂、脱胶、灭菌的骨粉，易酸败变质，并有传播疾病的危险，应慎重使用。

6) 磷酸钙盐　是很好的补充磷和钙的矿物质饲料，常用的有磷酸氢钙（$CaHPO_4 \cdot 2H_2O$）、磷酸二氢钙 [$Ca(H_2PO_4)_2 \cdot H_2O$]、磷酸三氢钙 [$Ca_3(PO_4)_2$]。钙含量分别为 23%、15%、38%，磷含量分别为 18%、24%、20%。磷的生物效价，磷酸氢钙最高，达 100%；磷酸三氢钙最低，为 80%。在鹅的日粮中磷酸盐用量为 1%～2%。使用磷酸盐矿物饲料时，应注意含氟量不高于 0.2%，否则会引起鹅的氟中毒，以致造成经济损失。

7）磷酸钠（铵）盐　是补充磷和钠的矿物质饲料，常用的有磷酸氢二钠（$NaHPO_4$）、磷酸二氢钠（NaH_2PO_4）、磷酸氢铵〔$(NH_4)_2HPO_4$〕、磷酸二氢铵〔$(NH_4)H_2PO_4$〕。磷的含量分别为21%、25%、23%、26%。钠的含量分别为31%、19%。磷酸铵盐不含钠。

（2）食盐

食盐常称氯化钠（NaCl），是鹅必需的矿物质饲料，主要补充钠和氯。鹅常用的植物性饲料中钾较多，而钠和氯较少，为使机体内电解质平衡，在日粮中需补充食盐。在鹅日粮中，食盐用量为0.25%～0.4%即能满足其需要。鹅对食盐较敏感，尤其是雏鹅，过多会引起中毒，应加以注意。

（3）微量元素补充饲料

微量元素补充饲料属矿物质饲料，但在生产上通常以微量元素预混料或添加剂的形式按需要量添加到日粮中。在鹅的日粮中需要补充的微量元素主要有铁、铜、锰、锌、碘、硒、钴等，这类微量元素以盐或氧化物的形式添加到日粮中，在选用时应考虑其组成、元素含量、适口性、可利用率及价格等。

49. 鹅日粮中需要添加哪些饲料添加剂？各有何特点？

饲料添加剂常分为两大类，即营养性饲料添加剂和非营养性饲料添加剂，指除了能量饲料、蛋白质饲料和矿物质饲料组成的基础日粮，满足鹅对主要养分能量、蛋白质、矿物质的需要之外，还必须在日粮中添加的其他多种营养和非营养成分，如氨基酸、维生素、促进生长剂、饲料保存剂及其他类饲料添加剂。

（1）营养性饲料添加剂

营养性饲料添加剂指用于平衡鹅日粮养分，以补充和增强日粮营养的微量添加成分，主要有氨基酸添加剂、维生素添加剂和微量元素添加剂等。微量元素添加剂已在问题47矿物质饲料中述及。在此对氨基酸添加剂和维生素添加剂介绍如下。

1）氨基酸添加剂　目前用于饲料添加剂的氨基酸有赖氨酸、蛋氨酸、色氨酸、苏氨酸、精氨酸、甘氨酸、丙氨酸、谷氨酸等8种，其中在鹅日粮中常添加的以蛋氨酸和赖氨酸为主。

①蛋氨酸添加剂：是化学合成的蛋氨酸D型和L型的混合物，一般为白色粉末或片状结晶。易溶于水，纯度为98%。其1%水溶液的pH为5.6～6.1。代谢能值为21兆焦/千克。雏鹅和产蛋鹅日粮中较易缺乏，应予以添加补充。

蛋氨酸类似物主要有液体羟基蛋氨酸（MHA）和羟基蛋氨酸钙盐（MHA-Ca）2种，前者可在压粒调质时喷入全价配合饲料中，而且是一种天然的黏结剂，适合于大中型颗粒饲料厂。后者为粉末或细小颗粒，使用方便，大中小饲料厂均可适用。

②赖氨酸添加剂：常用的是L-赖氨酸盐，系白色结晶性粉末，易溶于水。L-赖氨酸盐酸盐的纯度为98%，相当于L-赖氨酸含量为78%，代谢能值为16.7兆焦/千克。通常在基础日粮中的有效赖氨酸只有计算值的80%左右。因此，在鹅日粮中添加赖氨酸时应注意相互间的效价换算。

2）维生素添加剂　常用于饲料添加剂的维生素有维生素A、维生素D、维生素E、维生素K 4种脂溶性维生素，以及维生素B_1、维生素B_2、维生素B_3、维生素B_4、维生素B_5、维生素B_6、维生素B_7、维生素B_{11}、维生素B_{12}、维生素C 10种水溶性维生素。为了满足不同的使用要求，商品维生素有各种不同的规格。单一的维生素制剂，主要是供给生产多种维生素和预混料厂的；按生产用途和生长阶段的营养需要，有时还需另外增加维生素添加剂，如维生素A、维生素D油剂或粉剂、强力水溶性维生素添加剂等。在养鹅生产上普遍使用的是复合多种维生素添加剂。

科学使用维生素添加剂具有促进生长发育，改善饲料报酬，提高种禽的繁殖性能，增强抗应激能力，改善家禽产品质量等作用。

鹅的维生素需要量在饲养标准中规定的"最低需要量"，指能防止维生素缺乏症所需的日粮含量。在实际生产中，由于环境条件、日粮组成、饲料加工工艺、饲料贮存时间和条件、生产水平、健康状况和维生素本身的稳定程度等因素，维生素的添加剂量必须加上一个足够的安全系数，才能满足各种条件下的需要，保证鹅的健康和高产。

（2）非营养性饲料添加剂

非营养性饲料添加剂指除营养性添加剂以外的那些具有各种特定功效的添加剂。根据其功效可分为3大类，即抗病促进生长剂、饲料保存剂和其他饲料添加剂。

1）抗病促进生长剂　主要功效是刺激鹅的生长，提高生产性能，改善饲料利用率，防治疾病，保障鹅的机体健康。

①抗生素类：具有促进鹅的生长和维护机体健康的作用。目前在生产中使用较普遍的有青霉素、泰乐霉素、杆菌肽锌、维吉尼霉素、链霉素、庆大霉素、土霉素、金霉素、强力霉素等。

②磺胺类与抗菌增效剂：具有抗菌谱广、疗效确切、性质稳定、使用方便、价格便宜等特点。目前在生产中使用较多的有磺胺噻唑、磺胺嘧啶、磺胺脒、磺胺甲基异噁唑、磺胺-5-甲氧嘧啶、磺胺-6-甲氧嘧啶、磺胺二甲嘧啶、磺胺异噁唑与三甲氧苄氨嘧啶、二甲氧苄氨嘧啶等。

③喹喏酮类：是一类新合成的抗微生物药，对多种耐药菌株仍具有较强的抗菌活性，与其他抗微生物药之间无交叉耐药性，疗效显著。目前生产中使用的有诺氟沙星、环丙沙星、恩诺沙星等。

此外，生产中应用较多的有喹乙醇、阿散酸、洛克沙砷等，对鹅有促进生长、改善饲料利用率、提高生产性能的作用。

④驱虫保健类：在生产中使用的有敌百虫、左旋咪唑、阿维素、伊维菌素、溴氰菊酯、胺菊酯等。

2）饲料保存剂　日粮在贮存过程中，常用的饲料保存剂有抗氧化剂和防霉剂2种。

①抗氧化剂：为延缓或防止日粮中脂肪自动氧化引起酸败变质而降低营养价值，需要在日粮中添加抗氧化剂。目前生产上主要使用的是化学合成的抗氧化剂。应用最普遍的以乙氧喹、二丁基羟基甲苯、丁基羟基茴香醚等3种。

②防霉剂：可以抑制霉菌细胞的生长及其毒素的产生，防止饲料霉变，起到保护鹅群健康的作用。在日粮中应用较多的防霉剂是丙酸及其盐类，其他还有山梨酸、苯甲酸、乙酸、富马酸及其盐类等。

3）调味剂 又称食欲增进剂，能改善饲料的适口性，刺激消化液的分泌，诱导鹅群增加采食量，改善饲料利用率，从而起到提高生产性能的作用。调味剂主要有香草醛、肉桂醛、丁香醛、果醛等，常以甜味剂（糖精、糖蜜）和香味剂（乳酸乙酯、乳酸丁酯）等一起合用，效果较好。

4）增色剂 在鹅日粮中添加天然增色剂可以提高鹅产品的商品价值。如在日粮中添加牧草粉、橘皮粉、胡萝卜、红辣椒粉等天然增色剂，可使鹅皮肤和蛋黄色泽变得更黄。

饲料添加剂种类繁多，在养鹅生产实际中应根据不同品种、生长阶段、生产目的、日粮组成、饲养水平、饲养方式及环境条件等因素，灵活选择适合的饲料添加剂，降低成本，提高效益。

(3) 绿色饲料添加剂

1）益生素 又称益生菌或微生态制剂等，指由许多有益微生物及其代谢产物构成的可以直接饲喂动物的活菌制剂。在鹅养殖中的作用主要是提高生长速度和防治疾病，减少死亡。目前已确认适宜作益生素的菌种主要有乳酸杆菌、链球菌、芽孢杆菌、双歧杆菌及酵母菌等。养鹅生产上使用的益生素多为复合菌种。

2）酶制剂 酶是活细胞所产生的一类具有特殊催化能力的蛋白质，是促进生化反应的高效物质。酶制剂是一种以酶为主要功能因子的饲料添加剂。根据饲用酶制剂中所含酶种类的量可分为饲用单一酶制剂（只含有一种酶）和饲用复合酶制剂（含有多种功效酶）等，二者相比更为常用的是复合酶制剂。

饲用酶制剂所含的酶种大致可分为两类：①鹅消化道可以合成和分泌，但因某种原因需要补充和强化的酶种，称为消化性酶，如淀粉酶、蛋白酶等；②鹅通常不能合成与分泌，但饲料中又有其相应底物存在（多为抗营养因子），而需要添加的酶种，称为非消化性酶，如木聚糖酶、果胶酶、甘露聚糖酶、β-葡聚糖酶、纤维素酶、植酸酶等。

饲用酶制剂可以补充内源消化酶的不足，消除饲料中的抗营养因子，从而提高饲料利用率，减少环境污染，提高经济效益。饲用酶制剂是微生物发酵的天然产物，无任何毒副作用，是"绿色"添加剂。

（4）寡糖类

寡糖类又称为寡糖、低聚糖，是相对于单糖和多糖而言的，指少量的单糖通过几种糖苷键连接而成的碳水化合物。寡聚糖的基本功能：①促进鹅的后肠有益菌的增殖，改善鹅的健康状况，起微生态调节剂功能；②通过促进有害菌的排泄、免疫佐剂和激活鹅的特异性免疫等途径，增强其整体免疫力，防止疾病发生，起免疫增强剂作用。

（5）生物活性肽

近几年来，许多具有生物活性的肽类从各种动植物和微生物中被分离出来，这些肽类可以是小到只有2个氨基酸的二肽，也可以是复杂的长链或环状多肽，且多半经过糖苷化、磷酸化衍生。它们具有调节免疫、激素活性、抗菌、抗病毒及调节风味、增进食欲等功能，可替代部分抗生素，促进机体生长。生物活性肽是比合成氨基酸更好的低蛋白饲料补充剂。

（6）糖萜素

糖萜素是由糖类、配糖体和有机酸组成的天然活性物质，是以山茶科植物中糖类和三萜皂苷类为主体研制而成的生物活性物质。化学性质稳定，水溶性强，耐高温。具有提高机体免疫功能和抗病促生长作用。

浙江大学与宁波联合集团共同组建宁波联合生物技术公司，开始生产与推广糖萜素，取得了较好的效果。它是纯天然植物的提取物，不含任何化学合成成分，因而不产生环境污染和毒副作用。在生产中，将会克服滥用抗生素所带来的耐药性和药物残留问题。

（7）酸化剂

这里说的酸化剂实际指有机酸。有机酸可补充胃酸不足，改善饲料消化率，阻止和降低病原微生物的侵入和繁殖，防治雏鹅腹泻，改进生产性能，降低死亡率。目前生产上常用的是复合有机酸，含有柠檬酸、延胡索酸等。

50. 鹅的非常规饲料原料有哪些？

（1）农作物秸秆、秕壳

我国每年的秸秆与秕壳产量十分巨大。这类饲料主要包括水稻秸秆和秕壳、小麦秸秆和秕壳、玉米秸秆和玉米芯、高粱秸秆和秕壳、谷子秸秆和秕壳、大豆秸秆和荚壳、薯干、薯秧、花生蔓等。秸秆的主要成分是粗纤维，矿物质含量也较丰富。目前这类资源主要通过物理加工、化学及微生物发酵处理方式，可分解其中的粗纤维为单糖或低聚糖供动物利用，而且可改善适口性，提高蛋白质含量。

（2）林业副产物

林业副产物主要包括树叶、树籽、嫩枝和木材加工下脚料，且采摘的槐树叶、榆树叶、松树针等蛋白质含量一般占干物质的25%～29%，是很好的蛋白质补充料；同时，还含有大量的维生素和生物激素。树叶可直接饲喂畜禽，而嫩枝、木材加工下脚料可经过青贮、发酵、糖化、膨化、水解等处理方式加以利用。

（3）糟渣、废液类饲料

沼渣主要包括酒糟、酱油糟、醋糟、玉米淀粉工业下脚料、粉丝尾水、果酒、柠檬酸滤渣、糖蜜、甜菜渣、甘蔗渣、菌糠等；废液主要指味精、造纸、淀粉工业、酒精、柠檬酸废液等。菌糠、粉浆蛋白、全价干酒糟、啤酒酵母等可作为蛋白质饲料；酒糟潜油槽、甜菜渣、饴糖糟、柠檬酸渣、某些药酒、废糖蜜等可作为能量饲料；纤维含量高的甜菜粕、果酒、甘蔗渣、柠檬酸渣等可作为反刍动物的饲料。而糖蜜可发酵生产赖氨酸，造纸废渣、味精废液、淀粉渣等渣液可用来生产单细胞蛋白。

（4）非常规植物饼粕类

非常规植物饼粕类饲料主要有芝麻饼、花生饼、向日葵饼、胡麻籽饼、油茶饼、菜籽饼、橡胶籽饼、油棕饼、椰子饼等。对于花生饼、芝麻饼、向日葵饼及橡胶仁饼等不含毒素的饼粕，可直接作为蛋白质饲料；而油茶籽、茶籽饼粕等，因含有毒素需经水解、膨化、酸碱处理、发酵等方法脱毒后再利用。

（5）动物性下脚料

动物性下脚料主要指屠宰厂下脚料、皮革工业下脚料、水产品加工厂下脚料、昆虫等动物性饲料资源。这些资源可依其组成分为动物蛋白质资源和动物矿物质资源两类。前者主要包括血粉、猪毛水解粉、蹄壳、制革下脚料、羽毛粉、肉骨粉、蚕蛹、蚯蚓等；后者包括骨粉和蛋壳粉两种。动物性蛋白质资源常用发酵法、酶化法、热喷法、膨化法等方式处理后再利用。

（6）粪便再生饲料资源

一般指畜禽排出的粪便中仍含有一定的营养物质，经过适当的处理调制成新的饲料，主要包括鸡、猪、牛粪等。鸡粪中不仅蛋白质含量高，氨基酸组成较完善，而且含有 B 族维生素、矿物质；且可通过热喷、发酵、干燥等方法加工处理，从而减少有害微生物，防止有机物降解过快。猪、牛粪等相对鸡粪营养价值较低，但同样可以通过发酵制作成畜禽饲料。

（7）矿物质饲料

矿物质指能提供多种矿物元素，促进动物体新陈代谢，且多为无毒害的天然矿物。常用的有天然沸石、麦饭石、膨润土、泥炭等。它们可以作为矿物质添加剂来饲喂畜禽。

51. 非常规饲料原料存在哪些不足？在利用过程中要注意哪些问题？

非常规饲料原料存在一些不足之处，使用时必须充分考虑。

（1）饼粕类

粗蛋白质含量高、粗纤维含量低、消化率高；含有毒性成分或者抗营养因子；氨基酸比例不平衡；适口性差。

（2）糟渣类

含水量高；易黏结，糟渣中的淀粉在烘干时黏结成块，使干燥难度增大；酸碱性差异大，有的偏酸，有的偏碱；含有抗营养因子。

（3）林业副产物类

不同部位营养成分差异大；粗纤维含量较高；含有某些活性成分未能鉴定。

（4）牧草和秸秆类

粗纤维含量高；营养成分含量受刈割季节和刈割时间的影响大。

非常规饲料原料在利用过程中要注意：它们往往营养价值较低，营养成分不平衡；大多数含有多种抗营养因子或有毒物质，或限量使用，或处理后使用；多数适口性上存在不足；多数体积大，营养浓度低；多数营养成分不稳定；往往缺乏营养价值评定数据；掺杂、掺假和变质的现象比较普遍；鹅虽然比鸡能大量采食非常规饲料原料，但却比鸡对饲料中的毒素更敏感！

在使用非常规饲料原料养鹅时，对其进行添加酶制剂、脱毒、发酵、粉碎、膨化或微波处理等措施是有必要的；同时，要注意重要氨基酸的平衡，以及维生素和微量元素的补充。

52. 鹅的营养需要标准主要有哪些？

饲养标准又称为营养需要量，是根据鹅的品种、性别、年龄、体重、生理状态、饲养方式、生产目的与水平等，科学规定一只鹅每天应给予的能量和各种营养物质的数量。鹅的营养需要研究比鸡和鸭少得多，我国目前尚无统一的饲养标准。下面列出美国 NRC（1994）标准、德国（2003）推荐的鹅饲养标准和法国、匈牙利推荐的鹅饲养标准，以及我国昌图豁鹅（豁眼鹅）的饲养标准，仅供参考（表 5-1 至表 5-5）。

表 5-1　NRC（1994）建议的鹅的营养需要量

营养成分	0～4 周龄	4 周龄以上	产蛋期
代谢能（兆焦/千克）	12.13	12.55	12.13
粗蛋白（%）	20	15	15
赖氨酸（%）	1.0	0.85	0.6
蛋氨酸＋胱氨酸（%）	0.6	0.5	0.5
钙（%）	0.65	0.60	2.25
非植酸磷（%）	0.30	0.3	0.3
维生素 A（国际单位/千克）	1 500	1 500	4 000
维生素 D_3（国际单位/千克）	200	200	200
胆碱（毫克/千克）	1 500	1 000	—
尼克酸（毫克/千克）	65.0	35.0	20.0
泛酸（毫克/千克）	15.0	10.0	10.0
核黄素（毫克/千克）	3.8	2.5	4.0

表 5-2　德国（2003）建议的鹅每只每日营养需要（产蛋鹅部分）

产蛋率	净能沉积（兆焦）	可消化粗蛋白（克）	可消化赖氨酸（克）	可消化蛋氨酸＋胱氨酸（克）	能量浓度（兆焦/千克）
维持期	1.47	15	0.70	0.35	7.1
10（%）	1.68	20	0.90	0.70	8.0
20（%）	1.87	25	1.15	0.80	
40（%）	2.06	30	1.40	1.00	
40（%）	2.25	35	1.65	1.15	
50（%）	2.44	40	1.90	1.30	
60（%）	2.65	45	2.15	1.50	

表 5-3　法国推荐的鹅营养需要

营养成分	0～3 周龄	4～6 周龄	7～12 周龄	种鹅
代谢能（兆焦/千克）	10.87～11.7	11.29～12.12	11.29～12.12	9.2～10.45
粗蛋白质（%）	15.8～17	11.6～12.5	10.3～11.0	13～14.8
钙（%）	0.75～0.8	0.75～0.8	0.65～0.73	2.6～3.0
磷（有效）（%）	0.42～0.45	0.37～0.4	0.32～0.35	0.32～0.36
赖氨酸（%）	0.89～0.95	0.35～0.6	0.47～0.5	0.58～0.66
蛋氨酸（%）	0.4～0.42	0.29～0.31	0.25～0.27	0.23～0.26
含硫氨基酸（%）	0.79～0.85	0.56～0.6	0.48～0.52	0.42～0.47
色氨酸（%）	0.17～0.18	0.13～0.14	0.12～0.13	0.13～0.15
苏氨酸（%）	0.58～0.62	0.46～0.49	0.43～0.46	0.4～0.45
钠（%）	0.14～0.15	0.14～0.15	0.14～0.15	0.12～0.14
氯（%）	0.13～0.14	0.13～0.14	0.13～0.14	0.12～0.14

表 5-4　匈牙利推荐的鹅营养需要

营养成分	育雏期（0～6 周龄）	生长期（6 周至产蛋前）	产蛋期
代谢能（兆焦/千克）	1 218	1 218	1 218
粗蛋白质（%）	22	15	15
赖氨酸（%）	0.9	0.6	0.6

（续）

营养成分	育雏期 （0～6周龄）	生长期 （6周至产蛋前）	产蛋期
维生素 A（国际单位）	1 500	1 500	1 500
维生素 D_3（国际单位）	200	200	200
核黄素（毫克）	4	2.5	4
烟酸（可利用）（毫克）	55	35	20
钙（%）	0.8	0.6	2.25
磷（有效）（%）	0.6	0.4	0.6

表 5-5　我国昌图豁鹅（豁眼鹅）的营养需要

阶段	代谢能（兆焦/千克）	粗蛋白（%）	蛋能比	粗纤维（%）	钙（%）	磷（%）	食盐（%）
1～30日龄	11.7	20.0	71	7.0	1.6	0.8	0.35
31～90日龄	11.7	18.0	64	7.0	1.6	0.8	0.35
91～180日龄	10.8	14.0	54	10.0	2.2	1.2	0.35
产蛋期	11.3	16.0	59	10.0	2.2	1.2	0.40

53. 进行鹅的日粮配合时要注意哪些原则？

要进行鹅的日粮配合，首先必须了解日粮配合的原则。

（1）科学性

选择适当的饲养标准，结合生产实践，满足鹅的营养需要。有些指标，还可借鉴肉鸭和肉鸡的标准，在生产实际中作适当调整。需要强调的是，饲养标准中的指标，并非生产实际中鹅群发挥最佳水平的需要量，如微量元素和维生素等，必须根据生产实际，适当添加。

（2）多样化

饲料要力求多样化，不同饲料种类的营养成分不同，多种饲料可起到营养互补的作用，以提高饲料的利用率。

（3）适口性

日粮的适口性直接影响鹅采食量，适口性不好，采食量小，不能满足鹅的营养需要。日粮原料的选择不但要满足鹅的需求，而且要与鹅的消化生理特点相适应。

（4）均匀性

日粮配合必须均匀一致，否则达不到预期目的，造成浪费或不足，甚至会导致某些微量添加物因采食过多或过少而使鹅只出现中毒现象或缺乏症。

（5）经济实用性

应充分利用本地资源，就地取材，降低日粮成本。同时根据市场原料价格的变化，及时对日粮配方进行相应的调整。

（6）安全性

按照设计的日粮配方配制的配合饲料要符合国家饲料卫生质量标准。选用日粮原料时，应控制一些有毒有害物质不能超标，如细菌总数、霉菌总数、重金属等。

54. 如何进行鹅的日粮配合？

鹅的日粮配合包括以下几个步骤。

（1）确定配合饲料的一些参数

1）确定日粮营养需要量　在综合考虑各种因素的情况下，可以确定日粮的营养需要量。在参考某一标准时，可根据当地的实际情况和生产实践进行调整。

2）选择日粮原料及其营养成分　如果选用常规、量大、养分含量比较稳定的原料，可通过国家饲料原料数据库查找所用饲料的营养成分含量。但有时为了降低饲料成本，会采用一些当地比较多、养分含量不清楚的原料，如农作物副产品、糟渣类产品等。这时可进行一些养分分析来确定所用原料的主要营养成分含量。

3）掌握日粮原料价格　根据原料市场价格的变化选择日粮原料，以便降低成本。

（2）采用试差法配合日粮

利用确定的鹅的营养需要量、选择原料的养分含量及原料的价格等，使用手工或专门的配方软件进行配制。

1）拟定所配日粮的结构　根据实际经验和鹅的常用饲料原料的比例范围确定所选原料在日粮中所占的大致比例，并为矿物质、维生素等饲料留有适当的比例。

2）对照标准进行调整　根据所拟定的日粮原料的比例计算出配方所能提供的能量和蛋白质总量，并与营养标准比较得出差距，在此基础上通过变动能量和蛋白质饲料原料的比例进行适当调整，直至所有的营养指标都基本满足要求为止。

3）平衡钙磷　能量和蛋白质满足需要后，计算调整后配方所能提供的钙磷总量，并和饲料标准比较，找出差距后用补充钙磷的矿物质原料平衡钙磷含量。

55. 我国最大型的鹅种——狮头鹅的营养需要如何？据此介绍其相应的饲料配方实例？

狮头鹅是我国最大型的鹅种，也是国家级保护品种。有关部门制定了其品种标准，对其营养需要、饲料配方和肉鹅生长发育数据进行了推荐（表5-6至表5-8），供读者参考。

表 5-6　狮头鹅营养需要

营养成分	出生至4周龄	5～8周龄	9～10周龄
粗蛋白（%）	16～17	13.5～14.5	12.5～13.5
代谢能（兆焦/千克）	11.85～11.89	11.76～11.80	12.56～12.64
粗纤维（%）	3.80～3.86	3.89～3.95	3.03～3.09
钙（%）	0.80～0.84	0.79～0.83	0.57～0.61
可利用磷（%）	0.36～0.38	0.34～0.36	0.26～0.31
氨基酸			
精氨酸（%）	1.02～1.10	0.86～0.94	0.81～0.87
赖氨酸（%）	0.74～0.78	0.66～0.70	0.60～0.64
蛋氨酸（%）	0.32～0.36	0.26～0.30	0.29～0.33
蛋氨酸+胱氨酸（%）	0.84～0.88	0.71～0.76	0.74～0.78
色氨酸（%）	0.20～0.24	0.17～0.21	0.15～0.19
组氨酸（%）	0.34～0.38	0.30～0.34	0.28～0.32

（续）

营养成分	出生至 4 周龄	5～8 周龄	9～10 周龄
亮氨酸（%）	1.37～1.41	1.23～1.27	1.25～1.29
异亮氨酸（%）	0.71～0.75	0.60～0.64	0.57～0.61
苯丙氨酸（%）	0.71～0.75	0.61～0.65	0.60～0.64
苯丙氨酸＋酪氨酸（%）	1.29～1.33	1.0～1.3	1.0～1.3
苏氨酸（%）	0.60～0.64	0.51～0.55	0.51～0.55
缬氨酸（%）	0.79～0.83	0.70～0.74	0.67～0.71
甘氨酸（%）	0.79～0.83	0.69～0.73	0.62～0.66
维生素（每千克日粮中）			
维生素 A（国际单位）	8 800～9 200	8 800～9 200	8 800～9 200
维生素 D_3（国际单位）	1 850～2 150	1 850～2 150	1 850～2 150
胆碱（毫克）	1 240～1 300	1 120～1 200	1 000～1 050
核黄素（毫克）	7.8～8.1	7.85～8.15	7.3～7.8
泛酸（毫克）	21.4～22.0	22～23	19.1～19.8
维生素 B_{12}（毫克）	0.020～0.022	0.020～0.022	0.020～0.022
叶酸（毫克）	2.26～2.34	1.96～2.08	1.9～2.0
生物素（毫克）	0.20～0.24	0.20～0.24	0.16～0.20
尼克酸（毫克）	88～90	95～97	78～80
维生素 K（毫克）	3.8～4.2	3.8～4.2	3.8～4.2
维生素 E（国际单位）	25.2～25.6	23.4～24.0	24.2～25.0
硫胺素（国际单位）	7.6～7.7	7.0～7.5	6.5～7.0
吡哆醇（毫克）	11.2～11.8	11.0～11.5	11.0～11.5
微量元素（每千克日粮中）			
锰（毫克）	87.5～89.0	90.5～91.5	78.5～80.0
铁（毫克）	49～51	49～51	49～51
铜（毫克）	11.3～11.8	10.8～11.3	9.5～10.1
锌（毫克）	85～87	90～92	75～77
硒（毫克）	0.30～0.36	0.33～0.40	0.25～0.29
碘（毫克）	0.35～0.39	0.36～0.40	0.36～0.40
镁（毫克）	590～610	590～610	590～600
氯化物（毫克）	780～820	780～820	780～820
钴（毫克）	0.18～0.22	0.18～0.22	0.18～0.22
钠（%）	0.22～0.26	0.22～0.26	0.22～0.26
钾（%）	0.33～0.37	0.62～0.66	0.52～0.56

表 5-7　狮头鹅饲料参考配方

原　料	0~4 周龄	5~8 周龄	9~10 周龄
饲　料			
玉米（%）	60	63	75
麦皮（%）	16.7	21.2	10.2
豆粕（%）	21	13.5	13
鱼粉（%）	0	0	0
骨粉（%）	1.2	1.2	1
壳粉（%）	0.3	0.4	0.2
磷酸氢钙（%）	0.6	0.5	0.4
食盐（%）	0.2	0.2	0.2
添加剂			
禽多种维生素（毫克/千克）	200	200	200
禽微量元素添加剂（毫克/千克）	500	500	500
蛋氨酸（毫克/千克）	800	500	800
赖氨酸（毫克/千克）	100	1 000	800

表 5-8　狮头鹅各周体重及饲料报酬

周　龄	体重（克）	每周耗料（克/只）	料重比
0	130~145	—	—
1	360~390	250~280	(0.85~1.1)：1
2	850~950	700~800	(1.1~1.4)：1
3	1 200~1 600	1 100~1 200	(1.6~1.9)：1
4	2 100~2 300	1 400~1 600	(1.8~2.0)：1
5	2 850~3 050	1 400~1 800	(1.9~2.1)：1
6	3 300~3 800	1 500~1 900	(2.3~2.7)：1
7	4 200~4 500	1 600~2 000	(2.3~2.8)：1
8	4 600~5 000	1 700~2 100	(3.6~4.5)：1
9	5 100~5 400	2 100~2 300	(4.3~5.3)：1
10	5 500~6 200	2 100~2 400	(4.6~5.8)：1

56. 请用实例说明国外鹅日粮规格要求和饲料配方？

加拿大著名家禽营养学家推荐的鹅日粮规格见表 5-9 至表 5-11。饲料配方见表 5-12 至表 5-13。

表 5-9 商品肉鹅和种鹅日粮规格

营养成分	育雏期 （0～3 周龄）	生长/育肥期 （4 周龄至上市）	维持期（7 周 龄至开产前）	产蛋期 （成年）
蛋白质（%）	21	17	14	15
代谢能（兆焦/千克）	11.93	12.35	10.88	11.51
钙（%）	0.85	0.75	0.75	2.8
有效磷（%）	0.40	0.38	0.35	0.38
钠（%）	0.17	0.17	0.16	0.16
蛋氨酸（%）	0.48	0.40	0.25	0.38
蛋氨酸＋胱氨酸（%）	0.85	0.66	0.48	0.64
赖氨酸（%）	1.05	0.90	0.60	0.66
苏氨酸（%）	0.72	0.62	0.48	0.52
色氨酸（%）	0.21	0.18	0.14	0.16
维生素（每千克日粮中）*	100%	80%	70%	100%

* 维生素和微量元素需要量见表 5-10。

表 5-10 肉鹅日粮维生素和微量元素要求（每千克日粮中）

维生素和微量元素	含量
维生素	
维生素 A（国际单位）	7 000
维生素 D_3（国际单位）	2 500
胆碱（毫克）	200
核黄素（毫克）	6
泛酸（毫克）	5
维生素 B_{12}（毫克）	10
叶酸（毫克）	1

（续）

维生素和微量元素	含量
生物素（毫克）	100
烟酸（毫克）	40
维生素 K（毫克）	2
维生素 E（国际单位）	40
硫胺素（毫克）	1
吡哆醇（毫克）	3.0
微量元素（每千克日粮中）	
锰（毫克）	50
铁（毫克）	40
铜（毫克）	8
锌（毫克）	60
硒（毫克）	0.4
碘（毫克）	0.3

表 5-11　商品肉鹅和种鹅日粮经验配方

原　料	育雏期 （0～3 周）	生长/育肥期 （4～12 周）	维持期 （13 周至产蛋前）	产蛋期
玉米（%）	50.4	61.3	0	51.4
豆粕（%）	31.5	19.8	2.5	13.7
次麦粉（%）	15.0	15.0	50.0	26.7
大麦（%）	0	0	45.0	0
肉粉（%）	0	1.5	0	0
DL-蛋氨酸（%）	0.17	0.10	0.06	0.18
L-赖氨酸（%）	0	0	0.05	0
食盐（%）	0.33	0.31	0.29	0.29
石灰石（%）	1.64	1.27	1.50	6.7
磷酸二氢钙（%）	0.86	0.62	0.50	0.93
预混料（%） （维生素矿物质）	0.1	0.1	0.10	0.10
合计（%）	100	100	100	100

表 5-12　种鹅维持期日粮和产蛋期日粮配方

原　料	维持期	产蛋期	
		配方 1	配方 2
玉米（%）	54.7	29.5	56.7
小麦（%）	—	28.7	—
大麦（%）	10.0	10.0	10.0
次麦粉（%）	5.0	5.0	5.0
小麦粗粉（%）	—	5.0	5.0
小麦麸（%）	20.0	—	—
脱水苜蓿（%）	2.0	2.0	2.0
肉粉（50%）*（%）	—	—	2.0
鱼粉（60%）*（%）	—	—	2.0
豆粕（48%）*（%）	4.5	13.0	11.3
石灰粉（%）	1.8	4.6	4.5
磷酸钙（%）	0.7	0.7	—
盐（%）	0.3	0.3	0.3
蛋氨酸（%）	1.0	1.0	1.0
预混料（%）	0.06	1.0	0.63

*　表示该原料粗蛋白含量。

表 5-13　种鹅维持期日粮和产蛋期日粮配方营养成分含量

营养成分含量	维持期	产蛋期	
		配方 1	配方 2
粗蛋白（%）	12.4	15.7	15.7
可消化蛋白（%）	10.8	14.0	14.0
粗纤维（%）	5.2	3.8	3.6
代谢能（兆焦/千克）	11.09	11.55	11.78
钙（%）	0.9	2.05	2.10
有效磷（%）	0.32	0.35	0.35
钠（%）	0.18	0.19	0.19
蛋氨酸（%）	0.26	0.35	0.35
蛋氨酸＋胱氨酸（%）	0.51	0.57	0.58
赖氨酸（%）	0.54	0.76	0.78

由于养鹅模式中一般包括一定的放牧时间，所以在选择饲养方案时必须考虑是否有放牧条件及牧草情况。若鹅的食欲很好，则可以从采食的大量饲草中获得近乎正常水平的营养，这时牧草的数量和质量就显得非常重要。鹅可以采食不同质量的青饲料，包括三叶草、混播牧草、谷物、青贮玉米等。

由于鹅的产蛋率较低，其产蛋期营养需要仅略高于维持期。一般在产蛋期前 2～3 周开始使用专门的产蛋期种鹅日粮。

57. 适合养鹅的禾本科牧草有哪些？其适宜栽培条件和饲用价值如何？

禾本科牧草富含无氮浸出物，在干物质中粗蛋白的含量为10％～15％。禾本科牧草的营养价值虽不及豆科牧草，但其适口性好，没有不良气味，家鹅都很爱吃。禾本科牧草的优点在于适口性好、抗病虫害能力强、产量高、栽培容易，方便调制干草和保存；禾本科牧草的耐践踏力和再生能力强，适于放牧和多次刈割利用。

(1) 多花黑麦草

多花黑麦草，又名意大利黑麦草，为禾本科一年生植物。在世界各地广泛栽培。20 世纪 40 年代中期被引入我国。目前，多花黑麦草在我国长江及淮河流域的各地区均有种植，是鹅用主要秋播牧草。

1) 适宜栽培条件　多花黑麦草喜湿润的气候，宜于夏季凉爽、冬季不太寒冷的地方生长，适宜在壤土或黏壤土地种植。较耐湿、耐盐碱，在含氯盐 0.25％ 以下的土壤上生长良好。最适宜的 pH 为 6～7，但在 pH 5～8 时生长仍较好。多花黑麦草再生力较强，耐刈，耐牧，可多次刈割利用。坡地和平地种植的黑麦草情形见彩图 5-1。

2) 饲用价值及利用　生长至 30～60 厘米高时刈割。一般鲜草产量每 667 米^2 5 000～8 000 千克，高产的可达每 667 米^2 8 000～10 000 千克以上。供草期在 11 月下旬至 6 月初。

(2) 杂交狼尾草

杂交狼尾草，我国于 1981 年从美国引进。禾本科多年生草本。

株高 3.5 米左右，高的可达 4 米以上。一般每株分蘖约 20 个左右；多次刈割利用后，分蘖可成倍增加。

1) 适宜栽培条件　杂交狼尾草的亲本原产于热带、亚热带地区，所以温暖湿润的气候最适宜其生长。在日平均气温达到 15℃以上时才开始生长；25～30℃时生长最快；气温低于 10℃时，生长明显受到抑制；在我国北纬 28°以南地区，可自然越冬，作多年生利用。

在各种土壤中均可生长，以土层深厚、保水良好的黏质土壤最为适宜。其有强大的根系，抗倒伏。既抗旱又耐湿，无明显病虫危害。较耐盐，土壤氯盐含量 0.3% 时，生长良好。

在热带和亚热带地区常作为建立长期的牧草地应用，可通过分根或扦插进行无性繁殖。在我国北纬 26°以北地区，只能作一年生利用。需要人工越冬保种，或用种子繁殖。

2) 饲用价值及利用

产量及供草期：在南京，杂交狼尾草的鲜草产量可达每 667 米² 10 000 千克以上。供草期较长，在华南地区可达 300 天以上；在长江中下游地区，4 月中下旬移栽，可以生长到 11 月上旬，180～200 天。从 6 月上旬前后，直至 10 月底前均可供应鲜草。7、8 月是生长旺季，6、7、8 月的每 667 米² 鲜草日增加量均在 50 千克以上；7 月日产草量最高，达 250 千克以上。

杂交狼尾草在长江中下游地区，产量可达每 667 米² 10 吨；在华南地区可达每 667 米² 15～20 吨，甚至更高。杂交狼尾草干物质为 15.2%，粗蛋白质占干物质的 9.95%。

刈割利用：杂交狼尾草用作养鹅青饲料时，在株高 50～70 厘米时刈割，这时茎占的比例小，大部分为叶片，柔嫩可口，同时又有利于刈后再生，一般全年可刈割 8～10 次。

(3) 美洲狼尾草

美洲狼尾草原产于南非，其株高和象草相匹敌，为一年生牧草。2000 年以来，我国以长江中下游地区为中心，作为饲料栽培的面积在逐步扩大。

1) 适宜栽培条件　美洲狼尾草喜高温湿润的气候条件，当气温达 20℃以上时，生长加快。初期生长非常好。耐旱、耐湿性与高粱相似。耐酸、较耐盐，我国从南到北除酸性极强的土壤和中度以上的盐土，均可生长。抗倒伏，并耐瘠薄。对氮肥敏感，只有在高氮肥供给下，才能发挥其生产潜力。

无霜期越长的地区，其生物产量越高。在长江中下游及以南地区，鲜草产量可达每 667 米² 7 500 千克，是解决夏季缺青的优质高产牧草。

2）饲用价值及利用　美洲狼尾草宁牧 3 号狼尾草每 667 米² 产鲜草可达到 6.5～10 吨。干草粗蛋白质含量达 19.69％。美洲狼尾草饲喂鹅以株高 50～70 厘米为宜，这时几乎全是叶片，刈割留茬高度15～18 厘米。

（4）小米草

小米草又称饲料稗，小米草为禾本科稗属的一年生草本植物，株高 1.2～1.5 米。传入我国并作为青刈饲料栽培是在 20 世纪 80 年代初。由于其适口性好，并且比普通杂草稗高大，产草量、产种量高，所以很受养殖场的欢迎。在我国北方有地方种分布，而长江中下游地区广泛应用的品种则是从日本引进的雪印中熟种。

1）适宜栽培条件　栽培小米草生活力强，栽培管理容易，适宜在壤土、重黏土、沙土等各类土壤栽培，在土壤 pH 5.6～6.6 时生长良好。小米草在轻、中度盐碱地上均能种植。栽培稗耐旱、耐湿，可以在旱地栽培，也可以在水田栽种。

2）饲用价值及利用　小米草营养丰富，适口性好，速生，可直接利用。全年刈割 2～3 次，产鲜草产量每 667 米² 4 000～5 000 千克。据湖北省农业科学院测试中心采集拔节期植株测定，拔节期干物质含量为 20％，粗蛋白质占 4.45％。

栽培稗生育期短，约 90 天。可以利用轮作空茬短期栽种，对于解决夏季高温期引起的青饲料不足具有一定的作用。一般播后 60～80 天即可利用。旱地青刈种植的饲料稗可刈割 2 次。首次刈割在株高 60～70 厘米时进行，留茬 4～5 厘米。第二次刈割在再生植株孕穗或抽穗前进行。为提高鲜草产量，可采用分批播种、分期利用技术，这样 1 年可种植 3 茬。鹅对株高 70～90 厘米的小米草利用率可达90％。

（5）无芒雀麦

无芒雀麦是耐干旱和寒冷的主要禾本科牧草之一，茎直立，丛生，株高100～130厘米。在我国西北、东北、华北和华中一带均有分布，并作为优质牧草栽培。它适应性强，适口性好，饲用价值高。

1）适宜栽培条件　无芒雀麦抗寒性强，适宜在我国北方的暖温带、中温带地区，以及南方高海拔地区种植。在−20℃的低温下可以安全越冬，如在有积雪、气温低于−30℃的内蒙古、黑龙江及青海草原地区都能越冬。当5厘米的土壤温度稳定在3～5℃时返青，随着温度的升高迅速生长。平均气温达10℃以上，地温10～12℃时分蘖和拔节。温度为22～25℃时生长速度最快。

无芒雀麦在排水良好，土壤水分充足的地方生长最好；宜在年均温3～10℃、年降水量400～600毫米的地区种植；在北方4—6月的干旱季节，能有效利用秋冬降水，迅速返青和生长，雨季到来时完成生长过程。

无芒雀麦为喜光植物，通常在长日照条件下开花结实。无芒雀麦较耐阴，在疏林和密草丛中向日徒长，能充分利用弱光，但植株过密则生长不良。

无芒雀麦对土壤的适应性广；最适宜壤土和各种黑钙土；在经过改良的黄土、褐色土、棕壤、黄壤、红壤等上，也可获得较高的产量。在松嫩平原的碱性草原上，无芒雀麦和羊草一样，在pH 8.5、土壤含盐量0.3％的盐碱地上生长良好。

2）饲用价值及利用　无芒雀麦是鹅的优质青饲料。幼嫩的无芒雀麦，其营养价值不亚于豆科牧草，饲喂鹅的效果良好，消化率高。在良好的栽培管理条件下，每667米^{2}可产鲜草1 500千克。

由于耐寒性强，返青早，是北方寒地的优良青饲料。养鹅用青饲料第一次刈割在拔节前进行。据原东北农学院（现为东北农业大学）分析，拔节期粗蛋白质含量高达18％以上，并含有较多的氨基酸，其中赖氨酸为0.11％～0.15％、色氨酸为0.2％～0.4％、蛋氨酸为0.4％左右。

(6) 多年生黑麦草

多年生黑麦草，又名宿根黑麦草，株高30～100厘米。原产于西南欧、北非及亚洲西南等地区，是世界温带地区最重要的牧草之一。我国在四川、云南、贵州及湖南的南山牧场、长江三峡地区等高海拔地区，建成了大面积多年生黑麦草人工草地用于放牧。多年生黑麦草已成为我国亚热带高海拔、降水量较多地区广泛栽培的优良牧草和鹅用青饲料。

1）适宜栽培条件　多年生黑麦草喜温凉湿润的气候，不耐热和严寒。最适于年降水量1 000～1 500毫米地区种植。生长最适温度为20℃，在10℃时亦能较好生长。在我国南方低海拔地域种植，夏季35℃以上高温干旱时期地上部常呈枯萎状或死亡，在夏无酷热、冬无严寒的亚热带高海拔地区生长较好。白天气温21℃、夜间16℃时生长最快；土温20℃时，地上植株生长最盛。不耐－15℃以下低温。在西北、华北、东北冬季低温干旱地区，一般不能自然越冬。在北京地区，越冬率为59％左右。在我国南方地区，越冬良好，但在高温多湿的气候条件下不能越夏。

多年生黑麦草喜肥沃、湿润、排水良好的壤土或黏土，适宜的pH为6～7。能在微酸或弱盐碱性土壤生长。以多有机质的肥沃地种植为最适宜。种植在较瘠薄的微酸性土壤上，能生长，但产草量低。

2）饲用价值及利用　多年生黑麦草的产量高，品质好，营养丰富，是温带地区人工种草的优良草种，草质柔软，叶量较多，鹅喜食。在良好的栽培管理条件下，可连续利用4～5年，每年可收割多次，鲜草产量每667米^{2}3～4吨。据中国农业科学院畜牧研究所分析，开花期干物质为19.2％，粗蛋白质为17％。

多年生黑麦草可多次刈割，当草高达40～60厘米时，就可收割作鹅的青饲料。肩背式割草机收割黑麦草和疏林地套种黑麦草情形见彩图5-2。

(7) 象草

象草，别名紫狼尾草，禾本科狼尾草属多年生高大的草本植物（彩图5-3）。株高200～350厘米，直立。原产热带非洲，在热带亚热带地区广泛种植，是热带、亚热带栽培的高产牧草。我国于20世纪40年代从印度和缅甸引入。象草由于产量高，近年来在广东、福建和广西三省（自治区）作为奶牛场的集约化高产割草地利用，成为养牛业重要的青饲料。幼嫩的象草也是很好的鹅的青饲料。

1）适宜栽培条件　象草是一种喜温的热带型牧草，不耐寒。最适宜在高温、长日照条件下生长。气温 12～14℃ 时开始生长，25～35℃ 生长最为迅速，8～10℃ 生长受抑制，5℃ 以下停止生长。如土壤温度长期低于 4℃，则易被冻死。在广东、广西的中部和南部，以及福建省南部和沿海一带，都能自然越冬，并保持青绿色。即使在寒冬，只要有灌溉条件，就能继续生长。在华南地区 4—10 月为旺盛生长季节。一般在 11 月至翌年 2 月抽穗开花，结实率极低。生产上多以无性繁殖扩种。

象草在年降水量 1 000 毫米以上、土壤肥沃、肥料充足并有灌溉条件时，生长旺盛，草质好，产量高。由于根系发达，具有较强的抗旱能力。据广西畜牧研究所观察，经 30～40 天高温无雨，空气和土壤都相当干燥时也不受害。抗病虫能力强，在华南各地长期栽培很少发现病虫害。

象草对土壤要求不严，在红壤、石灰性土壤等上都能生长。但在土层浅、肥力低的干旱坡地上生长差，产草量也低。

2）饲用价值及利用　一般在栽植第 3～4 年生长旺盛，产量高，此后则产量下降，需重新种植后才能获得高产。但管理得当可延长利用年限。平均每 667 米² 产鲜草 10～15 吨，高者可达 25 吨以上。象草具有产量高、供草时间长、收割次数多、适口性好等特点。在华南地区象草都用于建植高产集约化割草地，每年的 4—12 月均可刈割利用。在广州市一年可刈割 4～6 次，鲜草产量每 667 米²10～15 吨。4—11 月喂饲期长达 240 天。适时收割的象草适口性好，是鹅十分喜食的饲草。作鹅用青饲料，通常草层高达 50～70 厘米开始刈割。在生长旺期每隔 20～30 天刈割一次。

58. 适合作鹅青绿饲料的豆科牧草有哪些？其适宜栽培条件和饲用价值如何？

豆科牧草是牧草中蛋白质含量最丰富的一类，也是鹅非常喜欢食用的牧草之一。豆科牧草营养物质丰富而全面。干物质中粗蛋白质占15%～20%，必需氨基酸含量丰富，可弥补谷类饲料蛋白质的不足。含有钙、磷、胡萝卜素和B族维生素，特别是维生素 B_5，以及维生素C、维生素E、维生素K等。适期利用的豆科牧草粗纤维含量低，柔嫩多汁，适口性强，易消化。但豆科牧草中的蛋白质含量随其生长期的不同而变化很大。在幼嫩期，蛋白质含量较高，而在现蕾后蛋白质含量明显降低，其茎的木质化速度比禾本科牧草出现得早而快，特别是出现籽实后的豆科牧草，其茎秆的适口性和利用率降低。因此，豆科牧草必须注意选择适宜的刈割时期。观察发现，朗德鹅全天放牧采食紫花苜蓿不会引起像肉牛瘤胃臌胀样的问题，当然，要使营养全面，最好与禾本科牧草搭配饲用。

（1）紫花苜蓿

紫花苜蓿是世界上分布最广、栽培历史悠久的豆科多年生牧草，有"牧草之王"的美称。株高100～150厘米。茎直立、光滑、棱形、粗2～4毫米。在我国栽培历史已有2 000多年，在我国是一种主要的栽培牧草。随着牧草产业化及对草产品需求的快速增加，紫花苜蓿栽培面积呈迅速扩大之势。

1）适宜栽培条件　紫花苜蓿生长发育适宜温度为25℃左右，种子在5～6℃即能发芽，在日平均气温15～21℃时生长最好。35～40℃的酷热条件下则生长受到抑制。我国长江中下游地区夏季高温多湿，气温达40℃，紫花苜蓿难以越夏。紫花苜蓿很抗旱，在年降水400～800毫米的地方，一般都能种植。年降水量超过1 000毫米的地方，一般不宜种植。

紫花苜蓿对土壤的适应性较强，但以土层深厚疏松、能灌能排的土壤最为适宜。除重盐碱地、低洼内涝地外，其他土壤都能种植。生长期最忌积水，连续水淹1～2天即大量死亡。因此，要求在排水良好，地下水位低于1米以下的地区种植。耐盐碱，成株能耐盐分含量0.3%以下，在氯化钠含量0.2%以下生长良好。

2）饲用价值及利用　紫花苜蓿的鲜草和干草适口性好，消化率高，是家畜和鹅的优良豆科饲草。一般鲜草产量每667米² 3 000～5 000千克。紫花苜蓿的营养价值与生育时期关系极大，营养生长期蛋白质含量较高，随着生长期延长，蛋白质含量下降，粗纤维含量增加。因此，适期刈割，可提高其营养价值和利用率。

紫花苜蓿不仅产草量高，草质优良，而且富含粗蛋白质、维生素和无机盐，蛋白质中氨基酸成分齐全，动物必需氨基酸含量丰富。干物质中粗蛋白质含量为 15%～25%，相当于豆饼的一半，比玉米高 1～1.5 倍。除畜禽所需各种养分外，还含有未知生长因子。紫花苜蓿生长期和盛花期形态见彩图 5-4。

（2）白三叶

白三叶，别名白车轴草，原产于欧洲地中海东部和小亚细亚本部，为豆科多年生牧草。匍匐茎平卧地面，长 30～50 厘米。目前在世界上温带地区广泛栽培，尤以新西兰、西北欧和北美东部等海洋性气候区栽培最多。我国长江中下游地区和云南、贵州、四川、广东等低山丘陵区也广泛栽培，是建立人工草地的当家草种。

1）适宜栽培条件　白三叶喜温凉和湿润气候，较耐阴、耐湿，在年平均气温 15℃左右、年降水量 640～1 000毫米的地区均能良好生长。生长适温 19～24℃，耐热，耐寒力较红三叶强，不耐盐碱。较耐荫蔽，可在果园行间种植。南方山地、丘陵、果茶园均可种植。

白三叶喜各类壤土，最适宜在肥沃、湿润、排水良好的土壤中生长。耐酸性强，在 pH 4.5 的土壤中也可生长。

2）饲用价值及利用　白三叶每年刈割鲜草 4～5 次，鲜草产量每 667 米² 4 000～5 000千克。由于具有匍匐茎，尽管由于高温影响越夏，造成点片枯死，但很容易恢复，因此在利用上，白三叶较红三叶更为有利。白三叶适口性很好，为鹅所喜食，是一种优质的青饲料。白三叶的蕾期和花期的干物质含量为 11.5%～14.5%，粗蛋白质含量为 3.2%～3.1%，也是一种优质的鱼用青饲料。

白三叶也是近年来养鹅业中，解决 4—6 月青饲料的主要草种。除青饲外，另外可晒制草粉作配合饲料。盛花期白三叶草见彩图 5-4。

（3）红三叶

红三叶为豆科三叶草属短期多年生草木植物，别名红车轴草。原产小亚细亚与东南欧。现广泛分布于世界温带、亚热带地区。近年来，在我国长江流域、华南、西南和新疆等地广为栽培利用。红三叶产量高、结实好、病虫害少，是养鹅业生产上种植广泛的优良牧草。

1）适宜栽培条件 红三叶性喜温暖湿润气候，最适宜生长温度为 15～25℃，夏季凉爽、冬季较温暖的地区生长最好。在长江中下游地区，夏季高温季节生长停滞，易受杂草侵害。夏季温度高于38℃时，根和茎生长减弱；当温度高达 40～45℃时，植株死亡。成株在冬季－8℃时不会死亡，低于－15℃难以越冬，耐寒力不如苜蓿。

在年降水量 700～1 000毫米或在灌溉和排水良好地区生长茂盛，产量高；不耐旱，在降水量 500 毫米以下、又无灌溉的地区，不宜种植。

喜中性或微酸性土壤，以排水良好、土质肥沃的土壤最为适宜。不适宜在中重酸、盐碱及地下水位较高的土壤上栽培。

红三叶为长日照植物，光照 14 小时以上才能开花结实。其为异花授粉，虫媒花，以大黄蜂为主要媒介。盛花期红三叶草见彩图5-5。

2）饲用价值及利用 红三叶草质柔嫩，适口性好，是鹅喜食的优质牧草，营养丰富，干物质粗蛋白质含量为 15%～20%。以现蕾盛期或初花期刈割饲喂最好。在长江中下游年可刈割 3～4 次，刈割留茬 5 厘米，以得再生。一般产鲜草每 667 米² 3 000～5 000 千克。

（4）紫云英

紫云英，又名红花草、花草、草子、红花菜、翘摇等，原产于我国，栽培历史悠久，是我国南方稻田后作的主要饲草。豆科黄芪属越年生草本植物，株高 80～120 厘米。紫云英营养价值高，蛋白质含量丰富，也可作蔬菜食用。

1）适宜栽培条件 紫云英性喜温暖的气候。在一定范围内，它的生长发育随着温度增高而加速。性喜湿润而排水良好的土壤，怕旱又怕渍。适宜的土壤含水量为 24%～28%，当土壤含水量低于 9%～10%时，幼苗就出现凋萎死亡；当土壤含水量高至 32%～36%时，生长也会受到影响。

但是不同生育时期，所需的土壤水分有很大差异。紫云英幼苗生长最适宜的土壤水分为 30%～35%。越冬期间，由于地上部生长缓慢，植株需水较少。开春以后，紫云英进入旺发阶段，对土壤水分的要求也日益增加，土壤含水量一般以保持在 22％～20％较为有利。盛花期后，土壤水分以保持在 20％～25％较为适宜。

幼苗期耐阴的能力较强，所以适于和水稻后期套种。

紫云英对土壤要求不严，但以肥沃的沙质壤土到黏质壤土生长最好。不耐贫瘠。适宜的土壤 pH 为 5.5～7.5，pH 在 4.5 以下或 8.0 以上时，一般生长都不良。也不耐盐，当土壤含盐量（氯化钠）在 0.05％～0.1％时，生长就受到明显抑制，并发生死苗，因此不适宜在盐土种植。

2）饲用价值及利用　紫云英是轮作制度中的重要作物，多与水稻轮作，也是棉花的良好前作。紫云英鲜草产量一般每 667 米^2 1 500～2 500千克，年可割 2～3 次，鲜嫩多汁，蛋白质含量丰富，各种营养成分的消化率很高。作饲料利用一般以盛花期前后刈割。

紫云英多作春季鹅的青饲料直接利用，也可喂牛、羊、兔等家畜。

59. 鹅用叶菜类牧草有哪些？适宜栽培条件和饲用价值如何？

叶菜类牧草，多数是人畜兼用型的，它们叶量大、脆嫩多汁、营养丰富、适口性特别好，家鹅最喜食。这种"蔬菜型牧草"具有营养性、医疗保健性、安全卫生性等特点，如食用苦荬菜能开胃和降血压，有促进食欲和消化、祛火去病的功能；菊苣具有清肝利胆、开胃健脾等功效。

（1）苦荬菜

苦荬菜为我国野生植物，菊科一年生草本植物。株高 2～3 米，整株含白色乳浆，味苦。茎光滑且直立，上部有分枝。它分布于全国，适应性强，产量高，适口性好，营养丰富，是鹅等多种畜禽的优质青饲料。

1）适宜栽培条件　苦荬菜喜温暖湿润气候。既耐寒又耐热，可耐 −4～−3℃低温。在长江中下游地区，3 月播种，从 5 月开始刈割利用，一年可刈割 3～5 次。

苦荬菜以年降水量 600～800 毫米的地区为适宜，低于 500 毫米的地区生长差。长江中下游地区 7—8 月高温多雨、9—10 月较干燥的气候条件,对苦荬菜的生长较为有利。对土壤要求不严,各种土壤都能种植。耐酸和耐盐性均较强,在酸度较大的红壤、白浆土和碱性较大的盐渍土上都生长良好。适宜的土壤 pH 为 5.0～8.0。以排水良好、水分充足、肥沃的土壤上生长最好,不耐旱,也不耐涝。

2)饲用价值及利用 苦荬菜鲜草产量每 667 米²4～5 吨,不仅产量高,而且营养丰富。浙江省农业科学院畜牧所的分析结果表明,苦荬菜的蛋白质含量高,粗纤维少,利用率高。由于其鲜嫩多汁,虽味稍苦,适口性却很好。

苦荬菜主要以鲜草直接喂鹅,采食率、消化率均高。在长江中下游,苦荬菜可分批播种,分期采收,4—8 月可连续收获,不断供应。

如与多花黑麦草、杂交狼尾草等搭配种植,则可全年供给鹅充足的青饲料。青刈利用可刈割 2～3 次。第 1 次刈割,在株高 30～50 厘米时进行,留茬 10～15 厘米;以后每间隔 4～5 周,再生株高 50～60 厘米时进行刈割,留茬不低于上次高度。当再生植株出现花蕾时,即停止生长,进行最后一次刈割。

(2)菊苣

菊苣原产于欧洲,现栽培较多的为大叶直立型种。菊苣有粗壮的白色肉质直根,茎直立,株高 1.5～2 米,叶片长 30～41 厘米、宽 8～12 厘米。菊苣适应性广,栽培容易,叶质鲜嫩,适口性好,产量高,是鹅喜食的优质青饲料。

1)适宜栽培条件 菊苣喜温暖湿润气候,耐寒性强,在 -10℃时叶片仍呈深绿色。

菊苣适应性广,除重盐土外,各种土壤均可种植,其中以肥沃的沙质壤土种植最好。对氮肥敏感。整个生育期需较多水分,但忌积水,否则会烂根。

2)饲用价值及利用 菊苣在南方地区是可选择作鹅青饲料的几种主要阔叶牧草之一。其蛋白质含量高,并且几种主要氨基酸的含量高。

在长江流域,1 年利用期可达 7～8 个月,刈割 6～8 次,每 667 米² 产鲜草 10～15 吨。菊苣抽薹前营养价值最高,其茎叶是鹅的良好青饲料；当植株达 50 厘米高时，即可刈割利用，留茬 5～8 厘米。抽薹后（现蕾至开花期）是牛、羊的良好饲料。菊苣与其他牧草如黑麦草配合种植，可获较高的经济效益。生长期和盛花期菊苣形态见彩图 5-6。

（3）苋菜

苋菜，别名籽粒苋、繁穗苋、猪苋等。在我国分布较广，是一种优质、高产而多汁的饲料作物。苋菜籽粒中含有丰富的赖氨酸，能制成面包和糕点，已引起欧洲、美洲和非洲国家的特别重视。

1）适宜栽培条件 苋菜原产于温带和亚热带，为喜温作物。种子在 22～24℃发芽最快，在 10～12℃时缓慢发芽，14～16℃发芽较快，但在超过 36℃时发芽和出苗受阻。生长适宜温度为 24～26℃。低于 10℃或高于 38℃时，生长极慢或停止。不耐寒，低于 0℃时就受冻死亡。

苋菜喜湿润的气候条件，宜在年降水量 600～800 毫米的地区种植。种子发芽需水不多，但土壤相对湿度低于 60％时发芽缓慢。不耐旱，也不耐涝。苋菜为短日照作物，8～10 小时的持续短光照可促使其提早开花结实。

苋菜为喜肥作物，常以土层深厚、连年施肥的黑土和改良的黄土为适宜。贫瘠的沙土、不良的黏土等都不适宜。较耐盐，酸和碱性土都能生长，pH 5.8～7.5 时最为适宜。

2）饲用价值 苋菜产量高，品质好。在长江以南地区，播后40～50 天，株高 1 米左右，开始现蕾即可刈割，留茬高度 20 厘米，以后每月刈割 1 次，产鲜草量每 667 米² 5～7.5 吨。在北方产鲜草每 667 米² 5～6 吨。含干物质9％～13％，其干物质中含粗蛋白质18％～25％。各种氨基酸含量为赖氨酸 5％、蛋氨酸 4.4％、色氨酸 1.4％、苏氨酸 2.9％、异亮氨酸 3.0％、酪氨酸 3.6％、苯丙氨酸 6.4％，均超过玉米。

60. **在养鹅生产中，采取哪些牧草轮作模式可以基本保证鲜牧草常年供应？**

以长江流域及其以南地区为例，种草养鹅的牧草种植方式主要有以下几种。

（1）多花黑麦草与杂交狼尾草轮作

10月上旬播种多花黑麦草，6月上旬收割完毕，然后播种（或栽植种根）杂交狼尾草，10月上旬收割完毕，再播种多花黑麦草。多花黑麦草的耐寒性比冬牧70黑麦草差，但后期发育优于冬牧70黑麦草，所以利用期可比冬牧70黑麦草长1个月。杂交狼尾草是亚热带和热带的高产牧草品种，产量高于美洲狼尾草，品质优于象草，但冬季难以保种，所以适宜在淮河以南地区种植，淮河以北地区不宜引种。两种牧草轮作，可以获得较高的产量。

（2）紫花苜蓿与饲用玉米套种

10月上、中旬播种紫花苜蓿，翌年6月中旬套种饲用玉米。紫花苜蓿耐寒不耐热，耐旱不耐涝，适宜降水量低于800毫米的地区种植。由于紫花苜蓿春季产量占全年产量的60%～70%，7—9月长势较弱，而饲用玉米生长期较短，适合在夏季生长，与紫花苜蓿套种，既可保持紫花苜蓿的根系，又可提高土壤养分、水分的利用率，提高单位面积牧草的产出量。为了保证高产，紫花苜蓿播种时要进行根瘤菌接种，首播时间必须在秋季进行。饲用玉米可采取育苗的方式，在6月中旬紫花苜蓿刈割后移栽，并在9月底收割完毕，及时清除，保证紫花苜蓿的再生和越冬。

（3）冬牧70黑麦草与俄罗斯饲料菜、苏丹草间作

10月上、中旬播种冬牧70黑麦草，行距为20厘米，每两行预留一行。3月下旬至4月上旬栽植俄罗斯饲料菜。5月中旬冬牧70黑麦草收割完毕，然后播种苏丹草，9月下旬收割完毕，再播种冬牧70黑麦草。俄罗斯饲料菜属于多年生叶菜类牧草，生长的最适宜温度为15～25℃，冬季降霜后叶片枯萎，夏季高温季节生长不良，多雨高温时易发生腐根病。利用其不耐低温的特点，套种冬牧70黑麦草，可在冬春保障牧草的供应。利用其不耐高温的特点，可套种苏丹草。一方面苏丹草可用作俄罗斯饲料菜的遮蔽物，减少高温季节阳光的直射，提高俄罗斯饲料菜的越夏率；另一方面在不影响俄罗斯饲料菜产量的同时，可增收苏丹草鲜草3 000～4 000千克。需要注意的是，以上三种牧草都是需水、肥较多的牧草品种，必须保证相应的水肥条件才能获得高产。在种植冬牧 70 黑麦草时，要对土壤进行适度耕翻，并对苏丹草根系进行彻底的清除，以促进俄罗斯饲料菜产生新根，增加产量。种植苏丹草时既可板茬播种，也可育苗移栽。

（4）多花黑麦草或菊苣与苦荬菜轮作

9—10 月播种多花黑麦草（或菊苣），11 月、12 月、翌年 3—6 月利用；翌年 4 月播种苦荬菜或蕹菜，6—10 月利用；9—10 月播种多花黑麦草（或菊苣）。

第六章　肉鹅生产

61. 什么是肉鹅生产?

肉鹅生产指以生产鹅肉为主要目的，规模化养殖和经营肉用仔鹅的活动，又称肉用仔鹅生产。其实质是依托良种的繁育、先进的饲养技术和科学的饲养管理，在最短的时间内，以最低的生产成本，获得量多质优和广受消费者喜爱的肉用仔鹅，达到高效、低碳、安全和可持续生产的目的。

62. 肉鹅生长发育有什么规律?

肉鹅的生长发育有其固有的规律，不同的生长发育阶段，肉鹅各部位的生长发育顺序和速度是不平衡的，只有充分地了解和科学地认识这些规律，才能够做到精准饲养，提高生产效率。一般人为将肉鹅的生产周期划分为育雏期、中雏期和育肥期。0～3周龄为育雏期，4～8周龄为中雏期，9～10周龄为育肥期。肉鹅在育雏期生长速度快，3周龄的体重为初生重的10倍左右，肌肉可达89.4%，但是，雏鹅体温调节机能和抗病能力较差，对营养和温度等外界条件的影响反应强烈，需要做好保温和监护工作。中雏期的肉鹅体重持续增加，此阶段骨骼和腿肌快速发育，很大程度上决定着肉鹅生产的总体效果，该阶段需要加强饲养。育肥期，肉鹅体重增长较为缓慢，这个阶段胸肌和脂肪快速发育和沉积。应结合饲养条件和环境，根据肉鹅的生长发育的规律，制订适应其各个阶段生长发育需求的饲料营养和管理策略，做到科学精准饲养。

63. 肉鹅生产前应做好哪些准备？

在进行肉鹅生产前，必须周密考虑，合理规划，在生产前就把需要的条件准备好。肉鹅生产涉及鹅苗、饲料、牧草、药品、鹅舍建设、运输、销售等方面的许多环节，必须一一作好充分准备：①需要充分了解市场，掌握市场供应和需求情况，理解市场价格波动规律，找准市场定位，制订合理的肉鹅生产计划和策略。②品种选择是关键。品种决定商品肉鹅的生长发育潜力。要选择大型品种（系）与中小型品种（系）杂交的后代进行肉鹅生产，或直接选用大中型品种进行生产。这样的商品鹅早期生长发育快，饲料报酬高，上市体重大，经济效益好。③饲养鹅舍和用品应提前准备妥当，鹅舍和饲喂工具一律彻底消毒处理，育雏舍还需要准备加温和通风设备，一切垫料均需消毒后备用。根据饲养规模和各个时期的肉鹅饲养量，提前规划牧草和饲料生产。按饲养规模、品种和季节等备好场地及用具，以及消毒药和疫苗及一些常用的药物。

64. 如何选择适宜的肉鹅品种？

（1）根据生产性能选择

我国养鹅历史悠久，品种资源丰富。但是，不同品种的生产性能特点差异显著，如狮头鹅、皖西白鹅和浙东白鹅生产快，繁殖性能低，鹅苗价格贵；豁眼鹅繁殖性能高，但是生长慢；乌鬃鹅肉质细嫩，但是生长慢、体型小；四川白鹅产蛋、产肉、产绒相对均衡，鹅苗价格低。单纯的肉鹅生产以整齐度好的杂交鹅为最佳选择。

（2）根据区域市场需求和产品定位选择

我国地域辽阔，地区差异显著，应该面对不同区域市场的特点选择合适的品种。比如，狮头鹅和马岗鹅等灰鹅在广东地区很受欢迎，而浙东白鹅等生长速度快、体型大的白鹅在海南省和中原诸省受到消费者的推崇。再如，乌鬃鹅和马冈鹅就是高档的烤鹅品种，而霍尔多巴吉鹅产绒性能超群，朗德鹅却是肥肝生产专用品种。皖西白鹅杂交后代（皖西白鹅作父本）、浙东白鹅杂交后代（浙东白鹅作父本）、霍尔多巴吉鹅杂交后代（霍尔多巴吉鹅作父本）等适合于一般肉鹅生产。

总之，选择肉鹅品种时，除了要考虑肉鹅本身特性和当地环境条件之外，还要重点考虑产品的销路和经济效益。只有根据生产性能、市场结构、区域消费习惯和产品的定位选择相应的品种进行生产，才能取得较好的经济效益。

65. 饲养雏鹅时要关注其哪些特点？

（1）生长发育快

育雏期间，雏鹅的早期相对生长极为迅速。据四川农业大学家禽育种实验场测定，在放牧饲养条件下，小型鹅种豁眼鹅2周龄活重是初生重的3.8倍，6周龄为初生重的20.9倍，8周龄为初生重的32.9倍。中型鹅种四川白鹅2周龄体重达到388.7克，是初生重的4.4倍；6周龄活重1 761克，为其初生重的19.7倍；10周龄体重为3 299克，为其初生重的36.9倍。

（2）体温调节机能差

雏鹅对环境温度的变化缺乏调节能力，对外界环境的适应能力和抵抗力也较弱。出壳时，雏鹅全身覆盖的绒羽稀薄，保温性能差，自身产生的体热较少。随着雏鹅日龄的增加，以及羽毛的生长，雏鹅的体温调节机能逐渐增强，从而能够较好地适应外界温度的变化。因此，在雏鹅的培育工作中，必须为雏鹅提供适宜的环境温度，以保证其正常的生长发育。

（3）消化道容积小，消化吸收能力差

在孵化期间，胚胎的物质代谢极为简单，其营养物质是蛋中的蛋黄和蛋白质，出壳后转变为直接利用饲料中的营养。雏鹅期间，消化道的容积较小，肌胃的收缩能力较差，消化吸收能力较弱，食物通过消化道的时间比雏鸡快得多。雏鹅新陈代谢旺盛，体温高，呼吸快，早期生长速度很快，因此，在饲养管理上应喂给营养全面、容易消化的全价配合饲料，以满足雏鹅生长发育的营养需要。同时需水较多，

育雏时饮水器或水槽不可断水。

（4）机体抗病力差

雏鹅体质的抗逆性和抗病力均较弱，容易感染各种疾病。如果饲养密度过大、卫生条件较差，则易引发各种疫病，造成损失。因此，雏鹅应加强饲养管理，精心饲养，同时做好防疫工作。

66. 育雏前应做好哪些准备？

为了获得理想的育雏效果，必须做好育雏前的各项准备工作。

（1）育雏室准备

进雏前对育雏室进行全面检查。检查育雏室的门窗、墙壁、地板等是否完好，如有破损，要及时进行修补。室内要灭鼠，并堵塞鼠洞。

（2）保温设备

应准备好育雏用的竹筐，保温伞、红外线灯泡、烟道加温设施或育雏保温成套设备，纸箱，饲料，垫料（稻草、锯木或刨花），喂料器，饮水槽等。检查育雏室的保温条件，并在育雏前1~2天试温。同时也准备好分群用的挡板或分隔栏等育雏用具。

（3）清洗消毒

育雏室的清洗消毒和环境净化是养鹅场综合防治中最重要的卫生消毒措施。清洗和消毒按以下步骤进行：①所有的器具设备应移至舍外进行清洗、消毒，然后存放在干净的场所。②清除舍内所有的粪便及饲料杂物等。③使用含有消毒剂的60℃热水，高压清洗舍内所有的梁柱、天花板、墙壁、给料给水设备、风机扇片及遮板、通风口、储放室、工作室及料仓等。④清洗后，使用长效性的杀菌消毒剂对鹅舍进行消毒。⑤空置鹅舍，不准任何人员、车辆、物品进入。空舍的时间越长越好，育雏舍至少要空置14天。⑥进雏前72小时使用福尔马林熏蒸消毒，紧闭门窗至少12小时，入雏前48小时打开门窗通风。

（4）环境净化

在进行育雏室内消毒的同时，对育雏室周围道路和生产区出入口等进行环境消毒净化，切断病源。在生产区出入口设消毒池，以便于饲养管理人员进出消毒。

（5）制订计划

育雏计划应根据所饲养鹅的品种，进雏鹅的数量、时间等确定。首先要根据育雏的数量安排好育雏室的使用面积，也可根据育雏室的大小来确定育雏的数量。建立育雏记录等制度，包括进雏时间、数量、成活率等。

67. 育雏形式有哪几种？

肉鹅的育雏方式主要有地面育雏、网上育雏、网上育雏与地面育雏相结合和立体笼育四种形式。

（1）地面育雏

地面育雏（图6-1）是使用最久、最普遍的一种方式。一般将雏鹅饲养在铺以3～5厘米厚垫草的地面上，最好是水泥地面，或者是在地势高燥的地方饲养。这种饲养方式适合鹅的生活习性，可增加雏鹅的运动量，减少雏鹅啄羽的发生。但这种饲养需要大量的垫料，并且容易引起舍内潮湿，因此，一定要保持舍内的通风良好，3日龄后，应逐渐增加雏鹅在舍外的活动时间，以保持舍内垫草的干燥。厚垫料地面育雏见图6-1。

（2）网上育雏

网上育雏（图6-2）是将雏鹅饲养在离地50～60厘米高的铁丝网或竹板网上［网眼（1.1～1.25）厘米×（1.1～1.25）厘米］。此种饲养方式优于地面饲养，雏鹅的成活率较高。在同等热源的情况下，网上温度可比地面温度高6～8℃，而且温度均匀，适宜于雏鹅生长；又可防止雏鹅出现打堆、踩伤、压死等现象；同时可减少雏鹅与粪便接触的机会，改善雏鹅的卫生条件，从而提高雏鹅成活率。网上饲养的密度可高于地面饲养，可不用垫料，节约劳动力，降低饲养成本。其缺点是一次性投资较地面育雏大。网上育雏（图6-2）在寒冷的冬季为防止雏鹅腹部受寒，需要在网面上雏鹅休息处铺纤维布或纸。

图 6-1　地面育雏（厚垫料）

图 6-2　网上育雏

（3）网上育雏与地面育雏相结合

雏鹅出壳后往往需要较高的育雏温度，网上育雏容易满足雏鹅对温度的需求，成活率较高，但雏鹅在网上饲养到 4～5 日龄后，在保证营养供给的情况下，往往会发生啄羽等现象，这是由于此时这种饲养方式已不适合鹅的生活习性所致。如果雏鹅在网上饲养至 4～5 日龄时转入地面育雏，则可避免雏鹅发生啄羽等现象。

（4）立体笼育

网上育雏可以进行立体饲养，结合育雏规模和条件，可设置 2～3 层网，将雏鹅放入分层育雏笼中育雏。这种方法能比平面育雏更有效、更经济地利用鹅舍和热能，节省垫料，节省鹅舍空间，干净卫生，生产效率高。

68. 常见的给温形式有哪几种?

育雏常见的有保姆伞、红外线灯、煤炉、烟道等给温形式。给温育雏要求条件较高，需要消耗一定的能源，育雏费用较高，但育雏效果好、数量多，劳动效率高，适合于规模化养鹅生产的需要。

（1）伞形育雏器育雏

用木板、纤维板或铁皮、铝皮等材料制成的伞状罩，直径为 1.2～1.5 米，高 0.65～0.70 米。伞最好做成夹层，中间填充玻璃纤维等隔热材料，以利保温。伞内热源可采用电热丝、电热板或红外线灯等。伞离地面的高度一般为 10 厘米左右，雏鹅可自由选择其适合的温度，但应随着雏鹅日龄的增长调整高度。此种育雏方式耗电多，成本较高。每个保姆伞下可饲养雏鹅 100～150 只。使用此类育雏器及其他加热设备时，都要注意饮水器和饲料盘不能直接放在热源下方或太靠近热源，以免"水火不容"，造成水分过度蒸发，湿度增加，饲料霉变，细菌滋生。饮水器和饲料盘应交替排列，以利雏鹅采食。

（2）红外线灯育雏

无论是地面育雏或是网上育雏，都可用红外线灯加温。红外线灯可直接吊在地面或育雏网的上方。红外线灯的功率为 250 瓦，每个灯下可饲养雏鹅 100 只左右，灯离地面或网面的高度一般为 10～15 厘米。此法简便，随着雏鹅日龄的增加，随时调整红外线灯的高度，以防损坏红外线灯。利用红外线灯加温，室内干净，空气好，保温稳定，垫草干燥，管理方便，节省人工；但耗电量大，灯泡易损坏，成本较高，不能在经常停电的地区使用。

（3）地下烟道或火坑式育雏

炕面与地面平行或稍高，另设烧火间。此法提供的育雏温度稳定，由于雏鹅接触温暖的地面，地面干燥，室内无煤气，结构简单，成本低。由于地面不同部位的温度不同，雏鹅可根据其需要进行自由选择。用烧火的量和时间来控制炕面温度，育雏效果较好。

（4）烟道式育雏

由火炉和烟道组成，火炉设在室外，烟道通过育雏室内，利用烟道散发的热量来提高育雏室内的温度。烟道式育雏保温性能良好，育雏量大，育雏效果好，适合于专业饲养场使用。在使用时，应随时防止烟道漏烟。

无论采用哪种保温方式育雏，都要注意育雏室内温度的相对稳定，切不可忽高忽低。温度要逐渐下降，直到完全脱温为止。

69. 如何正确饲喂雏鹅？

（1）饮水

这里的饮水指出壳后 24～36 小时有 2/3 雏鹅欲吃食时的第 1 次饮水，把少量的雏鹅嘴多次按入水盘中饮水（可用 5％～10％葡萄糖水，复合维生素 B 糖水或清洁饮用水），引导其他雏鹅跟着饮水，水温 25℃为宜。

（2）开食

将配合饲料混上切细的嫩青绿饲料撒在塑料布上或小料槽内，引诱雏鹅自由吃食。

（3）饲喂

雏鹅1～3日龄吃料较少，每天喂6～8次；4～10日龄喂8次；10～20日龄喂6次；20日龄后喂4次（以上包括夜间喂1次）。雏鹅的饲料应满足其生长发育的需要，精饲料与青饲料的比例，10日龄前为1∶2（先精料后青绿饲料或混合喂），10日龄后为1∶4（先青绿饲料后精料或混合喂）。

70. 如何进行雏鹅的饲养管理？

（1）温度

有经验的饲养人员会"看鹅施温"，即根据雏鹅的活动情况判断温度是否适宜。当雏鹅表现活泼好动，羽毛光顺，食欲良好，饮水正常，休息时安静无声或者偶尔发出悠闲的叫声，体态自然，分布均匀并不扎堆时，表明雏鹅所处的环境温度是适宜的，保持现状即可。如果雏鹅密集成堆地挤在热源附近或某一角落，羽毛竖立，缩头闭目，不活泼，夜间睡眠不稳，常常发出连续的叽叽尖叫声，则表明温度偏低，应立即驱散集堆雏鹅，迅速升温保暖。若是雏鹅远离热源，张口喘气，两翅张开，频频喝水，吃料减少，则表明温度偏高。育雏温度要求参见表6-1。

表6-1 雏鹅温度要求

时间	育雏圈中心的温度	育雏圈边界温度	育雏舍温度
1～4 天	32～30℃	25℃	20℃
5～7 天	30～28℃	23℃	18℃
第2周	28～25℃	22℃	15℃
第3周	25～21℃	20℃	15℃
第4周	15℃以上	15℃	15℃
第5周	15℃以上	15℃	15℃
第6周	根据气候情况来决定是否停止加温		

（2）密度

雏鹅生长发育极为迅速，随着日龄的增长，体格增大，活动面积也增大，因此，在育雏期间应注意及时调整饲养密度，并按雏鹅体质强弱、个体大小，及时分群饲养，从而提高群体的整齐度。实践证明，雏鹅的饲养密度与雏鹅的运动、室内空气的新鲜程度，以及室内温度有密切的关系。密度过大，雏鹅生长发育受阻，甚至出现啄羽等恶癖；密度过小，则降低育雏室的利用率。适宜的雏鹅饲养密度可参考表 6-2。

表 6-2　适宜的雏鹅饲养密度（羽/米^2）

类型	1 周龄	2 周龄	3 周龄	4 周龄
中、小型鹅种	15～20	10～15	6～10	5～6
大型鹅种	12～15	8～10	5～8	4～5

（3）光照

第 1 周 24 小时光照；第 2 周 18 小时光照；第 3 周 16 小时光照；第 4～13 周，自然光照。雏鹅孵出后，前几天视力较弱，光照度应强一些。一般每 15 米^2，鹅舍第 1 周内用一个 40 瓦的灯泡，第 2 周开始可以换成 25 瓦的灯泡，并注意鹅舍内整晚都要有夜光，以防小鹅聚堆积压，窒息死亡。

（4）湿度

湿度对雏鹅的健康和生长发育有很大影响。在低温高湿情况下，雏鹅体热散发过多而感到寒冷，易引起感冒和下痢、打堆，增加僵鹅、残次鹅和死亡鹅数量，这是导致育雏成活率下降的主要原因。高温高湿时，雏鹅体热的散发受到抑制，体热的积累造成物质代谢和食欲下降，抵抗力减弱，同时引起病原微生物的大量繁殖，这是发病率增加的主要原因。因此，育雏期间，在保温的同时要随时注意通风换气，防止饮水外溢，经常打扫卫生，保持舍内干燥。育雏期间湿度的控制一般前期 60%～65%、后期 65%～70% 为宜。

（5）通风与阳光

通风与温度、湿度三者之间应互相兼顾，在控制好温度的同时调整好通风。随着雏鹅日龄的增加，呼出的二氧化碳、排泄的粪便及垫草中的氨气增多，若不及时通风换气，将严重影响雏鹅的健康和生长。过量的氨气会引起呼吸器官疾病，降低饲料报酬。舍内氨气的浓度保持在 10 微升/升以下，二氧化碳保持在 0.2% 以下为宜。一般控制在人进入鹅舍时不觉得闷气，没有刺眼、刺鼻的臭味为宜。

阳光对雏鹅的健康影响较大，阳光能提高鹅的生活力，增进食欲，还能促进某些内分泌，如性激素和甲状腺素的分泌。鹅体内的 7-脱氢胆固醇经紫外线照射变为维生素 D_3，有助于钙、磷的正常代谢，维持骨骼的正常发育。适宜的光照还是雏鹅采食、饮水和活动所必需的。如果天气比较好，在雏鹅 5～10 日龄时可逐渐增加舍外活动时间，以使雏鹅直接接触阳光，增强体质。

(6) 雏鹅的分群

在对雏鹅进行选择后，将弱雏和健雏分群饲养，有利于雏鹅的生长发育，便于管理。在育雏过程中，发现食欲不振、行动迟缓、体质瘦弱的雏鹅，应及时剔出，单独饲喂，再加上精细的管理，便可提高育雏期的成活率。在饲养过程中，也应该根据鹅群的生长发育情况，及时按大小、强弱分群饲养。特别是发病鹅群或群体中发病的雏鹅，必须将其与其他鹅群分开隔离饲养，精心管理，提高出栏率和整齐度。

(7) 适当运动

育雏室内外气温接近时，10 日龄后（冬季、早春 21 日龄后）可进行室外运动或放牧。

71. 如何提高雏鹅的成活率？

提高雏鹅成活率必须采取综合措施，科学饲养。及时开水，随后开食；营养全价，密度合理；温度适宜，光照充足；精料满足，青料不少；环境干燥，空气清新；日日清扫，定期消毒；预防为主，疫苗免疫；小群管理，强弱分开；密度递减，运动充分；时时巡查，管理细心。

72. 如何进行中鹅的饲养管理？

中鹅是 4 周龄以上未育肥的青年鹅。此期的饲养管理特点是以放牧为主、补饲为辅，充分利用放牧条件，加强锻炼，促进机体的新陈代谢，促进肉用仔鹅的快速生长，适时达到上市体重。没有放牧条件的，要供给充足的牧草和饲料，保证鹅群快速生长，并且锻炼其消化道消化吸收能力，为育肥期做准备。肉用仔鹅的饲养一般有放牧饲养和舍饲饲养两种方式，我国大多数养鹅户采用放牧饲养。

73. 放牧鹅群如何进行管理？

鹅群放牧要循序渐进，放牧时间随日龄增加而延长，直至过渡到全天放牧。一般春秋季 10 日龄，夏季可提前到 5～7 日龄，开始时 1 小时左右，以后逐渐延长，20 日龄左右可每天放牧 4～6 小时，30 日龄左右可进行全天放牧。具体放牧时间，可根据鹅群状况、气候及青绿饲料等情况而定。一般可在放牧前和放牧后进行补饲精料，注意放牧前喂七八成饱，收牧后喂饱过夜。补饲次数和补饲量应根据日龄、增重速度、牧草质量等情况而定。随着肉鹅日龄的增加，补饲量应逐渐减少。

放牧鹅采食的积极性主要在早晨和傍晚。鹅群放牧的总原则是早出晚归。放牧初期，每日上、下午各放牧 1 次，中午赶回圈舍休息。气温较高时，上午要早出早归，下午则应晚出晚归。随着仔鹅日龄的增长和放牧采食能力的增强，可全天外出放牧，中午不再赶回鹅舍，在阴凉处就地休息。放牧鹅群常常采食到八成饱时即蹲下休息，此时应及时将鹅群赶至清洁水源处饮水、戏水，然后上岸梳理羽毛，1 小时左右后鹅群又出现采食积极性，形成采食—放水—休息—采食的生物节律性。每天放牧中至少应让鹅群放水 3 次，高温天气应增加放水的次数和延长放水的时间。

对于刚结束育雏期进入中鹅期的鹅群，或在牧地草源质量差、数量少时，则需要补饲精料。饲养户可根据自己的具体情况因地制宜补给精饲料。每天放牧归来，都要检查鹅群数量、体况，还应根据白天放牧采食情况，进行适当补饲，让鹅群吃饱过夜。

74. 放牧鹅群规模如何确定？

放牧鹅群的规模控制得是否适当，直接影响到鹅群的生长发育和群体整齐度。如果放牧场地较窄，青绿饲料较少，鹅群又过大，必定影响鹅的生长发育，造成补饲量增加，增加养鹅成本。因此，一定要根据放牧场地面积、青绿饲料生长情况、草质、水源情况、放牧人员的技术水平和经验，以及鹅群的体质状况来确定放牧鹅群的规模。对于草多且好的草山、草坡、果园等，采取轮流放牧方式，以 100～200 只为一群比较适宜。如果农户利用田边地角、沟渠道旁、林间小块草地放牧养鹅，则以 30～50 只为一群比较适宜。放牧前可按体质强弱、批次分群，以防在放牧中大欺小、强欺弱，影响个体的生长发育。如果是集约化饲养，每群不超过 500 只较易于管理。

75. 放牧场地如何选择？

放牧的场地应具备 4 个条件：①有鹅喜食的优良牧草；②有清洁的水源；③有树或者其他荫蔽物，可供鹅群遮阳或避凉；④道路比较平坦。选择牧草丰富、草质优良并靠近水源的地方放牧鹅群，是最好的选择，即所谓的"养鹅无巧，清水青草"。广大农村的荒山草坡、林间地带、果园、田埂、堤坡、沟渠塘旁及河流湖泊退潮后的滩涂地等，均是良好的放牧场地。开始放牧时应选择牧草较嫩、离鹅舍较近的牧地，随日龄的增加，可逐渐远离鹅舍。要合理利用放牧场地，无论是草地、茬地、畦地等均要有计划地轮换放牧，可将选择好的牧地分成若干小区，每隔 15～20 天轮换 1 次，以便有足够的青绿饲料。这样既能节约精饲料，又能使鹅群得到充分的运动，有利于鹅的快速增重。

如果牧地被农药、化学物质、工业废水、油渍等污染，则不能进行放牧。鹅的放牧地要提前选择好，凡是鹅群经过的地方都应有良好的青绿饲料和水源。鹅对青绿饲料的消化能力很强，有"边吃边拉"的习惯，应让其吃饱、喝足、休息好。

76. 放牧时要注意哪些事项？

（1）防中暑

北方养鹅的育成期正值夏季，暑天放牧鹅群易受到强光的照射和高温的笼罩，极易造成中暑，因此中午应多休息，保证通风顺畅，鹅体感舒适。宜采用早放早休息、晚放晚休息的放牧方式，而且应及时将鹅放入水池中，补足水分和降温。

（2）防应激

育成期肉鹅胆小且神经敏感，在放牧时易受到惊吓而产生应激，如鞭炮声、汽车鸣笛、机械声、吆喝声等。因此，饲养管理人员要有职业道德，和蔼对待鹅群，一旦鹅产生应激反应，一方面使得维持营养需要提高，养分利用率降低，放牧效果也受到影响，更为严重的是将导致鹅发育受阻；另一方面，强烈的应激极易导致鹅只机体抵抗力下降，诱导疾病的发生。所以，防止育成期肉鹅应激应从管理的方方面面入手，包括饲养员的工作服、工具不要经常变换，如需变换要提前做好预防。

（3）防受伤

鹅走方步，天生运动奔跑能力偏弱，因此放牧时不要对鹅群赶得过快，防止鹅只相互碰撞、踩踏或撞到石头、硬土等坚硬物体。放牧的距离要由近及远，按照对放牧地草量和鹅采食能力的认识，慢慢向远处放，让鹅逐渐熟悉和适应草地。距离过远时，中途要有间歇，以免累伤鹅群。下水的岸边要形成缓坡，防止飞跃撞击。对于受伤的鹅要及时将其赶回鹅舍，静心调养。

（4）防中毒 要事先了解放牧地的农药喷洒情况，打过农药的放牧地至少要经过一次大雨，并经过一定时间后才可以安全放牧。

（5）其他注意事项 开始放牧（图6-3）时要点清鹅数，赶回鹅舍时也要点清，查数时可每三羽记一次。如遇到草场放牧人家较多时，要对自己的鹅群进行标记，如鹅体涂抹标记、捆绑布条或挂翅号和脚环，以利于区分。平时应关注天气预报，禁止高温、雨天放牧。最后一次放水后要等到鹅羽毛干后才能回舍，防止将鹅舍弄湿。

图 6-3　放牧中的肉鹅群

77. 肉鹅舍饲需要注意哪些事项？

（1）供给雏鹅充足的营养

中雏鹅处于体格生长发育的关键时期，所以必须保证营养充足，包括供给全价饲料和优质牧草等，特别要注意维生素和矿质元素的供给。

（2）保证一定的运动量

舍饲的中雏，运动量受到较大的限制，不利于骨骼的生长发育，要在建舍时规划足够面积的运动场，让鹅群保持一定的运动量。

（3）保持舍内和运动场的清洁卫生

舍饲的鹅群，一般密度较高，采食充分，排泄也多，地面和空气污染很快，应每日进行舍内和运动场地的清洁卫生工作，并定期消毒。

（4）保持有规律的饲养管理制度

包括饲养人员、饲料和牧草、喂料和清洁卫生时间等都应保持基本固定，使鹅群建立良好的条件反射。

（5）保证饮水充足、卫生

生长发育和运动均需要充足的饮水供应。饮水卫生是保障鹅群健康的基本条件之一。槽式饮水设施比较适合这一阶段肉鹅的需要，也可以建设宽 1.5 米、深 0.5 米的长沟式饮水池。流动的活水最好。

（6）防止干扰

舍饲的鹅群相对于放牧鹅群，对粗暴饲养，意外的噪声、光照，陌生动物和人等的干扰更敏感，饲养中应尽量避免。

78. 育肥期鹅有何特点？

中鹅的主翼羽长出后，就可以转入育肥饲养。此期仔鹅全身羽毛基本长齐，耐寒性进一步增强，体格进一步增大，对环境的适应性增强，消化系统发达。若放牧，则行动能力、采食能力、适应能力强；若圈养，则食量大、消化力强、育肥速度快。

根据育肥期的特点，育肥时应掌握以下原则：育肥期一般 10～14 天；以舍饲、自由采食为主；日喂 3 次，夜间 1 次；喂富含碳水化合物的谷类为主，加一些蛋白质饲料，也可使用配合饲料与青草混喂，育肥后期改为先喂精饲料、后喂青草；限制鹅的活动，不限制食量，保证充足饮水，促进体内脂肪的沉积。

79. 肉鹅有哪些育肥方法？

肉用仔鹅在短期内经过育肥，可以迅速增膘长肉，沉积脂肪，增加体重，改善肉的品质。根据饲养管理方式，肉用仔鹅的育肥分为放牧育肥、舍饲育肥和人工强制育肥 3 种。各场可根据自己的实际情况进行选择。

（1）放牧育肥

放牧育肥是一种传统的育肥方法，应用广，成本低，适用于放牧条件较好的地方，主要利用收割后茬地残留的麦粒或稻田中散落谷粒进行育肥。如果谷实类饲料较少，必须加强补饲，否则达不到育肥的目的，并且增加饲养成本。

放牧育肥必须充分掌握当地农作物的收割季节，事先联系好放牧的茬地，预先育雏，制订好放牧育肥的计划。一般可在 3 月下旬或4 月上旬开始饲养雏鹅，这样可以在麦类茬地放牧一结束，仔鹅已育肥，即可上市出售。放牧育肥（图 6-4a）受农作物收割季节的限制，如未能赶上收割季节，可根据仔鹅放牧采食的情况加强补饲，以达到短期育肥的目的。

a　　　　　　　　　　　　b

图 6-4　马冈鹅育肥饲养
a. 放牧育肥　b. 网上舍饲育肥

（2）舍饲育肥

舍饲育肥不如放牧育肥广泛，饲养成本较放牧育肥高，但具有发展的趋势。这种方法生产效率较高，育肥的均匀度比较好，适用于放牧条件较差的地区或季节，最适于集约化批量饲养。仔鹅到 60 日龄时，从放牧饲养转为舍饲饲养。舍饲育肥有以下两个特点：①舍饲育肥（图 6-4b）主要依靠配合饲料达到育肥的目的，也可喂给高能量的日粮，适当补充一部分蛋白质饲料。②限制鹅的活动，在光线较暗的房舍内进行，减少外界环境因素对鹅的干扰，让鹅尽量多休息。每平方米可放养 4～6 只，每天喂料 3～4 次，使体内脂肪迅速沉积，同时供给充足的饮水，增进食欲，帮助消化，经过 15 天左右即可宰杀。

（3）人工强制育肥

此法可缩短育肥期，育肥效果好，但比较麻烦。将配合日粮或以玉米为主的混合料加水拌湿，搓捏成粗 1～1.5 厘米、长 6 厘米的条状食团，阴干后填饲。填饲是一种强制性的饲喂方法，分手工填饲和机器填饲两种。

1）手工填饲法　手工填饲时，用左手握住鹅头，双膝夹住鹅身，左手的拇指和食指将鹅嘴撑开，右手持食团先在水中浸湿后用食指将其填入鹅的食管内。开始填时，每次填 3～4 个食团，每天 3 次；以后逐步增加到每次填 4～5 个食团，每天 4～5 次。填饲时要防止将饲料塞入鹅的气管内。填饲的仔鹅应供给充足的饮水，或让其每天洗浴1～2次，有利于增进食欲，光亮羽毛。填饲育肥经过 10 天左右，鹅体脂肪迅速增多，肉嫩味美。

2）机器填饲法　填肥机分电动式和手压式两种。由贮料桶和手柄（或电动机）组成。填饲方法是通过填饲机的导管将调制好的食团填入鹅的食管内。把混合好的育肥饲料，按 1∶1.5 的比例加水，拌成糊状，装入贮料桶中，压下手柄。用左手抓鹅，右手握住膨大部，左手拇指和食指掰开鹅嘴，用中指压住鹅的舌头，将胶管轻轻插入鹅的食管，松开左手，扶住鹅头，把饲料压入食管，用右手顺着鹅的脖子压一下，然后把胶管拔出来，把鹅放开。每天填饲 3～4 次，填饲后注意供给充足的饮水。

80. 如何判断肉鹅育肥度？

肉用仔鹅的育肥度，主要取决于下列因素。

（1）饲料情况

在放牧育肥条件下，如果作物茬地面积较大，可放牧场地多，脱落的麦粒、谷粒较多，则育肥时间可适当延长；如果没有足够的放牧茬地或未赶上作物的收割季节，则可适当缩短育肥时间，抓紧出售，否则会因放牧不足而掉膘。在舍饲育肥的条件下，要有饲料供应，主要应根据养鹅户的资金、饲料供给情况等来确定育肥时间。

（2）增重速度

育肥期间仔鹅的体重增长速度反映生长发育的速度，同时反映出育肥期内饲养管理的水平。一般而言，在育肥期内，放牧育肥增重0.5～1 千克；舍饲育肥可增重 1～1.5 千克；填饲育肥可增重 1.5 千克以上。当然，增重速度与所饲养的品种、季节、饲料等因素有密切的关系。

（3）肥度

膘肥的鹅全身皮下脂肪增厚，尾部丰满，胸肌厚实饱满，富含脂肪。肥度主要根据鹅翼下两侧体躯皮肤及皮下组织的脂肪沉积来判断。若摸到皮下脂肪增厚，有板栗大小结实、富有弹性的脂肪团，则为上等肥度；若脂肪团疏松，则为中等肥度；若摸不到脂肪团，而且皮肤可以滑动，则为下等肥度。

81. 如何确定肉鹅的上市最佳时间？

肉用仔鹅适时上市是保证饲养者经济效益和资金周转的关键。适时上市是一个动态的概念，主要受市场需求和饲养品种性能的影响。

（1）市场需求

广东、香港只食用灰鹅，以烧制烧鹅为主，而且以活鹅销售为主。仔鹅从 70 日龄开始陆续上市，并随饲养日龄增加价格逐渐上升。仔鹅饲养期 70～90 日龄比较适宜。江苏、浙江等地区，以规模化屠宰和加工风鹅、盐水鹅等为主，民间则盛行老鹅煲汤，羽绒工业发达，所以以饲养白鹅为主，并养至 85 日龄或 120 日龄，待鹅羽绒生长成熟后屠宰，既使加工损失降低，又获得最高质量和数量的鹅绒。吉林、辽宁、黑龙江、山东等地也基本类似。

（2）品种性能

以肉鹅上市体重 3.6 千克为例，如果饲养的是浙东白鹅、皖西白鹅，约 65 日龄可以达到；如果饲养的是四川白鹅、扬州鹅，则 85 日龄左右才能达到。以换羽期采集羽绒 1 次后羽绒再次长齐为目标，如果是皖西白鹅，最好在 120 日龄进行第一次采集，则 165 日龄可再次长齐上市；如果是匈牙利白鹅，85 日龄可进行第一次采集，130 日龄可以再次长齐上市。

（3）综合因素

我国肉鹅生产情况比较复杂，白羽肉鹅在羽绒价值高时，肉鹅通常饲养至羽绒生长发育完成，达 90 日龄甚至 120 日龄；羽绒价值不高时，肉鹅 70 日龄甚至更低就上市屠宰。像马冈鹅这种作为烧鹅专用的优质灰鹅，70 日龄以后陆续上市屠宰，但日龄越高价格越高。标准化生产鹅肉、羽绒和副产品，从肌肉生长、羽毛成熟和器官生长三个方面综合考虑，肉鹅上市屠宰日龄以不低于 70 日龄为宜。

82.　如何做好肉鹅的卫生防疫?

卫生防疫是肉鹅养殖中必不可忽视的一个关键环节。鹅从育雏到育成,也是从鹅舍内逐步向舍外转移的过程,在此期间鹅所处的环境也发生了变化。为了防止应激及引起疾病,可在饮水中或补饲时添加电解多维和抗生素。放牧鹅的外界环境开放,鹅群的相互交叉接触不可避免,极易造成疾病的传播。因此,为防止病原感染,要按照免疫程序及时注射小鹅瘟、禽流感、禽霍乱、鸭瘟等疫苗,不可麻痹大意。放牧地点附近如有农业耕作、喷洒农药,应在 10~15 天安全期后再放牧;如邻近鹅群发生疫情,则放牧地点要远离疫区。每天清洗水槽、料槽,定期消毒,搞好舍内外卫生,定期更换垫料。对废弃的垫料、鹅粪进行发酵处理。在放牧时,鹅经常会将虫卵吃到体内,虫卵在鹅体内寄生,不仅影响鹅自身的身体健康,还会传染其他鹅,因此要进行驱虫。

第七章　种鹅生产

83. 种鹅饲养方式有哪些?

(1) 放牧饲养

一般规模较小,几十羽到几百羽。利用天然的草地资源,常年以放牧为主。种鹅放牧的要求和注意事项与肉鹅相同。进入产蛋季节后,放牧的场地一般在鹅棚的附近,放牧时间也应大大减少,并加大补饲力度。

(2) 舍饲

种鹅常年饲养于鹅舍内。一般规模较大,鹅舍建设比较标准,鹅舍外有运动场和水面,有相应的牧草种植基地。这种饲养方式投入高,但生产水平也最高,有利于规模化生产、鹅群的选育和研究、防疫和疫病净化、环境保护。一般为育种场、祖代场及农区父母代种鹅规模化饲养所采用。

(3) 舍牧结合饲养

这种方式是将放牧与舍饲结合起来。一般育雏期舍饲,育成期尽量放牧,产蛋期基本舍饲,休产期全面放牧。这种方式有利于充分利用自然资源,节约成本,提高经济效益。其规模可以比单纯放牧饲养更大,但一般也仅适合于父母代或单一的地方品种饲养。

84. 种鹅生产阶段如何划分?

种鹅生产阶段一般可以分为育雏期、生长期、维持期、产蛋期和休产期。有时将生长期和维持期合称为育成期。休产期也称为维持期。使用多个产蛋年的种鹅,休产期(维持期)后又进入下一个产蛋期。不同的阶段，其生理特点、营养需要、管理方式都不一样，种鹅阶段饲养的理论基础就在于此。

不同的品种或品系，种鹅的生产周期不同；同一鹅种或品系在不同的地区（特别是纬度差异较大时），生产阶段划分也不一样（表7-1）。

表 7-1　不同鹅种生产阶段划分（周龄）

品种	育雏期	育成期		产蛋期	休产期/维持期	备注
		生长期	维持期			
莱茵鹅	0～3	4～8	9～30	31～62	63～82	同罗曼鹅
豁眼鹅	0～3	4～8	9～28	28～62	63～79	
四川白鹅	0～3	4～8	9～29	30～65	66～80	
朗德鹅	0～3	4～8	9～32	33～64	64～83	
天府肉鹅	0～3	4～8	9～30	31～62	63～82	
狮头鹅	0～3	4～8	9～36	37～62	63～82	

选择哪个鹅种饲养就必须按照其特有的生产阶段进行生产管理，只有这样才能发挥种鹅应有的生产水平。

85. 种鹅育成期如何进行选优汰劣？

由于鹅特殊的繁殖生理特点，后备种鹅的选择和淘汰成为种鹅育成过程中必不可少的一项技术。种用鹅一般应经过以下4次选择，将体型大、生长发育良好、符合品种特征的鹅留作种用，以培育出产蛋量高、交配能力强、受精率好的种鹅。

（1）第一次选择

在育雏期结束时进行。这次选择的重点是要求公鹅体重大、母鹅具有中等的体重，淘汰那些体重较小、有伤残、有杂色羽毛的个体。选留后的公母鹅的配种比例为：大型鹅种1：3，中型鹅种1：（3～4），小型鹅种1：（4～5）。

（2）第二次选择

在 70～80 日龄进行，可根据生长发育情况、羽毛生长情况及体型外貌等特征进行选择。淘汰生长速度较慢、体型较小、腿部有伤残的个体。

（3）第三次选择

在 150～180 日龄进行。此时鹅全身羽毛已长齐，应选择具有品种特征，生长发育好，体重符合品种要求，体型结构、健康状况良好的鹅留作种用。公鹅要求体型大、体质健壮，躯体各部分发育匀称，肥瘦度和头的大小适中，雄性特征明显，两眼灵活有神，胸部宽而深，腿粗壮有力。母鹅要求体重中等，颈细长而清秀，体型长而圆，臀部宽广而丰满，两腿结实，耻骨间距宽。选留后的公母鹅的配种比例为：大型鹅种 1：（3～4），中型鹅种 1：（4～5），小型鹅种 1：（6～7）。

（4）第四次选择

这次选择的时间因品种而异，掌握在种鹅开产前 1 个月左右进行，是最重要的一次选择。这次选择的重点是种公鹅必须经过体型外貌鉴定、生殖器官检查，有条件者进行精液品质检查更好，符合标准者方可入选，以保证种蛋受精率。

①体型外貌：要求在配种前对种公鹅进行体型外貌鉴定，选择生长发育正常、羽毛整洁、雄性强、体重达到品种标准的鹅，即所谓"首方，目圆，胸宽，身长，翅束，羽整，喙齐，声远"者。

②生殖器官检查：在配种前逐只翻肛进行检查，选择生殖器官发育正常、性条件反射强、纤维淋巴体颜色深且发育正常的个体。公鹅生殖器官发育情况见图 7-1。

③精液品质检查：精液颜色为乳白色，每次射精量 0.8 毫升以上，精子密度在 10 亿个/毫升以上，精子活力 0.8 以上，达到上述标准者方可留作种用。

种母鹅要选择那些生长发育良好、体型外貌符合品种标准、第二性征明显、精神状态良好的留种。

选留后的公母配种比例为大型鹅种 1：（3～5），中型鹅种 1：（4～5），小型鹅种 1：（6～7）。

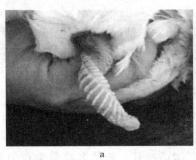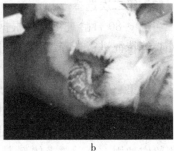

图 7-1　种公鹅生殖器官检查

a. 发育正常　b. 发育不良

86. 如何进行育成鹅的饲养管理？

雏鹅养至 4 周龄时，即进入育成期的中雏阶段；从 4 周龄至产蛋前为止的时期，称为种鹅的育成期。

(1) 育成鹅的生理特点

1）合群性强、喜游水　合群性是鹅的重要生活习性，喜欢群居，给放牧饲养提供了有利条件。公鹅勇敢善斗、机警善鸣和相互呼应。每天有近 1/3 的时间喜欢在水中活动。鹅体容易沉积脂肪，尾脂腺很发达，抗寒能力强。

2）耐粗饲　鹅的消化道极其发达，食管膨大部较宽大、富有弹性，一次可采食大量的青粗饲料，肌胃肌肉厚实、收缩力比鸡大 1 倍，消化道是体躯长的 11 倍，而且有发达的盲肠，比其他家禽消化饲料中粗纤维的能力高 45％～50％，是理想的节粮型家禽。由于其代谢旺盛，对青粗饲料的消化能力强，因此，在种鹅的育成期应利用放牧或采食青粗饲料能力强的特性，加强放牧或大量饲喂青粗饲料，提高种鹅的体质，降低饲料成本。

3）骨骼生长快　在育成期的前期，鹅生长发育比较快，此期是骨骼生长发育的主要阶段。2 周时骨骼占体重的 35％左右，6 周时达到 60％左右，8 周以后开始下降。因此，在 6 周以前要为鹅供应充足的钙、磷和微量元素，促进骨骼的充分生长。同时，保持较低的补饲日粮的蛋白质水平，有利于骨骼、羽毛和生殖器官的充分发育，不致使鹅体过肥、体重超标，保持健壮结实的体格。

（2）育成鹅的限制饲养

在种鹅的育成期间，饲养管理的重点是对种鹅进行限制性饲养，其目的在于控制体重，防止体重过大、过肥，使其具有适合产蛋的体况；保证适时的性成熟时间；训练其耐粗饲的能力，育成有较强的体质和良好生产性能的种鹅；延长种鹅的有效利用期，节省饲料，降低成本，提高饲养种鹅的经济效益。

根据育成期种鹅的生理特点，一般可将其分为生长阶段、控制饲养阶段和恢复饲养阶段。限制饲养应根据每个阶段的特点，采取相应的饲养管理措施，以提高鹅的种用价值。

1）生长阶段 生长阶段指80～120日龄这一时期。此时期的青年鹅处于生长发育时期，而且还要经过幼羽更换成青年羽的第二次换羽时期。这时期需要较多的营养物质，不宜过早进行粗放饲养，应根据放牧场地草质，逐渐减少补饲的次数，并逐步降低补饲日粮的营养水平，使青年鹅机体得到充分发育，以便顺利地进入控料阶段。

2）控制饲养阶段

①控制饲养的目的：此阶段一般从120日龄开始至开产前50～60天结束。后备种鹅经第二次换羽后，如供给足够的饲料，经50～60天便可开始产蛋。但此时由于种鹅的生长发育尚不完全，个体间生长发育不整齐，开产时间参差不齐，不利于饲养管理，加上过早开产的蛋较小，母鹅产小蛋的时间较长，种蛋的受精率低，达不到蛋的种用标准，降低经济效益。因此，这一阶段应对种鹅采取控制饲养，使鹅群适时达到开产日龄，比较整齐一致地进入产蛋期。

②控制饲养的方法：目前，种鹅的控制饲养方法主要有两种，一种是减少补饲日粮的喂料量，实行定量饲喂；另一种是控制饲料的质量，降低日粮的营养水平。鹅控料期以放牧或喂饲青粗饲料为主，所以大多数采用后者，但一定要根据放牧或青料条件、季节及鹅的体质，灵活掌握饲料配比和喂料量，做到既能维持鹅的正常体质，又能降低种鹅的饲养费用。

控料期开始后应逐步降低饲料的营养水平，每日的喂料次数由

3 次改为 2 次。放牧饲养时尽量延长放牧时间，逐步减少每次给料的喂料量；舍饲鹅群则加大青粗饲料的比例。控制饲养阶段，母鹅的日平均饲料用量一般比生长阶段减少 50％～60％。舍饲鹅群的饲料中可添加较多的填充粗料（如米糠、曲酒糟、啤酒糟等），目的是锻炼鹅的消化能力，扩大食管容量。后备种鹅经控料阶段前期的饲养锻炼，放牧采食青草的能力增强，在草质良好的牧地可不喂或少喂精料，在放牧条件较差的情况下每日喂料 2 次，喂料时间在中午和晚上 9 时左右。

③控制饲养期的管理：控制饲养阶段，无论给食次数多少，补料时间应在放牧前 2 小时左右，以防止鹅因放牧前饱食而不采食青草；或在收牧后 2 小时补饲，以免养成收牧后即有精料采食，急于回巢而不大量采食青草的坏习惯。控制饲养阶段的管理要点如下。

注意观察鹅群动态：在控制饲养阶段，随时观察鹅群的精神状态、采食情况等，发现弱鹅、伤残鹅要及时剔除，进行单独的饲喂和护理。弱鹅往往表现为行动呆滞，两翅下垂，食草没劲，两脚无力，体重较轻，放牧时掉队，严重者卧地不起。对于个别弱鹅应停止放牧，进行特别管理，可喂以质量较好且容易消化的饲料，到完全恢复后再放牧。

放牧场地选择：应选择水草丰富的草滩、湖畔、河滩、丘陵，以及收割后的稻田、麦地等。放牧前，先调查牧地附近是否喷洒过有毒药物，否则，必须经过一场大雨，再过一段时间才能放牧。

注意防暑：育成期种鹅往往处于 5—8 月，气温较高。放牧时应早出晚归，避开中午酷暑，早上天微亮就应出牧，上午 10 时左右应将鹅群赶回圈舍或赶到阴凉的树林下让鹅休息，到下午 3 时左右再继续放牧，待日落后收牧。休息的场地最好有水源，以便于饮水、戏水、洗浴。

搞好鹅舍的清洁卫生：每天清洗食槽、水槽及更换垫料，保持垫料和舍内干燥。

3）恢复饲养阶段　经控制饲养的种鹅，应在开产前 60 天左右进入恢复饲养阶段，此时种鹅的体质较弱，应逐步提高补饲日粮的营养水平，并增加喂料量和饲喂次数。日粮蛋白质水平控制在 15％～

17%为宜，也可以用产蛋日粮催产。经 20 天左右的饲养，种鹅的体重可恢复到控制饲养前期的水平，种鹅开始陆续换羽。为了使种鹅换羽整齐和缩短换羽的时间，节约饲料，可在种鹅体重恢复后进行人工强制换羽，即人工拔除主翼羽和副主翼羽。拔羽后应加强饲养管理，适当增加喂料量。公鹅的拔羽期可比母鹅早 2 周左右进行，以使后备种鹅能整齐一致地进入产蛋期。如果是公母分群饲养，可以在恢复饲养后 1 个月，即产蛋前 1 个月，完成种鹅的驱虫和预防注射后按比例在母鹅群中配入公鹅。需要注意的是，种鹅经限制饲养，日喂饲量不能提高太快，一般经 4～5 周过渡到自由采食。刚恢复自由采食的鹅群，采食量可能很高，可以达到 500 克/（日·羽）。这不必担心，鹅群采食量很快就会恢复到正常水平［180～250 克/（日·羽）］。

(3) 适时开产控制技术

1）控制种鹅适时开产的好处　鹅群在自然生长条件下，性成熟即开产，而此时不管是母鹅还是公鹅，都还没有达到体成熟。如果任其开产，母鹅产蛋小且蛋重增长缓慢，产小蛋的时间延长。同时，由于公鹅的配种能力和精液品质均未达到应有水平，使种蛋的受精率较低，严重影响种鹅饲养的经济效益。

2）控制方法　控制种鹅适时开产，要采取综合措施，既要在后期控制种鹅的体重，又不能影响其前期应有的骨骼和生殖器官的正常发育。既要控制种鹅适时开产，又要在产蛋前诱导其生殖机能迅速达到产蛋的要求。

①种鹅日粮营养水平的调控：种鹅培育过程，分为育雏期、生长期、维持期、恢复期四个阶段。每个时期的营养水平不一样，应使育雏期种鹅充分发育，生长期不过度发育，维持期保持体重不上升甚至稍有下降，恢复期稳定地恢复体重，适时进入产蛋。

②控制采食量：良好的青料和精料饲喂都必然会促进母鹅提前开产。一般控制期，每日每羽种鹅的青料保证在 500 克以上，小麦等补饲量在 100 克左右。

③采用育成期换羽期采集羽绒：种鹅在 85 日龄或 140 日龄左右，安排在换羽期采集羽绒 1～2 次，可以使开产适当延迟和整齐度较好。

④合理的光照：严格来讲，要通过光照管理控制种鹅开产，种鹅

应该在舍内饲养，并像鸡一样采用育成期光照方案。但种鹅一般年初投苗，因此在生长阶段，夏至以前，自然光照是逐渐增加的，这有利于鹅体的发育，并可延长性成熟和开产时间。但在夏至后，自然光照是逐渐缩短的，这会促进种鹅开产，在北方地区正是"顺其自然"获得夏秋季节产蛋孵化的；对于南方及中原地区，要用光照方法延迟开产，则夏至后还需要补充人工光照，使每日有效光照时数达18小时，从而有效控制种鹅开产。当然，在产蛋前6周，应逐渐使光照时间降低到11～12小时，并保持这一水平。

87. 如何进行产蛋期种鹅的饲养管理？

（1）日粮配合

产蛋期的种鹅，由于连续产蛋，需要的营养物质较多，特别是蛋白质、钙、磷等营养物质，以及微量元素和维生素的数量和比例也必须适当。如果饲料中营养不全面或某些营养元素缺乏，则会造成产蛋量下降，种鹅体况消瘦，最终停产换羽。因此，产蛋期种鹅日粮中蛋白质水平应增加到16.5%～18%，这才有利于提高母鹅的产蛋量。

产蛋期种鹅一般每日补饲3次，早、中、晚各1次。补饲的饲料总量，国内鹅种控制在150～200克/（日·羽），国外鹅种如莱茵鹅和朗德鹅一般需要200～250克/（日·羽）。补饲量是否适当，可根据鹅粪情况来判断。如果粪便粗大松软、呈条状，轻轻一拨就分成几段，说明鹅采食青草多，消化正常，用料合适；如果粪便细小结实，断面呈粒状，则说明采食青草较少，补饲量过多，消化吸收不正常，易导致鹅体过肥，产蛋量反而不高，应适当减少补饲量；如果粪便色浅而不成形，排出即散开，则说明补饲用量过少，营养物质跟不上，应增加补饲量。

（2）饲养方式

规模化的养鹅场，种鹅多采用全舍饲的方式饲养。要加强戏水池水质的管理，保持清洁。舍内和舍外运动场也要每日打扫，定期消毒。每日采用固定的饲养管理制度。

小规模和单品种饲养种鹅，采用放牧与补饲相结合的饲养方式比较适合，晚上赶回圈舍过夜。放牧时应选择路近而平坦的草地，路上应慢慢驱赶，上下坡时不可让鹅争抢拥挤，以免造成损伤。尤其是产蛋期母鹅行动迟缓，在出入鹅舍、下水时，应呼叫或用竹竿稍加阻拦，使其有秩序地出入棚舍或下水。放牧前要熟悉当地的草地和水源情况，掌握农药的使用情况。一般春季放牧采食各种青草、水草；夏、秋季主要在麦茬地、收割后的稻田放牧；冬季在湖滩、沟边、河边放牧。不能让鹅群在污秽的沟水、塘水、河水内饮水、洗浴和交配。种鹅喜欢在早晚交配，在早晚各放水 1 次有利于提高种蛋的受精率。

（3）防止窝外蛋

母鹅有择窝产蛋的习惯，第一次产蛋的地方往往成为它一直固定产蛋的场所，因此，在产蛋鹅舍内应设置产蛋箱或产蛋窝，以便让母鹅在固定的地方产蛋。开产时可有意训练母鹅在产蛋箱（窝）内产蛋。可以用引蛋（在产蛋箱内人为放进的蛋）诱导母鹅在产蛋箱/窝内产蛋。母鹅的产蛋时间大多数集中在下半夜至上午 10 时左右，个别的鹅在下午产蛋。舍饲鹅群每日至少集蛋 3 次，上午 2 次，下午 1 次。

放牧鹅群，上午 10 时以前不能外出放牧，在鹅舍内补饲，产蛋结束后再外出放牧，而且上午放牧的场地应尽量靠近鹅舍，以便部分母鹅回窝产蛋。这样可减少母鹅在野外产蛋而造成种蛋丢失和破损的概率。放牧前检查鹅群，如发现个别母鹅鸣叫不安，腹部饱满，尾羽平伸，泄殖腔膨大，行动迟缓，有觅窝的表现，可用手指伸入母鹅泄殖腔内触摸腹中有没有蛋，如有蛋，应将母鹅送到产蛋窝内，而不要随大群放牧。放牧时如果发现有母鹅出现神态不安、有急欲找窝的表现，向草丛或较为掩蔽的地方走去，则应将该鹅捉住检查，如果腹中有蛋，则将该鹅送到鹅舍产蛋箱内产蛋，待产完蛋后就近放牧。

（4）就巢性的控制

我国许多鹅种在产蛋期间都表现出不同程度的就巢性（抱性），对产蛋性能造成很大的影响。生产中，如果发现母鹅有恋巢表现，应及时隔离，将其关在光线充足、通风凉爽的地方，只给饮水不喂料，

2～3天后喂一些干草粉、糠麸等粗饲料和少量精料，使其体重不过度下降，待醒抱后能迅速恢复产蛋。也可使用市场上出售的"醒抱灵"等药物，一旦发现母鹅抱窝时，立即服用此药，有较明显的醒抱效果。

(5) 人工光照控制

种鹅临近开产前，用6周的时间逐渐增加每日的人工光照时间，使种鹅的光照时间（自然光照＋人工光照）达到11～12小时，此后一直维持到产蛋结束。

(6) 疫苗注射

种鹅用的小鹅瘟疫苗、禽流感疫苗、鹅副黏病毒疫苗等，一般有效保护期仅3个月左右，而种鹅产蛋期长达6～9个月，所以产蛋3个月后要进行这些疫苗的再次注射，特别是小鹅瘟疫苗，以免将来所产雏鹅每只注射花费大量人力和财力。

88. 如何进行休产期种鹅的饲养管理？

(1) 整群及分群

整群就是重新整理群体，分群就是整群后把公母鹅分开饲养。鹅群产蛋率下降到5%以下时，标志着种鹅将进入较长的休产期，实际上此时的种蛋不仅少，而且受精率也低，因为种公鹅的性功能已经开始退化。种鹅一般利用3～4年才淘汰，但每年休产时，都要将伤残、患病、产蛋量低的母鹅淘汰，同时按比例淘汰公鹅。同时，为了使公母鹅能顺利地在休产期后达到最佳的体况，保证较高的受精率，以及保证换羽期采集羽绒及其后的管理方便，要在种鹅整群后公母分群饲养。

(2) 强制换羽

在自然条件下，母鹅从开始脱羽到新羽长齐需较长的时间，换羽有早有迟，其后的产蛋也有先有后，为了缩短换羽的时间，使换羽后产蛋比较整齐，可采用人工强制换羽。

人工强制换羽是通过改变种鹅的饲养管理条件，打乱其生活规律，促使其换羽。采取的方法一般为停止人工光照，停料2～3天，只提供少量的青饲料，并保证充足的饮水。第 4 天开始喂给由青料加糠麸糟渣等组成的青粗饲料。第 10 天左右试拔主翼羽和副翼羽，如果试拔不费劲，羽根干枯，可逐根拔除；否则应隔 3～5 天后再拔。最后拔掉主尾羽。

在规模化饲养的条件下，鹅群的强制换羽通常与换羽期采集羽绒结合进行，即在整群和分群结束后，采用强制换羽的方法处理 1 周左右，开始对鹅群实施换羽期采集羽绒操作。一般 9 周后还可再次进行换羽期采集羽绒。这样可以提高经济效益，并使鹅群开产整齐，利于管理。

（3）休产期饲养管理

进入休产期的种鹅应以放牧为主，将产蛋期的日粮改为育成期日粮，其目的是消耗母鹅体内的脂肪，提高鹅群耐粗饲的能力，降低饲养成本。规模化舍饲的鹅群，要采用维持期的饲养管理方法。

为使鹅群保持旺盛的生产能力，我国部分地区农户多采取自繁自养的方式，在每年休产期间选择和淘汰种鹅，同时每年按比例补充新的后备种鹅，重新组群，淘汰的种鹅作肉鹅育肥出售。一般母鹅群的年龄结构为：1 岁鹅占 30％，2 岁鹅 25％，3 岁鹅 20％，4 岁鹅 15％，5 岁以上的鹅 10％。新组配的鹅群必须按公母比例同时换放新的公鹅。

种鹅休产期时间较长，没有经济收入，致使养鹅的经济效益较低。近年来，在种鹅休产期多进行人工活体拔羽绒。休产期一般可拔羽绒 1～2 次，可增加一定的经济收入，对提高种鹅质量起到了促进作用。

拔羽后当天，鹅群应圈养在运动场内喂料、喂水，不能让鹅群下水，防止细菌感染，引起毛孔发炎。拔羽后一段时间内，因其适应性较差，应防止雨淋和烈日曝晒等的应激。

归纳起来，种鹅进入休产期后的管理程序为：产蛋率下降到 3％～5％时，开始休产期操作→整群，分群（公母分开）→改变鹅的生活规律，停料，停止人工光照，促使换羽→强制换羽或换羽期采集羽绒→维持期饲养管理→恢复期饲养管理→再次开产，进入下一个产蛋年。

89. 什么是种鹅反季节繁殖？

鹅在传统的饲养方式下，一般繁殖活动呈现出强烈的繁殖季节性，表现为从每年的7—8月进入繁殖期，至翌年的3—4月进入休产期，产蛋高峰期在11月至翌年2月。公鹅在母鹅休产的季节，表现为生殖系统萎缩、精液品质严重下降等。实施人工光照制度、加强饲料营养、保持鹅舍环境舒适等技术措施，可使种鹅在非繁殖季节产蛋、繁殖，繁殖季节休产，这一过程称为反季节繁殖。这是一项通过环境控制调整鹅繁殖季节和周期的技术。

90. 进行反季节繁殖有哪些特殊要求？

（1）鹅舍要求

1）可控光　用于反季节繁殖的种鹅舍，首先必须是全密闭、可以完全控制光照的，即完全不受太阳光线的干扰、全遮黑。按照这一要求，鹅舍应设置双屋脊进行通风，但又能有效遮光；墙底部30厘米用砖做成通风口，内外相通，向外延伸，通风口舍外部分覆盖水泥盖板控制光线。同时，安装光照均匀的日光灯，要求在鹅眼睛部位的光照度必须达到80勒克斯以上（300米^{2}的鹅舍内安装50～60支40瓦日光灯），夜间日光灯的光照度为100～200勒克斯。电源电压必须稳定，保证需要人工光照时的电力供应。

2）通风良好　采用双屋脊和墙底通风口配合的方式，同时在墙体近地面1米左右高度设置卷帘。

3）有利于夏季降温和冬季保温　南方主要采用2.5米的高度和15米以上的跨度降低夏季温度，也有利于冬季保温。北方地区则一般需要砖瓦或钢架结构房屋，并加厚墙体。

（2）投苗时间要求

种鹅的第一个产蛋年开始的时间与品种的关系密切，如四川白鹅180日龄左右开产，朗德鹅230日龄左右开产。因此，要使母鹅在4月开产，6月龄开产的品种应在上一年11月出壳的苗鹅中留种，朗德鹅应在8月上旬出壳的苗鹅中留种，其他品种依开产年龄类推。如果是正常投苗时间饲养的种鹅，需要用光照程序进行诱导休产（长光照），经过一个休产期再诱导开产（短光照）。

（3）光照程序要求

实现鹅反季节繁殖的最关键因素是调整关照程序。具体做法根据鹅地域品种特点分两种类型。

1）南方短光照品种　在冬季延长光照，于12月至翌年1月中旬在夜间给予鹅人工光照（光照度为30～50勒克斯），加上在白天所接受的自然太阳光照，使一天内鹅经历的总光照时间达到每天18小时。用长光照持续处理约75天后，将光照缩短至每天11小时的短光照，鹅一般于处理后1个月左右开产，并在1个月内达到产蛋高峰。在春夏继续维持短光照制度，一直维持到12月，此时再把光照延长到每天18小时，就可以再次诱导种鹅进入"非繁殖季节"，从而实施下一轮的反季节繁殖操作。

2）北方长光照品种　先用长光照（18小时）产生光钝化效应，使鹅休产；再用短光照（8小时）结束光钝化效应，使之对光敏感；逐渐延长至相对长光照（12小时）刺激开产；最后保持相对长光照（12小时）刺激产蛋，延迟光钝化效应，延长产蛋期。

欧洲鹅种类似我国长光照品种，所以在进行朗德鹅、匈牙利白鹅、莱茵鹅等反季节繁殖时，可以采用相同的方法，具体情况参照表7-2。

表7-2　欧洲鹅种反季节繁殖光照及饲喂方案参考

生产阶段	周龄	光照时间	每只喂料量
第一产蛋期	33*～50	12小时	自由采食过渡到200克/天
	50～54	12小时	前3天减为150克/天；7天后减为100克/天
强制换羽期	55～59	直接采用18小时	控水控料1天，再控料4天，由50克/天每天增加10～100克/天
	60～68	直接缩短为8小时	每天增加10～200克/天
	69～70	每天增加0.5小时直至12小时	200克/天逐渐增至220克/天
第二产蛋前期	71～72	12小时	220克/天过渡到自由采食
第二产蛋期	73～94	12小时	自由采食

*开产时间因品种不同而异。

（4）饲养管理要求

1）加强营养　鹅在光照处理后产蛋量逐步上升，同时，采食量逐步减少并最后趋于稳定，这是因为控料（维持期）导致鹅消瘦，加料促产开始时采集量会猛增，但随着体况的不断恢复，采集量又会逐步下降。种鹅产蛋性能的充分发挥，需要充足的营养供给，因此，最好是在光照处理一开始就饲喂产蛋期全价配合饲料，以防止发生营养不足影响产蛋的问题。

另外，在休产期限制饲养阶段也应加强营养。限制饲养期饲料饲喂太少，饲料质量太差，青饲料不足，导致鹅体况太差，必然会对产蛋期产蛋水平和受精率造成不利影响。南方小型品种，休产期可以把精饲料用量降低到每鹅每天 100～140 克。当精饲料减少太多时，需要补充饲喂足够的青草。另外，冬天饥饿也会使鹅的产蛋期拖得很长，使鹅的停产期推迟，不能很好地进行反季节繁殖；而且限制饲喂会使鹅非常消瘦，造成鹅在冬天和春天的产蛋期容易生病，死亡率增加。

2）人工辅助换羽　在 12 月开始长光照后，必须使用育成期饲料，降低饲料营养水平，尽量多使用青粗饲料，促进母鹅停产并换羽。此时可以安排一次人工辅助换羽，使鹅迅速进入休产期，并有利于下一次开产。具体做法是：在鹅接受长光照处理后约 30 天，鹅会开始脱掉小毛，到光照第 30～35 天（从开灯处理算起的第 30 或 35 天），此时也已经开始停蛋了。于光照 35～40 天，待公鹅羽毛毛根干枯，可以试拔公鹅大毛，即主副翼羽和尾羽。鹅在长光照处理后 50 天左右，会表现出大规模脱掉小毛的现象，应该继续使用光照使这些小毛继续脱掉。然后在长光照处理开始后 55～60 天（比公鹅晚 20～25 天），拔掉母鹅的大毛。控制母鹅的饲料供应（青料为主，精料为辅），以推迟其大毛生长或使整群鹅的羽毛生长更为集中一致，从而使母鹅不要过早产蛋，尽量使母鹅的产蛋与公鹅的生殖活动恢复同步，减少无精蛋发生。

3）适时公母分群饲养　在长光照开始处理后 55～60 天，将公母鹅分开，把公鹅的光照时间缩短为每天 13 小时，即晚上 7 时关灯，早晨就不用开灯了（假定早晨 6 时天亮）。而此时母鹅的光照时间仍然维持在每天 18 小时，再过 4 周或 30 天左右，把母鹅的光照时间也缩短为每天 13 小时（与公鹅的一样），并使公母鹅混合在同一群体。此时稍稍增加一些饲料（每天 150 克），预计再过 3 周左右母鹅即可开产。此时鹅蛋的受精率应该达到 30% 以上，再过几天应该可以达到 80%。

4）抱窝鹅管理　产完蛋的抱窝鹅，其光照处理与产蛋鹅一样，白天放出鹅舍外，夜间同样需要关进鹅舍内缩短光照，这样可以持续保持和促进其生殖器官处于发育状态，使其可以尽快进入下一轮产蛋高峰。

5）种鹅保健　在夏季，产蛋料中应加入多种维生素、碳酸氢钠和（或）其他抗热应激类饲料添加剂，以增强母鹅的体质，缓解热应激的不良影响。另外，可以在运动场上方架设遮光膜遮阴，同时保持鹅舍良好通风，或通过湿帘风机系统控制好鹅舍内的温度和空气质量，尽量减少炎热天气的不良影响。

91.　如何安排全年均衡繁殖计划使鹅苗生产无季节性？

（1）正反季节繁殖组合

从均衡全年生产的角度考虑，也可以多批鹅搭配饲养。首先，可以通过在秋季推迟种鹅进入繁殖季节，但不采用人工控制技术，使种鹅完成一个正常的繁殖季节，相应地使繁殖季节的时间发生在翌年的夏季；同时可以利用另一群种鹅，适当促进繁殖季节在夏季比正常情况提前 2 个月发生。这两种结合安排，也可以在一年中进行种鹅的均衡生产和雏鹅的全年均衡供应。

（2）南北繁殖季节组合

我国地域辽阔，吉林、辽宁、黑龙江、内蒙古、新疆等地种鹅一般在夏秋季繁殖孵化，此时鹅苗大量供应；冬春季节则由于寒冷而休产，甚至产蛋也不孵化。中原地区和华南地区传统方法饲养的种鹅，则冬春季节产蛋孵化，夏秋季节基本停产。两大地区种鹅繁殖季节存在天然的互补性，可以由南北地区公司建立联合关系，进行鹅苗供应的"南北对话和合作"，携手实现肉鹅的全年均衡生产。

(3) 不同品种差异组合

不同的品种，繁殖性能差异很大，产蛋繁殖持续的时间差异也很大，可以进行合理搭配，组合不同数量比例的品种进行饲养，结合反季节繁殖技术，实现苗鹅全年均衡供应和肉鹅全年均衡生产。如豁眼鹅、四川白鹅等与浙东白鹅、皖西白鹅搭配，前者可以弥补后者抱性强、休产季节的短板；后者为"四季鹅"，对前者休产期也有一定补充作用。

第八章　鹅肥肝生产

92. 肥肝生产的国际概况如何？

　　肥肝（包括鸭肥肝和鹅肥肝）是法国饮食文化的代表之一。法国是世界上最大的肥肝生产、贸易和消费国家，但其肥肝中 97%以上为鸭肥肝。匈牙利是世界鹅肥肝生产第一大国，是目前世界上年产鹅肥肝超过 1 000 吨并且曾经超过 2 000 吨的唯一国家。以色列生产的鹅肥肝总量不多，每年约 400 吨，但却是世界上质量最好的。法国是鹅肥肝深加工业最发达的国家，垄断了肥肝深加工技术。这些年来，我国的鹅肥肝产业稳步发展，年产量一直在逐步增加，现在位居世界前列。随着欧盟动物权益保护组织对填鹅肥肝做法的强烈谴责和施压，匈牙利逐步减产，以色列停产，鹅肥肝生产的重心必将逐渐东移，将来我国一定会成为全球最大的鹅肥肝生产国。

　　但是，鹅肥肝生产是技术密集型和劳动密集型产业，要求具备熟练的生产技术、细致的操作技巧、严密的生产工艺、较高的科学技术和良好的经营管理。虽然国际市场鹅肥肝需求缺口量大，价格一直较为坚挺，但是消费面较窄。我国出口面临贸易壁垒，产品很难进入国际市场。另外，法国垄断了肥肝深加工技术，凭借技术和市场的垄断，才能获得高额利润，而我国鹅肥肝深加工技术落后，处于起步阶段。我国鹅肥肝产业要实现产业化和取得长足的进步，需要从品种、饲养、填饲技术、产品加工和市场开拓等各个环节逐一突破。因此，我国鹅肥肝产业要稳步发展，还有一段很长的路要走。

93. 什么是鹅肥肝?

鹅肥肝指达到一定日龄、体格良好的仔鹅,经过短期人工强制填饲大量高能量的饲料,快速增肥,并在肝脏中沉积大量的脂肪,最终形成的一种比正常鹅肝脏体积质量大 10 倍左右的特殊产品。因鹅肝脏中含有大量的脂肪,故称为鹅肥肝。鹅的肝脏具有强大的储存脂肪能力,即使达到原来 10 倍的重量,其功能仍然正常,并能在需要时转化为机体供能。如何不继续填饲,饲养 2 周就可以恢复到填饲前的水平。鹅肥肝不但质地细嫩,脂香醇厚,而且营养丰富,味道鲜美,是公认的世界三大美食之一。虽然鹅肥肝中脂肪含量高达 60%~70%,但是其大部分是不饱和脂肪酸,其脂肪酸组成比例类似橄榄油,具有降低人体血液中胆固醇水平、减少胆固醇类物质在血管壁上的沉积、减轻与延缓动脉粥样硬化的形成等作用,对人体健康长寿有益,是一种高级的营养和保健食品。

认识肥肝,我们还需要知道以下几点:肥肝是古埃及法老和古代法国宫廷食品;肥肝是法国的餐桌皇帝;肥肝生产是古代犹太人首先发现,经法国人发扬光大的西方美食;肥肝在法语里称为"Foie Gras",英语里称为"FATTY LIVER"。法国勒斯利医学奖获得者塞热·勒诺教授经过长期研究发现,法国南部居民由于习惯吃鹅肥肝,其心血管病的得病概率普遍较低。这位 37 年来一直致力于心血管病和冠心病预防研究的专家指出,鹅肥肝中所含的不饱和脂肪酸具有保护和增加高密度脂蛋白("良性"胆固醇)的作用,它不仅能够降低低密度脂蛋白("危险"胆固醇)的含量,还对抑制血小板的凝固有特殊效果,并能起到减肥的作用。由于鹅肥肝中不饱和脂肪酸含量高达 60%~70%,且鹅是家禽中唯一的食草动物,因此鹅肥肝也被誉为"世界绿色食品之王"。鹅肥肝中的卵磷脂含量很高,主要功效有保护肝功能,保持血管通畅,促进胎儿、婴儿神经系统发育,美容,预防老年性痴呆,防治胆结石,以及调节情绪,缓解心理压力等。

94. 鹅肥肝生产周期如何?

专用的肥肝型品种雏鹅经过育雏期(0～3周)、生长期(4～8周)和预饲期(9～12周)的培育期,待幼禽的生长发育完成后,将鹅转入封闭式禽舍的笼子中,每天多次人工强制填饲大量玉米,使其快速增肥,并在肝脏中沉积大量的脂肪,直至鹅肥肝成熟。此阶段持续12～25天,称为填饲期。填饲期结束后,将鹅屠宰取出肝脏,鹅肥肝生产即完成。这个过程中每只鹅体重可达6.5～8.5千克,肥肝重增加到600～1 200克。

95. 影响鹅肥肝生产与质量的因素有哪些?

影响肥肝生产与质量的因素较多,主要有遗传、填饲技能、填饲方法、年龄、饲料营养、屠宰及宰后处理等方面。遗传因素(品种),要求是配套杂交后代、活力强、体质优良、性情温顺、产肝能力强,影响力约占25%;填饲技能,要求填饲工人具有专业知识、技能熟练、喜爱动物、责任心强,影响力占25%;填饲方法,包括填饲次数、时间安排、填饲强度、填饲机械类型等,影响力占20%;鹅的年龄,影响力约占15%;饲料,包括玉米类型、颜色、生长期、纯度、有无霉变等,影响力占15%。

相同品种在不同季节、不同气候环境条件下填饲,肥肝生产效果不同。填饲的最适温度为10～15℃,一般不要超过25℃。因为填饲鹅皮下沉积大量脂肪,不利于热量的散发,高温时填肥效果不佳,甚至引起死亡。据湖南农业大学测定,高温季节鹅体重降低20%～40%,肥肝产量降低25.6%～48.5%,因此,气候较热时应注意防暑降温。填肥鹅对低温的适应性较强,在温度为4℃的条件下影响也不大。当然,温度过低时仍需要做好防寒保暖工作。我国大部分水禽产区,除盛夏和严冬外,其余时间均可进行肥肝生产。

96. 生产鹅肥肝有哪些要求?

(1) 品种要求

目前我国还没有培育出自己的肥肝专用品种,肥肝生产主要依赖法国的由起源于灰雁的图卢兹鹅培育而成的兰德斯灰鹅,我国称朗德鹅(肝用型灰鹅)。在匈牙利,也有由法国肥肝鹅和匈牙利鹅杂交选育成的 Babat goose(白羽)用于肥肝生产和羽绒生产。

(2) 体型要求

产肝性能好的鹅具有生长快、颈粗短、体躯长、胸腹部大而深等特点,可以使肝脏增长时有足够的空间。

(3) 饲养要求

育成期最好放牧饲养,多饲喂青饲料,以使鹅食管发育良好,其他消化道也相应较发达,体质强。

(4) 日龄要求

一般使用 10~12 周龄并且体重在 4 千克以上的青年鹅。

97. 如何选择生产肥肝的鹅品种?

品种是影响肥肝生产的首要因素,不同品种鹅肥肝性能差异很大。国外鹅种的平均肝重:图卢兹鹅 1 200 克,朗德鹅约 850 克,玛瑟布鹅 684 克,莱茵鹅 276 克。不同品种肥肝质量也不同:图卢兹鹅肥肝质地偏软,煮熟后脂肪流出,肥肝缩小,质量较差;朗德鹅肥肝较图卢兹鹅小,但质量较好;莱茵鹅肥肝中等大小,质量较好。

中国鹅种肥肝性能中等居多,质量较好,由于我国在鹅的选育工作中未对肥肝性状进行选择,同一品种不同个体肥肝大小不均匀。因此,选择肥肝性能好的品种,将为肥肝生产打下良好的基础。进行品种间或品系间杂交,选择优秀肝用杂交组合,利用杂种优势生产肥肝是提高肥肝生产水平的有效途径。衡量品种的肥肝性能,除了肝重这一重要性状外,还应考虑肥肝质量、饲料消耗和死亡淘汰率等性状。

98. 为什么填饲鹅需要预饲?

预饲可以锻炼鹅的消化能力,逐渐增大鹅的采食量,使消化道膨大、柔软,以便能在强制填料时承受大量饲料;而且还可以预防填饲期应激过大,在预饲阶段可加喂抗应激剂提高鹅的抗应激能力,并对鹅群进行普遍的驱虫。因此,做好预饲期到填饲期的过渡十分必要。

99. 如何进行预饲期鹅的饲养管理?

在强制填饲前,需要一段时间让鹅逐步完成由放牧转入舍饲,自由采食转为强制填饲、超额饲喂的转变,为强制填饲、生产肥肝做好准备。

(1)舍饲

预饲期的鹅以舍饲为主,可适当放牧,每日上、下午各放牧1次,预饲期结束前3天停止放牧。预饲期每日饲喂3次,每只每天补饲精料约200克。除放牧采食青料外,还可补饲青料,使鹅的消化道逐渐膨大。预饲前圈舍应清扫和消毒,地面要平坦干燥,环境安静。饲养密度以每平方米2只鹅为宜。保持圈舍清洁卫生,供给清洁饮水。

(2)日粮配制

应根据当地饲料资源进行配制。日粮中玉米含量占60%,另加豆饼、花生饼、肉骨粉、矿物质等原料组成含粗蛋白质20%的混合料。预饲期日粮中的玉米,粉状饲料由多到少,粒状饲料则相应由少到多。预饲期内青绿饲料不限量。

(3)防疫

预饲开始时进行防疫和驱虫。注射禽霍乱菌苗以增强鹅的抵抗力;驱虫可用丙硫苯咪唑,按每千克体重10~25毫克,一次投服。

100. 常见的填饲饲料原料有哪些？

玉米、糙米和小麦是世界上使用最为广泛的能量饲料原料。能量饲料中，糙米蛋白含量居中，粗纤维含量最低，代谢能值最高，营养物质含量和能量利用率高于玉米，是较优良的能量饲料。研究表明，以糙米为能量饲料的试验组能量最高，肥肝效果最好；小麦组能量最低，肥肝效果最差；玉米组居中。糙米和玉米添加油脂组能量水平高于不添加组，肥肝均重却较低，说明添加油脂虽然提高了饲料的能量，但没有显著提高动物的生产性能。使用糙米生产鹅肥肝时，可以不添加油脂。

101. 为什么填饲饲料以玉米为主最好？

胆碱是家禽需要的一种维生素，在动物体内具有维持正常肝功能的作用，有助于肝中脂肪转移，起着防止脂肪在肝中沉积的作用，是肝脏的保护性物质。每千克玉米、燕麦、大麦、小麦中胆碱的含量分别为 400 毫克、870 毫克、900 毫克、1 100 毫克。玉米是低蛋白高能量的饲料，胆碱含量较麦类低，如小麦的胆碱含量是玉米的 168%。胆碱含量低，对肝脏的保护性较差，大量填饲玉米后容易在肝脏迅速沉积脂肪，形成脂肪肝，故国内外生产肥肝均使用玉米。

玉米的颜色对肥肝的增重无影响，但对肥肝的颜色有直接影响。使用白玉米填饲的肥肝颜色较浅，使用黄玉米、红玉米填饲的肥肝颜色较深、呈浅黄色。新玉米含水量高，影响填肥效果，以选用存放一年的陈玉米为好，并应注意剔除发霉变质的玉米及杂质。

102. 生产肥肝的饲料玉米需要进行什么样的处理？

生产肥肝的饲料玉米应进行一定的加工处理。玉米粒料与粉料对填饲效果有显著影响，主要原因在于填饲量。玉米粉碎后粒间空隙多、体积大，干粉料不易填入，而湿料因含水分多又影响填饲量，玉米粒料填饲量多于玉米粉料，因此在料型上应选用玉米粒料。玉米粒的加工调制方法主要有以下三种。

（1）水煮法

将玉米倒入开水锅内，使水面浸没玉米 5～10 厘米，煮沸 3～5 分钟后，捞出沥干，趁热拌入 1%～2% 的油脂，气温高时用动物油（如猪油、鹅油），气温低时用植物油，再加入 0.3%～1% 的食盐。为减轻应激反应，每 100 千克玉米加入 10～20 克多种维生素（不含胆碱），还可拌入适量微量元素添加剂，与玉米充分拌匀后填饲。

（2）干炒法

将玉米倒入铁锅内，用文火不断翻炒，切忌炒煳，不能炒熟而出现玉米花，一般炒至八成熟，炒完后装袋备用。填饲前用温热水将炒后的玉米粒浸泡 1～1.5 小时，以玉米粒表皮泡软为度。沥干玉米粒，加入 0.3%～1% 的食盐及其辅料充分拌匀后即可填饲。

（3）浸泡法

将玉米粒置于冷水中浸泡 8～12 小时，沥干水分，加入 0.3%～1% 的食盐和 1%～2% 的动（植）物油后即可填饲。

103. 填饲饲料中需要添加什么辅料？

以玉米为主的肥肝鹅饲料中，一般需要拌入某些添加物后填饲，以提高适口性和产肝性能。

（1）油脂

添加油脂主要起润滑作用，便于填饲，并且能够提高能量水平，一般添加 2%～5%。可以用植物油或动物油，也可以用矿物油（效果较差）。动物油饱和性脂肪酸含量较高，植物油不饱和脂肪酸含量较高，夏季气温高时可以用动物油，气温低时改用植物油。但不管补充哪一种脂肪，均对鹅肥肝脂肪的结构没有影响。

（2）食盐

添加食盐不仅可以提高适口性，增进食欲，促进消化，而且对肝重有显著的影响，使肝的色泽和质量都比较好。一般添加量为 0.5%～1.5%。有试验表明，添加 1.6% 食盐的鹅肝重明显高于添加

0.8％的肝重。食盐含量不可过高，如果食盐过量，容易引起不良反应甚至中毒，必须慎重添加。

（3）维生素

添加维生素可以提高肝重，减少应激，促进代谢和帮助消化吸收。生产上一般可以添加复合维生素，按照0.01％～0.02％的添加量拌匀使用。胆碱对维持肝脏正常的组织形态有重要作用，目前的肥肝鹅饲料中一般不另添加胆碱。但国外研究表明，在玉米为主的饲料中添加胆碱将改变肥肝大小。因此，此方面还有待于进一步研究。

（4）矿物质元素

一般可以参照营养需要，适量添加。有试验表明，添加钙、磷可以增加肥肝重量，而添加微量元素作用不显著。国内关于钙、磷及其他微量元素的添加对产肝性能影响的研究有待进一步深入。

104. 生产鹅肥肝有哪些填饲方法？

肥肝鹅的填饲方法主要有人工填饲和填饲机填饲两种。

（1）手工填饲

填饲时两人一组，一人固定鹅体，另一人掰开鹅嘴，小心将漏斗由鹅口腔插入食管，再向漏斗中一点一点地投料，投入一点料后用细木棍推入食管。此方法由于费时费工，目前采用得较少。

（2）填饲机填饲

填饲机填饲可提高劳动效率，减轻劳动强度，适应大批生产鹅肥肝的需要。填饲机填饲效率比手工填饲速度提高许多倍，且效果良好。常采用单人填饲和双人填饲。

105. 手工填饲时，如何进行肥肝鹅的填饲操作？

手工填饲情况下，填饲者将鹅身体夹在两膝之间，头朝上，露出颈部，左手将鹅嘴掰开，右手将填料投入口内，到填饱为止。第1周每次填料100～150克，第2周增加到300～350克，第3周填料400～500克。填料量以填到比喉头低5厘米（约两指宽）为准，一般填饲 3～4 周即可。填饲期肥肝增重 50％～80％。填饲鹅应实行小圈饲养，圈舍内外无须设置运动场和游泳池，尽量限制鹅的活动，以减少其能量消耗，加速育肥和肝内脂肪的沉积。鹅舍要求冬暖夏凉，通风良好，地面高燥、平坦；饲养密度为 3～4 只/米²，每小群以 20～30 只为宜。填饲时，轻捉、细填、轻放。若发现消化不良，每次可服"乳酶生"（酵母发酵产物）1～2 片。鹅舍保持清洁、卫生，垫料干燥，防止潮湿。舍内光线应稍暗，周围环境安静。填饲后期，由于鹅体重的迅速增加和肥肝的逐步形成使鹅的体质和精神非常脆弱，这时对鹅更应特别谨慎，要轻捉、轻放，小心管理，尽量减少对鹅的惊扰。平时应不断给予清洁饮水，经常换垫干草或干燥的沙土。填饲期间还应经常检查鹅群，如发现患有消化不良或其他疾病的鹅，应暂停填饲，待经过治疗康复后再继续填饲。

106. 目前用于肥肝生产的填饲机有哪几种？

近年来，法国肝用型灰鹅被大量引入我国，并成为鹅肥肝生产的绝对优势品种，中国地方品种基本不用于肥肝生产。这种情况下，仿法式的支撑式填饲机、悬吊式填饲机、立式填饲机和大型液压式填饲机成为填饲机的主流。规模化生产鹅肥肝，可以引进法国先进的填饲经验，以提高工作效率和减少对填饲员的经验依赖。

(1) 支撑式螺旋推进填饲机

1998 年山东引进其仿制品。它以传统的整粒玉米进行填饲，结构简单，操作方便，填饲管粗而短，每台机器造价 600～800 元。它由座椅、机架、脚踏开关、电动机及皮带传动装置、料斗、饲喂管组成。设置电源线悬在空中滑架上，填喂者坐在座位上，即可方便地沿鹅笼移动，并实现鹅（鸭）添喂。使用这种填饲机配合带有固定栅的笼子，1 个劳动力可以填饲 100 只鹅。填饲时，填饲员移动到鹅笼处，先用固定栅保定一只鹅，打开鹅的两喙，套入填饲管，使填饲管通过咽喉部进入食管，直到食管膨大部，随后脚踏电动机开关，先将胃下部填满，再将鹅头和鹅脖向下退，边退边填，直至距离咽喉部 5 厘米处停止，细心地将鹅头推出填饲管，打开保定栅，放下鹅只，保定下一只。

（2）悬吊式螺旋推进填饲机

20世纪80年代由以色列研制。这种机器在填饲室的空中设有导轨，移动方便，地面有支撑架，不管填饲鹅是笼养还是小栏饲养，仅需单人就可操作，但在首次使用前要进行整机平衡点的调节。利用料斗玉米重力下垂，填饲管很容易从上向下插入鹅的食管，填饲完毕，料斗重量减轻，借助杠杆原理，电动机把另一端的料斗升高，填饲员顺势方便地把填饲管从鹅食管中取出。具体操作如下：填饲员坐在坐凳上，把鹅头朝向前轻压在坐凳下的保定器内，用右小腿后侧拦住鹅的前胸，两大腿轻轻夹住鹅颈，左手捏开鹅喙基部，右手食指压住鹅舌，慢慢套向填饲管，插入鹅喙后，向下通过咽喉部，继续用左手固定鹅头，右手离开鹅舌将填饲管轻轻地插入食管膨大部，然后右手指按动料斗上的填饲开关，由下向上填足，边填边抽出，直至离咽喉5厘米处停止。右手松开开关，把填饲管抽出。这种机器的料斗很小，每填1～2只鹅就要加料1次，所以填饲员身边往往要带一只满载玉米的料桶。

（3）立式填饲机

立式填饲机包括电动机、减速装置、螺旋推进器、填饲管、盛装玉米的漏斗、脚踏开关、支撑架、坐凳，以及支撑架底座的移动用的四个轮子。座椅高度及位置可随操作人员身材不同而调整。需要配有保定鹅的保定栅的笼子。设置电源线悬在空中滑架上，添喂者坐在座位上，即可方便地沿鹅笼移动，并实现鹅（鸭）添喂。该机改细了螺旋推进器，缩小了填饲管径4毫米，不易损伤鹅体且噪声小。它使用照明电，结构简单，采用不锈钢材质作为主体，附属设施全部采用无毒、无污染、耐腐蚀的材料。填饲速度可以调节，每人每天可填饲约200只鹅。

（4）大型液压式填饲机

这是法国最新研发的一种自动化程度比较高的多功能填饲机器。包括电脑控制系统（进行配料、自动行走模式、填饲量等参数设定和自动控制）、填饲料搅拌罐、电子秤、饲料输送管、电动机、液压泵、填饲管（尼龙或橡胶制成的软管）及阀门等。它以糊状饲料加上部分玉米颗粒作为填饲料，利用液压泵和称量装置，把稀糊状的一定量的填饲料以一定的压力压入鹅鸭的食管。

该机配有伸缩式多型号填饲管，适合栏养和笼养鹅填饲，一人即可操作，也不需要保定鹅只。填饲时，由技术人员设定好机器各种参数，填饲员用左手抓住鹅头，向上拉直鹅颈，将拇指与食指挤压鹅喙基部使鹅喙张开，右手随即把填饲管插入鹅喙，并向下到达食管膨大部。按动填饲管上的填饲开关，机器就会把设定的饲料量填进食管。结束时会有提示音，松开鹅只，填下一只。使用这种机器每人每天可以填饲约 500 只鹅。

107. 如何进行填饲鹅的饲养管理？

填饲期是鹅肥肝生产中最关键的环节之一。填饲操作技术、每次的填饲量、填饲次数和填饲时间都会影响鹅肥肝的质量与重量。一方面要做好预饲期到填饲期的过渡，注意保持环境清洁干燥、通风良好，尽量避免外界干扰，保持环境安静，保证供给清洁饮水。另一方面，填饲时必须轻提、细填、轻放。填喂次数还需依鹅的大小、食管的粗细、消化能力等而定，经验丰富的填饲工人可通过感知和触觉确定填饲量。平时要注意观察鹅群的精神状态、活动状态等方面情况，加强疾病预防控制工作。若发现食欲减退、积食或消化不良的鹅，应立即停填，及时屠宰。填饲期应为鹅提供良好舒适的环境，其主要饲养管理要点如下：①圈舍要求冬暖夏凉，通风良好，空气新鲜，地面平坦，地上无石块等硬物，舍内适当添加垫草，以保持干燥和供鹅休息。②保持清洁卫生，每次填完后应及时清扫。供应充足饮水，水盆或水槽要经常清洗，放在围栏外，让鹅伸出头饮水。③鹅舍要围成小栏，每栏养鹅不超过 10 只，每平方米 2～3 只为宜。④为使鹅得到充分的休息，减少能量消耗，利于肥肝生长。鹅舍光线宜暗，保持环境安静，禁止鹅下水洗浴，减少对鹅的干扰。⑤驱赶鹅应缓慢，防止挤压和碰撞，防止惊吓，捕捉时应格外小心，轻提轻放。⑥平时仔细观察鹅群的精神状况，特别是填饲 10 天后，根据具体情况决定是否需要紧急屠宰，减少损失。⑦填饲鹅的运输：填饲结束后的鹅要送往食品加工厂集中屠宰取肝。屠宰前 12 小时应停止填饲。填饲成熟后的鹅，由于较长时间超额供给营养，新陈代谢不正常，肥肝压迫影响呼吸系统的功能，体质很弱，生活力很差，装运时必须小心谨慎，以免在装运过程中发生肥肝瘀血或死亡。装运的笼子垫草应铺厚些，运输要平稳，防止颠簸，装卸时应双手捧住两翅，轻提轻放。⑧填饲鹅群的疾病防治：填饲是一种违反鹅正常生理需要的强制性饲喂手段，本身是一种应激，如果再加上操作不熟练、粗心大意，则会造成机械性损伤甚至引发一系列疾病；同时，随着脂肪的迅速沉积、鹅体重的不断增加和肥肝的形成，鹅的抗病力显著减弱，病原很容易侵入鹅体。

108. 如何控制好填饲期、填饲次数和填饲量？

（1）填饲期

填饲期的时间应根据鹅的生理特点和肥肝增重规律来确定，一般填饲期为 3～4 周，具体时间视品种、消化能力、增重，特别是育肥成熟情况而定。填饲到一定时期后，应注意观察鹅群，分别对待，成熟一批，屠宰一批。鹅填饲成熟的特征为：体态肥胖，腹部下垂，两眼无神，精神萎靡，呼吸急促，行动迟缓，步态蹒跚，跛行，甚至瘫痪，羽毛潮湿而零乱，出现积食和腹泻等消化不良症状。此时应及时屠宰取肝，否则轻则填料量减少，肥肝不但未增重，反而萎缩；重则死亡，给肥肝生产带来损失。对精神好、消化能力强、还未充分成熟的可继续填饲，待充分成熟后屠宰。填饲期应以填肥成熟为准，填饲期不够，肝内脂肪沉积不多，肥肝重量不够，达不到填肥效果；任意延长填饲期，肥肝重量可能会增加，但饲料消耗和人工支出也相应增加，还容易造成鹅瘫痪等伤害，经济上得不偿失。

（2）填饲次数

填饲次数关系到日填饲量，进而影响到肥肝增重。填料次数太少，填料量不足，肥肝增重慢；填料次数太多，会影响鹅的休息和消化吸收，给饲养管理工作带来不便，也不利于肥肝增重。应根据鹅的消化能力，以每次填料到下次填料以前食管内正好无饲料为宜，但又要填饱不欠料。国外因品种或饲料形状不同，日填饲次数差异较大，一般为 3～6 次。国内实践表明，鹅每日填 4～5 次为宜，一般填饲 18～28 天，消耗玉米 18～30 千克。填料时间应准时、有规律，不得任意提前或延后，以免影响肥肝增重。

（3）填饲量

填饲量是生产肥肝的关键之一，直接关系到肥肝的增重和质量。填饲量不足，脂肪主要沉积在皮下和腹部，形成大量的皮下脂肪和腹脂，而肥肝增重慢，肥肝质量等级低；填得过多，影响消化吸收，填饲量又不得不降下来，对肥肝增重不利，还容易造成鹅的伤残。填饲量应由少到多，逐渐增加，直至填饱，以后维持这样的水平。填饲前应先用手触摸鹅的食管膨大部，如已空，说明消化良好，应逐渐增加填饲量；如食管膨大部有饲料积贮，说明填饲过量，消化不良，应用手指帮助把玉米捏松，以利于消化，并适当减少填饲量。如因填料量过多等原因造成食管损伤，连续几天食管中玉米还未消化，应立即宰杀淘汰。鹅的填饲量因品种和个体不同而差别较大，国外大型鹅种和我国狮头鹅的日填饲量为 1～1.5 千克，中型鹅为 0.75～1 千克，小型鹅种为 0.5～0.8 千克。

109. 如何进行肥肝鹅的屠宰取肝操作？

肥肝是珍贵的食品，其质量不仅与填饲技术有关，而且受屠宰加工技术的影响也很大。屠宰取肝是肥肝生产的最后一道工序，为避免损伤肥肝，获得优质肥肝，整个屠宰加工过程都要保持细心操作，否则将前功尽弃。

（1）屠宰

将鹅倒挂（图 8-1）在宰杀架上，头部向下，人工割断颈部气管与血管，放血时间为 3～5 分钟，放血应充分。充分放血的屠体皮肤白而柔软，肥肝色泽正常；放血不净的屠体，肥肝色泽暗红，肥肝出现瘀血等，影响质量。

（2）浸烫

将放血后的鹅置于 60～65℃的热水中浸烫，时间 1～3 分钟。水温不能过高，过高脱毛时易损伤皮肤，严重者影响肥肝质量；水温过低，拔毛又很困难。屠体应在热水中翻动，使身体各部位的羽毛能完全湿透，受热均匀。

（3）脱毛

由于肥肝很大，使用脱毛机脱毛容易损坏肥肝，因此一般采用人工拔毛。拔毛时将浸烫过的鹅放在桌上，趁热先将胫、蹼和喙上的表皮捋去，然后依次拔翅羽、背尾羽、颈羽和胸腹部羽毛。拔完粗大的毛后将屠体放入盛满水的拔毛池中，水不断外溢，以除去浮在水面上的羽毛。再手工拔尽纤羽，最后将屠体清洗干净。拔毛时不要碰撞腹部，也不可互相堆压，以免损伤肥肝。法国为了保护肥肝不受损伤，又能机械拔毛，已经研制了专用的脱毛机器。

（4）预冷

刚脱毛屠体不能马上取肝，因为鹅的腹部充满脂肪，脱毛后即取肝会使腹脂流失；而且肝脏脂肪含量高，非常软嫩，内脏温度未降下来取肝容易抓破肝脏。因此，应将屠体预冷，使其干燥，脂肪凝结，内脏变硬而又不至于冻结，才便于取肝。将屠体平放在特制的不锈钢盘中或金属架上，胸腹部朝上，置于温度为 $4\sim10℃$ 的有冰块的水中冷库预冷 18 小时；或者头朝下挂于特制的推车上，置于温度为 $4\sim10℃$ 的冷库预冷 18 小时（图 8-1）。

（5）取肝

为了保证鹅肥肝的质量，取肝室（车间）应符合国家规定的卫生标准。同时，取肝室温度应控制在 $4\sim6℃$，以尽量减少病菌滋生。操作者将屠体放置在操作台上，胸腹部向上，尾部朝向操作者，左手按住屠体，右手持刀。取肝方法有以下三种。

1）部腹取肝法　用刀沿龙骨后缘横向从右向左割开腹部皮脂，用左手伸入腹腔，挑起腹膜，刀刃向上，自左向右割开腹腔，将两侧刀口扩大至双翅基部，然后把屠体移至操作台边，背腰部紧贴台边的棱角上，左手按住双腿和腹部，右手按住胸部，两手同时用力掰开屠体，使肝脏裸露（图 8-2）。

2）仿法式剖腹法　从腹线正中横向切开皮肤，再从横向切口的中点沿腹线向下纵向切开皮肤到肛门为止，整个切口呈"丁"字形，打开腹腔，分离皮下脂肪，使肥肝裸露。

图 8-1　肥肝鹅屠宰后倒挂预冷　　图 8-2　肥肝鹅预冷后取肝（腹部取肝法）

　　3）开胸取肝法　用刀从龙骨前端沿龙骨脊左侧向龙骨后端划破皮脂，然后用刀从龙骨后端向肛门处沿腹中线割开皮脂和腹膜，从裸露胸骨处，用剪刀从龙骨后端沿龙骨脊向前剪开胸骨，打开胸腔，使肝脏裸露（图 8-1）。

　　屠体剖开后，应仔细将肥肝与其他脏器分离，取肝时应特别小心。操作时不能划破肥肝，以保持肥肝完整。注意不能弄破胆囊，如胆囊破裂，应立即用水将肥肝上的胆汁冲洗干净。然后仔细将肥肝与其他脏器分离。取出的肥肝用小刀修除附在肝上的神经纤维、结缔组织、残留脂肪、胆囊下的绿色渗出物、瘀血、出血斑和破损部分，然后将其放入 0.9％的盐水中浸泡 10 分钟，捞出后沥水，称重分级。分级后的肥肝分别进行真空包装，鲜肝销售时注入氮气、二氧化碳或惰性气体，置 2～4℃冷库储藏或外运鲜销。如放入−20℃的冷库中，可保存 2～3 个月，这种情况下的肥肝称为冻肝。

110.　如何进行鹅肥肝的分级？

　　目前，我国的鹅肥肝等级评价标准主要遵循由国家技术监督局于 1988 年 9 月 20 日发布的《鲜肥肝》（NY/T 67—1988）。但是，此标准多年未进行任何修订，已不能满足目前生产水平和市场需求。以国家鹅肥肝等级评价标准为基础，结合市场需求和欧洲分级标准，目前采用较多的分级标准见表 8-1。

表8-1 企业鹅肥肝分级标准

项目	级别		
	A级	B级	C级
感官硬度	硬度适中	过软	差
颜色	白色或浅黄	粉色、褐色	有斑点
光泽	光泽度好	发乌	差
瘀血	线状血丝、浅色血块	有较大深色瘀血	瘀血严重
重量	600～1 000克	500～599克 或1 000克以上	500 克以下
其他	两肝叶结实地相连	肝边缘发黑分为两瓣	肝叶有修剪过痕迹

在我国实际生产和销售中，鹅肥肝通常达到 500 克甚至 600 克以上才能为市场接受，并且存在越大越受欢迎的情况。这与欧洲国家如法国 800～850 克为最高级别有所不同！

111. 鹅肥肝包装和运输有哪些要求?

(1) 包装

鹅肥肝包装用的塑料薄膜、塑料袋及外包装箱均应标清等级、毛重、净重等字样。外包装箱外表喷塑，以防受潮而影响牢固性。包装顺序如下：

1) 检查核实 肥肝在进速冻库前已按重量和质量分别放盘，在包装时首先对每盘中的重量和质量再进行一次检查核实，以防误装入其他等级或不合格的肥肝。

2) 装箱 装肥肝的箱子里面底部放一块垫板，然后再放入十字隔板，把箱内空间割成四格，每一格放一袋用塑料袋装好的肥肝，其重量为总肝重的 1/4。四格都装入肥肝后，称一称总肝重是否达到要求重量，直至调整到要求重量为止。总重量达到标准后，把每个塑料袋用透明薄膜胶纸封口。封口方法是在每袋肥肝完全放平的前提下，收紧塑料袋口，尽量排出空气，压低封口位置，用透明薄膜胶纸绕 2～3 圈。最后盖上内盖板，注意肥肝不要顶着盖板，否则在堆放时，顶着盖板的肥肝容易被压坏。

3）打包 盖上纸箱后即可打包，打包用塑料带，横箱打 2 道。每天包装完毕的产品按包装日期和时间先后，在箱上打上日期和箱号。加工厂还应具有每道包装操作工序操作人员的代号、日期和箱号的记录，以便查询。

（2）贮藏要求

将取好的鹅肥肝进行适当修整后，逐只装入无毒的塑料袋内，之后平放在铁盘上，再存放入－28℃的冷库中速冻 24 小时，然后取出按级别分别放入特制的纸盒中。纸盒有大有小，也可将 1 个鹅肝小包装放在 1 个纸盒中。盒上印有品名、等级、重量等，并可在盒上注明生产日期、加工方法等，之后放在－18℃的冷库中，这样可保存2～3个月。鲜肝只能保存在 0～4℃，不可冻结。

（3）运输要求

一般需要冷藏车进行运输。需运输的鹅肥肝，在从冷库取出前要根据数量将肥肝装入塑料保温箱中，之后出库运走。如果运输鲜肥肝，还可以进行真空包装或注入氮、二氧化碳等气体，以提高保鲜质量。鲜肥肝运输从包装、运输到目的地，时间越短越好，最长也不能超过 1 周。

第九章　鹅羽绒生产

112. 我国羽绒生产的地位和未来前景如何？

我国是世界上最主要的羽绒及其制品生产、加工、出口大国。我国羽绒服和羽绒被等制品产量从 2005 年的 1.59 亿件增长至 2013 年的 2.96 亿件。其中，江苏、江西和浙江省产量占全国总产量的一半还多。并且，羽绒及其制品是我国传统、大宗出口商品，出口量约占国际市场的 70%。鹅羽绒经加工后是一种高级填充料，可以制成各种高档轻软防寒的服装及舒适保暖的被褥，因此形成了经久不衰的吸引力，使得我国羽绒产品市场的需求逐步扩大。另外，日本和欧美等许多国家羽绒普及率为 30%～70%，而我国还不足 10%。我国未来的羽绒行业面临的是一个巨大的等待唤醒的市场，在未来十年中，如果我国羽绒制品的普及率提高 1 倍，我国将不仅是羽绒生产和出口大国，而且将成为羽绒制品消费大国，消费的扩大必然会进一步推动羽绒工业的大发展。

113. 什么是鹅毛绒？

鹅毛绒是着生于鹅体表的羽毛和绒毛的总称，按形状和结构分为真羽、绒羽和发羽。

（1）真羽

真羽处于整个羽区最表层，质地较重，又称为正羽。真羽由羽轴和羽片两部分构成。

（2）绒羽

绒羽通常被真羽所覆盖，处在羽区的最内层，又称为绒毛。它的质地很轻，能在空中飘飞。绒羽有羽轴、羽枝和羽小枝，但没有带钩状突的羽纤枝，不能互相连接成羽片。

（3）发羽

发羽散生于所有的羽区，纤细如头发，无羽轴、羽片之分，又称纤羽。以喙的基部和眼睑周围最常见。发羽保温性能差。

114. 鹅羽绒有哪些优点？

鹅的羽绒是一种动物性蛋白质纤维，比植物性纤维保温性好，具有柔软、膨松、轻便、富有弹性、吸水性小、可洗涤、保暖耐磨等特点，归纳起来主要有以下几个优点。

（1）保暖性佳

羽绒的纤维是中空的管子，管壁薄，多个绒丝聚集在一起构建了立体形，可形成一层保温防寒网。羽绒保暖性为89.2%，棉花的保暖性为83.9%，合成纤维的保暖性为81.7%。因此，用鹅的羽绒作填充料做成的制品，其保暖性能是其他填充料难以比拟的。

（2）轻便柔软

俗话说"轻于鸿毛，重于泰山"，可见羽绒具有轻、柔的天然特性。100厘米³羽绒的重量为0.94克，100厘米³棉花的重量为1.14克，100厘米³合成纤维的重量为1.15克。

（3）蓬松力强

羽绒纤维结构特殊，成形自然立体，具有良好的压缩率和回缩率，呈现高度蓬松状。羽绒的压缩率为64.5%、回缩率为97.4%，棉花的压缩率为64.5%、回缩率为89.3%，合成纤维的压缩率为53.5%、回缩率为91.9%。

（4）干爽

鹅羽绒能吸收人体排出的汗渍并快速地将其排出。因为鹅绒球状纤维上密布千万个会呼吸的气孔，一面吸收湿气，一面排出湿气。

115. 羽绒有哪些理化特征？

（1）千朵重和羽枝长度

千朵重和羽枝长度与羽绒的弹性和蓬松率有关，是衡量羽绒质量的重要指标。千朵重越重，羽枝越长，细度越大，质量越好。用上述指标评定，鹅胸部羽绒质量较好。就品种而言，大型白羽肉鹅及其杂交鹅绒羽质量较高。

（2）蓬松度

蓬松度反映羽绒在一定压力下保持最大体积的能力，是羽绒制品保持特定风格和具有保暖性的内在因素，是评定羽绒质量的指标之一。

（3）透明度和耗氧指数

透明度和耗氧指数是反映羽绒清洁度及其所含还原物质的量的指标，随羽绒清洁程度的状况而变化。

（4）含脂率

含脂率指羽绒的脂肪含量，含脂率低的羽绒较好。

116. 鹅羽毛发育有哪些规律？

（1）胚胎期羽毛的生长发育

鹅的羽毛在受精蛋孵化到第 10 天就可用放大镜看到羽毛原基分布于整个体躯部分；14～15 天全部躯干有绒毛；第 17 天全身有绒毛，以后不断生长；到出壳时全身密布绒毛，且已经有很小的羽茎，顶端有少数羽枝。雏鹅出壳时，我国的成年纯白羽鹅种全身为浅黄色绒毛，多数成年纯白羽的欧洲鹅种为背部呈浅灰到深灰色，灰羽鹅种则基本上全身呈褐色。

（2）羽毛生长与周龄的关系

四川农业大学对四川白鹅的羽毛生长发育进行了研究，报道了羽绒生长发育的情况：1～2 周龄为黄色绒羽；3～4 周龄由黄色变为白色，但头部仍为黄色，主翼羽和尾羽逐渐长长；5～6 周龄颈部羽毛转白，主翼羽接近背部；7～8 周龄头部羽毛变白；9～10 周龄主翼羽贴于腰部呈圆形合拢；13 周龄左右，两翅在尾部交叉称为"交翅"，全身羽毛基本长齐，后备鹅在"交翅"后可进行第一次采集羽绒。但要获得较成熟的鹅绒且尽量不对采集鹅绒的鹅只造成伤害，第一次采集羽绒时间应控制在 120 日龄以上。

（3）活体采集羽绒后的再生

在羽绒成熟后自然换羽期，可以人工辅助换羽（人工采集羽绒）。这样采集一次羽绒后，一般约 6 周后羽绒可以再次长齐并成熟。根据饲养管理、季节和鹅品种情况，活体采集羽绒时间间隔以 50 天左右为宜。

117. 什么是绒羽？

绒羽是构成商品羽绒的最主要成分，也是品质最优的羽毛。绒羽被正羽所覆盖，密生于鹅的皮肤表面、整个羽毛内层，主要分布在鹅体表的胸、腹部和背部，外表难以观察到。绒羽在构造上与正羽有较明显的区别。其特点是羽茎细而短，甚至呈点状；柔软蓬松的羽枝直接从羽根部生出，呈放射状。绒羽的羽小枝上没有小钩或者小钩不明显。羽小枝构成的隔温层保温性能优越，为最好的保温填充料，是羽绒中价值最高的部分。绒羽中由于形态、结构的不同，又可分为下列几种类型。

（1）朵绒

朵绒又称纯绒。其特点是羽根或不发达的羽茎呈现为点状绒核，从绒核向四周放射出众多绒丝，形成朵状。朵绒是绒羽中品质最佳的一种。

（2）伞形绒

伞形绒即未成熟或未长完整的朵绒，绒丝表现为尚未放射散开而呈现伞状。

（3）毛形绒

毛形绒羽茎细而软，羽枝细密，具有羽小枝，但无钩，梢端呈丝状而零乱。这种羽绒上部绒丝较稀，下部绒丝较密。

（4）部分绒

部分绒指一个绒核放射出两根以上的绒丝，像是绒的一部分。此类型并不多见。

118. 影响鹅羽绒生产的因素有哪些？

鹅羽绒的产量和质量随品种、年龄、体重、性别、换羽季节和营养状况等多种因素的不同而存在差异。正常的羽绒发育过程涉及遗传、饲养方式、营养、环境和管理条件等因素，其中遗传、环境和营养状况对羽绒的产量和质量影响最为显著。

（1）品种

各品种鹅都可活体采集羽绒，但以原产于中高纬度地区的纯白羽品种更为适宜，因为白色羽绒质量好、经济价值高，有色羽绒价格低。多数欧洲引进鹅品种体型较大，产羽绒量多。适宜活体采集羽绒的品种有皖西白鹅、四川白鹅、豁眼鹅、莱茵鹅、霍尔多巴吉鹅、罗曼鹅等。

（2）年龄

10周龄以内，没有完全成熟的绒毛（13％）和羽毛数量（达24％）都较多，质量较差，不宜采集羽绒；饲养5年以上的老鹅也不宜活体采集羽绒，因为这种老鹅生活力低、新陈代谢弱、羽绒再生力差，即使用来采集羽绒，也会因羽绒生产周期长、产量少、质量低而无法获得较高的经济效益。一般种鹅在120日龄左右、170日龄左右和休产时进行活体采集羽绒2～3次。

（3）体质

体质健壮的鹅，新陈代谢旺盛，抗病力强，羽绒拔取后再生快、产量高、品质好；体弱有病的鹅，抗病力差，采集羽绒后，易感染各种疾病，有时甚至会引起死亡，不宜活体采集羽绒。

（4）换羽

换羽期间的鹅血管非常丰富，含绒量少，又极易拔破皮肤，所以应禁止采集羽绒。

（5）其他因素

整只出口的肉鹅因活体采集羽绒有可能损伤某些部位的皮肤，留下斑痕，影响胴体质量，所以整只出口的肉鹅不宜活体采集羽绒。

119. 什么品种的鹅适合用于羽绒生产？

一般地，无论什么品种的鹅都可以用来采集羽毛。但从饲养管理、成本消耗、经济效益等方面考虑，要选择体型大、羽毛多的肉用品种，可以做到肉、毛兼用，提高生产性能。另外，原产地纬度越高的品种羽绒性能越好；白羽品种比灰羽和花羽品种好。最好是选择白色品种，因为人们多喜欢白色羽绒加工成的高级羽绒制品，所以白色羽绒的收购价比其他颜色毛绒的高。此外，还应选择容易饲养、耐粗饲料的品种，争取少喂精料，以草换毛，降低生产成本。实践证明，我国自欧洲引进的鹅种，如莱茵鹅、霍尔多巴吉鹅、罗曼鹅、朗德鹅等均具有优良的产绒性能。

120. 鹅宰杀后如何取毛绒？

宰杀取毛指将活鹅屠宰放血后一次性采收羽绒的过程，有干拔法和湿拔法。

（1）干拔法

将鹅宰杀后，待其血液即将流尽，还有一定体温时，立即开始手工采收羽绒。否则，鹅的体温下降后，毛孔收缩，羽毛不易顺利拔下。干拔时，要先将鹅的体躯片羽和绒羽分别拔下，再拔主、副翼羽及尾羽。主、副翼羽和尾羽难以拔出时，可用热水浸烫后再拔。拔下的羽毛分类放置。采用这种方法拔下的羽绒，未经浸烫，保持原有羽型、色泽光洁，杂质少，质量较好；但是干采收羽绒效率较低，也不易拔净。一般是在屠宰量较小时采用。

（2）蒸拔法

宰杀鹅的数量较少时，也可用蒸拔法。将鹅宰杀放血后，放在蒸笼内蒸3分钟，翻转鹅的体躯再蒸2～3分钟，然后取出拔其羽毛。采用此法时，高温对羽绒质量有一定影响。如热蒸的时间和温度控制不当，采收羽绒时容易撕破鹅的皮肤，影响胴体品质。

(3) 湿拔法

鹅宰杀放血后，立即放入 70℃的水中浸烫 50～60 秒，取出后按右翅→肩头→左翅→背部→腹部→尾部→颈部的顺序采收羽绒，要求大小毛一次性拔除干净。湿拔时，需注意应及时将羽绒晾晒或烘干，以防羽毛变黄甚至发霉变质，导致其经济价值降低或失去。

121. 活体采集羽绒后如何对鹅群进行饲养管理？

活体采集羽绒对鹅体是一个很强的外界刺激，常常引起鹅生理机能的暂时紊乱。为保证鹅的健康，使其尽早恢复羽绒的生长，要为其创造良好的环境条件，加强饲养管理。

(1) 初采绒不适应

起初 1～2 次进行鹅活体采集羽绒时，大多数鹅会不适应，表现出精神不佳、行走不稳、食欲不振、胆小怕人等现象，经 2～3 天就可恢复。

(2) 补充营养

采收羽绒后，机体新陈代谢加强，维持需要增加，在新羽生长过程中需要更多的蛋白质。因此，在采集羽绒后 1 周内的日粮中应多加入一些蛋白质饲料，以促进新羽的生长。

(3) 管理及伤口处理 ①鹅在活体采集羽绒后皮肤裸露，3 天以内，鹅不能放牧、下水，切忌曝晒和雨淋；1 周以后即可进行放牧。如鹅只皮肤裂伤，应隔离饲养，待伤口愈合后再下水。②圈舍地面的垫料应铺厚些，夏季要防止蚊虫叮咬，冬季要注意保暖防寒，以免采集羽绒后的鹅感冒。③活体采集羽绒后的成年公母鹅应分开饲养，以防交配时公鹅踩伤母鹅。皮肤有伤的鹅也应分群饲养。

122. 什么时间点采集羽绒适宜？

(1) 商品肉鹅

放牧饲养且饲养日龄超过 120 日龄的商品肉鹅上市前采集羽绒1 次。

（2）后备种鹅

选留的后备种鹅在 120 日龄羽绒成熟时进行第一次拔羽绒，以后每隔 50 日可采集羽绒一次。开产前 1 个月停止采集羽绒。

（3）种鹅休产期

四川农业大学家禽育种试验场用四川白鹅做试验，在休产期中采集羽绒 2～4 次，产蛋期的产蛋量分别为 79.02 枚、78.78 枚和 74.6 枚；不采集羽绒对照组为 76.06 枚（采集羽绒 2、3 次组均比对照组产蛋量高），同时可收获绒羽 32.32 克、51.26 克和 67.99 克，收获片羽 129.4 克、184.74 克和 256.57 克。这说明活体采集羽绒起到了强制换羽和促进新陈代谢的作用，适当采集羽绒不会影响种鹅产蛋性能的发挥。无论是后备鹅或是休产鹅，都应掌握好最后一次活体采集羽绒的时间与母鹅开始进入产蛋期之间至少应有 50 天的时间间隔，以便让母鹅有充分的时间补充营养，恢复体力，长齐羽毛，不致使母鹅的繁殖性能受到影响。

根据绒羽长度和收获羽绒量等综合指标评定，采集羽绒间隔时间以 45～50 天（饲养管理条件好的间隔 45 天）为宜，这时羽绒基本生长成熟，羽绒质量好，产绒量高。若采集羽绒时间间隔过短，则收获羽绒量少，绒羽质量差。但是过分拉长时间间隔，又会降低收获羽绒次数，造成总收获羽绒量的减少。在后备种鹅和种鹅休产期，采集羽绒以 2～3 次为宜。

（4）产蛋期

在产蛋期采集羽绒会影响种鹅产蛋。据对 35 只常年采集羽绒的鹅进行测定，平均每只鹅仅产蛋 9.63 枚。因此，在产蛋期绝不能活体采集羽绒，否则得不偿失。

（5）淘汰种鹅

先采集一次羽绒后再育肥上市或再次活体采集羽绒。

123. 人工辅助换羽/活体采集羽绒如何操作？

（1）活体采集羽绒的准备

为保证活体采集羽绒的顺利进行，室外采集时应选择在晴朗的天气进行；场地应背风，以免采集的羽绒被风吹得四处飞扬；还应保持清洁卫生，无灰尘。活体采集羽绒一般都在室内进行，先将场地打扫干净，在地面上铺以干净的塑料布，关好门窗。活体采集羽绒的鹅，在拔毛的前几天应让鹅多游泳、戏水，洗净羽毛。对羽绒不清洁的鹅，在采集羽绒的前一天应让其戏水或人工清洗，去掉鹅身上的污物；对羽毛湿淋淋的鹅，要待羽绒干后再采集。在活体采集羽绒的前一天应停食 16 小时，只供给饮水；活体采集羽绒的当天应停止饮水，以防粪便污染羽绒和操作人员的衣服。准备好装毛绒用的塑料袋。采集羽毛过程中发生如皮肤裂伤时，要用红药水、紫药水、药棉和酒精进行消毒。第一次采集羽绒的鹅，可在采集前 10～15 分钟给每只鹅灌服白酒食醋 10 毫升（白酒与食醋的比例为 1∶3），可使鹅保持安静，毛囊扩张，皮肤松弛，易于采集。此后数次活体采集羽绒就不必再灌白酒。另外，应准备好操作人员的围裙或工作服、口罩、帽子等。

（2）鹅的保定

活体采集鹅羽绒时，需将鹅保定起来，不让鹅挣扎，以便于操作者能顺利采集到羽绒。保定方法有以下几种。

1）双腿保定　操作者坐在凳子上，用绳捆住鹅的双脚，将鹅头朝向操作者，背置于操作者腿上，用双腿夹住鹅只，然后开始采集。也有用长凳作保定台的：操作者坐在长凳一端，用橡皮绳（圈状）在鹅的两腿各绕一转，然后分开鹅的两腿与凳等宽，将橡皮绳套在板凳另一端的凳腿处，鹅头向操作者，先仰面，后背面。操作时，用两腿夹住鹅的两翅。此法容易掌握，较为常用。

2）卧地式保定　操作者坐在凳子上，右手抓鹅颈，左手抓住鹅的两脚，将鹅伏着横放在操作者前的地面上，左脚轻轻踩在鹅颈肩交界处，然后采集羽绒。此法保定牢靠，但掌握不好，易使鹅受伤。

3）半站立式保定　操作者坐在凳子上，用手抓住鹅颈上部，使鹅呈站立姿势，用双脚踩在鹅两只脚的趾和蹼上面（也可踩鹅只的两翅），使鹅体向操作者前倾，然后开始采集羽绒。此法比较省力、安全。

4）专人保定　一人专做保定，一人采集羽绒。此法操作最为方便，但需较多的人力。

（3）活体采集羽绒的顺序

鹅的采集羽绒顺序一般是先从胸上部开始采收，由胸到腹，从左到右，胸腹部采集完后，再采集体侧和颈部、背部的羽绒。一般先采集片羽，后采集绒羽，可减少采毛过程中产生的飞丝，还利于将绒羽采集干净。主副翼羽（翅埂毛）和尾部的大埂毛不能采集，因为这种毛采集后，从新羽长齐要消耗鹅体内大量的营养物质，得不偿失；同时这种毛不能用来制造羽绒服或羽绒被，经济价值不高。

（4）活体采集羽绒的方法

用左手按住鹅体的皮肤，以右手的拇指、食指和中指捏住片毛的根部，一簇一簇（3～4片）、一排一排地紧挨着采收。片毛拔完后，再用右手的拇指和食指紧贴着鹅体的皮肤，将绒朵拔下来。活拔鹅毛时，用力要均匀，迅猛快速，所捏羽绒宁少勿多。拔片羽时一次拔2～4根为宜，不可垂直往下拔或东拉西扯，以防撕裂皮肤；拔绒朵时，手指要紧贴皮肤，捏住绒朵基部拔，以免拔断而成飞丝，降低绒羽的质量。拔羽方向顺拔或逆拔均可，但以顺拔为主，因为鹅的毛片大多数是倾斜生长的，顺拔不会损伤毛囊组织，有利于羽绒再生。所拔部位的羽绒要尽可能拔干净，要防止拔断而使羽干留在鹅皮肤内，否则会影响新羽绒的长出，减少拔羽绒量。第一次拔羽绒时，由于鹅体毛孔较紧，拔羽绒较费劲，所花时间较长，以后再拔就比较容易了。拔下的羽绒装入塑料袋后，不要强压或搓揉，以保持自然状态和弹性。由于毛绒分开拔，在拔羽的同时应将片羽和绒羽分开装袋。

124. 换羽期采集羽绒应注意哪些事项？

美国及欧盟等都有动物保护组织，其国家或地区法律对动物福利也有严格明确的要求。如果我国的羽绒及其制品要出口，则必须遵守出口地动物福利法律法规。

（1）严格界定换羽期采集羽绒的概念。

①换羽期指羽毛完全长成并自然脱落的时期，即新的羽毛长成和旧的羽毛脱落的时候。此时，由于激素的作用，羽毛的营养供应会中

断，毛孔中的羽根会变松。②鹅处于自然换毛季节，该季节依鹅的年龄和品种而定。③只能从鹅体的特定部位采取。④羽毛生长成熟的时间至少需要44天。⑤采集长成的羽毛不会给鹅带来痛苦和表皮的伤害。要由有经验的人员进行采集，避免对鹅造成伤害。

（2）每年对鹅进行羽毛采集的次数，依据饲养者对鹅的照顾和管理，认真观察鹅羽毛生长和换羽情况而定。首次采集应在产蛋期末期进行，接下来的采集应在大羽毛毛根干枯（里面没有血）时进行。采集部位只能是胸、背和腹部松软的羽毛。每年可以采集2～3次，最多不超过4次。寒冷地区不能在冬季采集。

125. 活体采集羽绒涉及哪些动物福利问题？

（1）欧盟出台新标准

人工采收鹅鸭胸、背和腹部松软的羽毛，在我国习惯性称为"活拔羽绒""活拔毛""活体拔毛"。欧洲羽绒和羽毛协会针对"活拔绒"事件，于2011年1月1日正式出台了新的标准，该标准名为《欧洲羽绒和羽毛协会有关羽绒羽毛来源追溯的相关标准》，已于2011年1月1日正式生效，该标准对羽绒制品的羽绒羽毛来源进行追溯，采自活体鸭鹅的羽绒及其制品将不被允许进入欧洲市场销售。这可能在欧洲将再次筑起"动物保护"的新壁垒，给我国出口羽绒带来一定影响。我国出口羽绒及制品的企业应给予高度关注并采取有效措施积极应对。但欧盟法律允许在换毛季节合法采收松散的羽绒和小羽毛，要求在羽绒羽毛自行脱落的季节用特殊的方法进行采集。在欧洲，实行强制换羽（羽绒采收）的国家有波兰、法国、匈牙利和德国。拔毛时把胸部的绒毛和羽毛拔掉就像鹅进入换羽期一样。但是在有些国家和地区，对于换羽期采收羽绒缺乏严格的界定，采收时期，部位不一致，导致采收后鹅受到较大的刺激，其精神状态和生理机能会发生一定的变化，一般情况下多见活动减少，行走摇晃，精神萎靡，两翅下重，严重者体温升高，脱肛。

（2）应对措施

为提防"动物保护"新壁垒对我国羽绒及制品出口的影响，出口羽绒及制品企业应积极通过各种途径加大对外宣传沟通，向欧美消费者介绍羽绒行业生产加工的真实情况；对企业的原料收购、生产加工过程等加大监管力度，建立原料可追溯体系；生产企业应尊重欧洲等国家或地区保护动物的法律与消费者需求，严格按国际标准和欧洲等国家保护动物的法律与消费者的需求，以及《欧洲羽绒和羽毛协会有关羽绒羽毛来源追溯的相关标准》进行规范生产；讲究诚信，切勿从事涉及"活拔绒"的贸易，反对虐待动物的行为，确保企业生产出口的产品安全、卫生、绿色、环保和生态。

126. 湿拔羽毛如何进行粗加工与保存？

湿拔羽毛以来自禽类加工厂和收集分散宰杀的羽毛为主，基本上为采用湿拔法生产，须进行榨干、晾晒或烘烤、分毛、除灰（除尘）、提绒和拼配成分等初步加工。

（1）榨干

烫褪完的湿羽毛需要及时干燥，先行榨干，以除去大部分水分。榨干方法包括手工挤绞法、机械法、压榨法和电动离心脱水法。

（2）晾晒或烘烤

湿羽毛压榨后仍含有一定水分，需要进一步彻底晾晒干燥。晾晒时，应在干净的水泥坪或铺有垫席的平地上进行，以防混入沙石杂物，同时要采取防风措施，防止飞散。烘烤干燥，依设备而异。无论哪一种烘烤，都要不断翻动，以防烤焦。烘干后的羽毛，需要及时取出摊开冷凉。

（3）分毛

干燥后的羽毛原料，经检验搭配，确定使用批数和数量后，即可进行整理、分毛、除杂质。将原料毛放入分毛机前，必须拉松，同时清除硬物，然后逐渐将羽毛送至分毛机的入口处，由风力吸入分毛机，使绒子、大中小毛片、大小翅硬毛和杂质等分开。

（4）除尘

由分毛机选过的羽毛须经检验，若杂质含量超过规定标准，则需用除尘机进一步清理，除去各种大小杂质。除尘时间要根据毛中杂质的量灵活掌握，一般约 15 分钟。

（5）提绒

经分毛、除尘后，要鉴别羽毛中的含绒量。如果超过规定比例，则应进行提绒或"分绒"。提绒用分毛机进行，操作过程基本上与分毛相同，只是提绒时分毛机顶部风力要比分毛时小，以防中型毛片上升混入绒内，同时又要防止风门过小而影响产量。一般以中型毛片上升到机身高度的 3/4，飘滚后降落，新加工的绒内含小片毛不超过规定标准为宜。

（6）拼配成分

对经上述工序整理后的各批毛绒成分进行汇总并计算出它的总成分。如果成分平衡，则需要抽出超成分和成分不足的批次，以多补少，相互调剂，使得各批成分平衡。经拼配检验合格后，可进一步加工处理作为羽绒制品的填料或打包贮藏。粗加工后的羽绒，冷却后进行包装。应注意冷却要彻底、打包不宜过紧，以防回潮霉变和变形，影响弹性。因此，每包重量应控制在 10 千克，不超过 50 千克。包装后的羽绒，要求贮存 30 天以上，恢复自然含水率后方能用于充填羽绒制品。

羽绒贮存仓库应保持清洁卫生，干燥通风。贮存羽绒时，若靠近地面，则必须有离地面 40 厘米以上的垫架设备。

127. 如何识别羽绒的品质？

在原料毛成分检验前的抽样过程中，检验人员要注意识别成批原料毛的品质。其内容有下列几点。

（1）确认季节

首先要弄清原料毛是冬、春毛，还是夏、秋毛。冬、春毛足壮，毛质较好，血管毛少，含绒量多，手感柔软，弹性较强；夏、秋毛因尚未长足，毛质较差，血管毛多，含绒量少，手感较硬，弹性较差。正确辨别原料毛的产季，有助于原料毛的收购和加工。

（2）测定水分

羽毛受潮后，失去弹性，羽管发软，有时甚至会有水珠。检样时除感官辨别外，还可以用快速测湿仪测定；必要时，还可用烘干法测定其含水率，105℃恒温烘箱法是水分测定的常用方法。

（3）辨别霉烂

霉烂变质的羽毛有霉味，色泽暗淡。白鹅毛霉烂变质时，色泽变黄；灰鹅绒霉烂变质时，色泽发乌。严重者羽枝脱落，飞丝增多，羽面糟朽，用手捻即成粉末。已霉烂变质的羽毛不能收购。

（4）观察虫蛀

虫蛀羽毛往往有虫粪或毛片出现锯齿残缺，情况严重的仅剩下羽轴。这种羽毛已失去使用价值，不能收购。受虫蛀轻微者，可以考虑收购，但必须单独存放，并迅速加以杀虫处理。

（5）识别掺假

对掺杂作假严重的羽毛，一时又无法识别，可采用除灰后的羽毛小样水洗的方法，注意其出成率和水洗羽毛各项指标是否属于正常范围。另外，在识别羽毛品质的同时，也要注意鹅毛的相互混杂现象。

128. 羽毛中掺杂作假的手法有哪些？

（1）掺翅毛

春、秋两季正值仔鹅上市季节，有的往往将成熟的鹅大翅掺入其中；也有的将鹅毛大翅拣出后，用沸水泡汤，使毛管吸足水分，增加重量。识别时，要注意翅梗含量是否异常，对沸水泡过的翅毛，可用手指捻其羽管，有发软、出水现象。

（2）掺鸡毛

鉴别时，可从鸡毛的光泽和形状加以判断。鸡毛有天然光泽，羽丝光亮浓厚，呈尖形或半圆形，并有附羽。

（3）掺沙土

一般掺有泥土、灰沙等，其大部分粘于毛绒中，毛色较次，失去应有光泽，而且适度不匀，有刺手感觉。

（4）掺糖水、粉末

用饴糖拌和面粉、观音土等掺入其中，使之粘于毛绒中。这种羽毛呈层叠状，即毛绒不能飞扬，用手指搓捻时有感觉。

（5）掺细盐

一般掺在白鹅毛内。鉴别方法为抓一把于手中，则有阴湿和粗糙的感觉。若从抖下来的杂质来看，则有白色粉末。

（6）掺杂物

用铁砂、铁片、砖石故意混入毛中增加重量。

（7）掺脚皮

有的以鸡或鹅的脚皮掺入鹅毛中。鸡脚皮头尖，片张小，呈蛇皮状；鹅脚皮头圆形，片张大。

（8）掺油

掺过油的羽毛，弹性差，无蓬松感，有的能嗅出气味，将毛放在手中搓后，水落在手心上呈零星水珠状。

129. 如何鉴别羽绒掺假？

目光鉴别法是一种粗略判断原料毛成分含量的检验方法，其正确率取决于各自的实践经验，一般存在着较大的误差，只适用于收购批量小和无检验工具的场合。其方法步骤如下。

（1）要分清羽毛内的毛梗是成熟鹅的毛梗还是仔鹅的毛梗，并确定该批羽毛含梗量的百分比。

（2）注意羽毛中的杂质含量。可抓2～3把有代表性的羽毛放在地上，用手搓擦羽毛，然后将搓后的羽毛拍2～3次，抖一抖，使杂质落在下面，并将羽毛整理到一边，最后将剩下的小毛片拣去，余下的即杂质。然后估计其含量，如有掺假，除本身的毛屑外，还有其他杂质。

（3）羽毛内的鸡毛和黑头含量，可以从一把羽毛的总量中发现的根数来推算。

（4）真实羽毛量是扣除估计的毛梗、灰沙、鸡毛含量后的余数，但需注意季节变化和禽体大小的影响。

（5）目光验绒，可抓一把已经搓过的羽毛，向上抛起或向下抖落，绒朵后与毛片落地，观其绒朵大小、密度，以实际经验，确定含绒量。

130.   如何防止毛绒霉变？

如果人工采集下的羽绒不能马上出售，则要暂时贮存起来。由于羽绒保温性能好，热量不易散失，如果贮存不当，很容易发生结块、虫蛀、霉烂变质，尤其是白色羽，一旦受潮发热，羽色变黄，则将影响羽绒的质量，降低售价。一般是把选出的优质羽绒装入干净的塑料袋内，外套编织袋或麻袋，用绳子扎好口子，作暂时保存。保管时应将包装好的羽绒放在仓库通风处，并用木条、砖头垫高以免受潮。保存期内要经常检查羽绒样品，一旦受潮必须及时晾晒或烘干，特别是夏季温度高、湿度大，更应经常查看。

（1）晾晒场地要保持清洁干燥

（2）注意天气变化

要有防风刮走羽绒的设施；要防止羽绒被雨淋湿。

（3）干湿分开

干湿度不同的羽绒要分开晾晒，分别收藏，以免湿毛影响干毛，发生变质。库房内的干湿羽绒毛包也要分开，发热、发潮毛包要进行烘、晒、通风等处理，再包装存放。

（4）入库前先检查

经干燥处理的毛绒，需经冷却后方可包装，并在入库前逐包检查是否冷却、有无潮湿。

（5）库房要求地势高燥、宽敞

存放毛绒的库房要求地势高燥、宽敞；或将毛绒存放在清洁、干燥、通风的楼板上；或使用专用仓库，严禁与其他杂物混放。

（6）堆垛要求

库房地面要垫上枕木，上面最好再铺竹席。毛垛离地 40 厘米以上，垛与垛间的距离、垛离墙的距离不少于 50 厘米，顶距要在 1 米以上，以利通风干燥。

（7）毛绒污染要及时处理

（8）仓库屋顶门窗要严密

防止雨水渗漏入库。

（9）调节温度、湿度

一般温度控制在 30℃ 以下，相对湿度 60%～70% 为宜。温度、湿度的控制可以通过门窗开闭或空调等调节。

131. 如何防止毛绒蛀虫?

毛绒发生霉变到一定阶段，必然发生虫蛀现象，尤其每年农历惊蛰到白露这段时期是各种虫繁殖的旺季，需要注意防治。

（1）仓库内外要始终保持清洁卫生。

（2）发生虫蛀的毛包，可使用国家许可的杀虫剂进行杀虫消毒。

（3）要把好"三关"。①进仓时要严格验收，雨雪天气不宜进仓。②对库存毛绒要定期进行检查。③毛包出仓时也要仔细进行检查。

第十章　养鹅的生物安全体系建设

132. 为什么随着我国养鹅业向集约化规模化方向发展，生物安全体系建设显得越来越重要?

传统观点认为，鹅抗病力强、适应性好，因此，相对于其他畜禽品种，危害鹅业的疾病较少。但随着养鹅业规模化、集约化的发展，鹅病越来越成为制约养鹅业健康发展的主要障碍。随着我国养鹅业的发展，新的传染病不断出现。近 10 多年来，仅新现的高致病性病毒病就有 4 种，即高致病性禽流感、新城疫（即副黏病毒病）、坦布苏病毒病、呼肠孤病毒病（即鹅出血性坏死性肠炎）。鹅圆环病毒病亦是近年来的新现鹅病，其主要危害是影响鹅的生长和发育，并造成免疫抑制。在我国台湾地区，新现的鸭甲肝病毒 2 型可导致鹅死亡 70％以上。作为古老的鹅病，小鹅瘟仍是危害我国养鹅业的主要病毒病之一。有报道称，鹅亦可发生鸭瘟。在匈牙利、德国和法国等国，鹅出血性肾炎肠炎亦是危害鹅业的重要疾病，虽然该病在我国尚未出现，但已在我国的鸭群中检出该病病原。在我国养鹅业，还流行大肠杆菌病、沙门氏菌病、鸭疫里默氏菌感染、禽霍乱等细菌性疾病，这些疾病除导致鹅发病和死亡外，还可影响鹅的生产性能，从而导致淘汰率上升、饲料转化率和鹅胴体品质下降、药费增加，并可能导致药物残留问题。由此可见，鹅业面临的疾病风险在不断提升，疫病防控是养鹅成功的关键。在生产实践中，应以禽流感、小鹅瘟、禽霍乱、副黏病毒病、鸭瘟等危害较大的疾病作为防控的重点；要强化检疫和疫情报告制度，防止外来病原侵入，以减少疫病的流行；应根据本地区疫病流行情况，

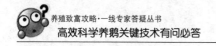
制订符合本地实际情况的免疫程序。鹅病防治要在保证鹅场生物安全的前提下，坚持预防为主、防重于治的原则。

133. 什么是生物安全？它包括哪些内容？

生物安全就是将可传播的传染病、寄生虫和害虫排除在养殖链条外的安全性，是一个概括性术语，指养殖场为防止病毒、细菌、真菌、原虫、寄生虫、昆虫、啮齿动物和野生鸟类等有害生物进入、感染或威胁正常畜禽所应采取的一切措施。生物安全以疾病防控为目的，预防外场疾病传入本场，最大限度地降低或避免这些病原微生物在养殖场内的传播或持久存在。内容包括三个方面：①隔离，将鹅饲养在一个可控制的环境内，不与其他家禽及动物接触；隔离还包含按年龄将鹅分群饲养。在大型养殖场，全进全出的管理制度可以尽可能阻断鹅群间常见传染病的传播途径。②人员和物品往来的控制，包括进入鹅场及场内车辆和人员。③卫生消毒，即定期清洗和彻底消毒，阻断传染病的传播；强调进入鹅场的物品、人员及设备的消毒，以及场内人员的个人卫生。同时，要有效地预防和控制疫病，必须建立和健全鹅场兽医防疫体系，制订合理的免疫程序，科学用药，采取综合性防治措施。

134. 生物安全为什么是最有效、最经济的控制传染病传播的措施？

生物安全与传染病流行的规律紧密相连。传染病的流行过程一般需要经过三个阶段：①病原体从已经感染的机体排出；②病原体在外界环境中停留；③通过一定的传播途径，侵入新的易感动物而形成新的传染。如此连续不断地发生、发展就形成了传染病的流行过程。因此，传染病在鹅群中的传播，必须具备传染源、传播途径和易感鹅三个基本环节，倘若缺乏任何一个环节，新的传染就不可能发生，也不可能构成传染病在鹅群中的流行。一种传染病之所以能在鹅群中发生和流行，必须具备以下三个条件。

（1）传染源

传染源指某一种病原微生物在其中定居、生长繁殖并能排出到外界环境的鹅只，换言之是指受病原体感染的鹅只，其中包括正在发病的病鹅，病愈后仍带菌（病）毒、排菌排（病）毒的鹅只。发病的鹅只较易识别防范，而病愈鹅只在一定时间内仍可能会成为危险的传染来源，应予以重视。

健康带毒者是另一种传染源，即感染后不发病但体内携带病原者，其产生多与日龄等因素有关。例如，小鹅瘟多发生于3周龄内的雏鹅，青年鹅和成年鹅可感染但不发病，从而成为健康带毒者。如果在同一个鹅场饲养多种日龄的鹅，感染鹅排出病毒后，可传染给另一个易感鹅群；若产蛋鹅群成为带毒者，将构成后代雏鹅发生小鹅瘟的传染源。

此外，某些疾病属于鹅与其他禽类的共患病，如禽流感、新城疫、大肠杆菌病和沙门氏菌病，无论是在活禽市场还是在养鹅场，感染这些病原的其他禽类均可构成鹅感染和发病的传染源。农村庭院家禽、观赏鸟类、野鸟、伴侣动物可能是多种疾病的来源。已有试验证明，在养殖场附近活动的麻雀及蚊子可携带坦布苏病毒，啮齿类动物可感染沙门氏菌等细菌。

（2）传播途径

病原体由传染源排出后侵入易感鹅只所经过的途径就是传播途径。一般来说，多数鹅传染病的传播途径就是由病鹅排出的病原体污染了饲料、饮水、空气、土壤、垫料等，被对该病原体易感的鹅只食入（经消化道）、吸入（经呼吸道）或伤口感染等而引起发病。此外，通过饲养人员、兽医工作者、参观访问人员、车辆、犬、猫、老鼠、野鸟等机械性传播病原，也是防疫工作中不可忽视的重要因素。

对于坦布苏病毒，蚊虫叮咬是可能的传播途径。饲料可因其原料污染或在加工或贮存过程中发生污染而导致鹅感染沙门氏菌和霉菌等病原（或导致霉菌毒素中毒）。禽流感则容易通过野鸟传播。

有些病原可经鹅蛋垂直传播，由此所引起的疾病称为蛋传性疾病或蛋媒疾病。如沙门氏菌污染种蛋，在孵化过程中可能造成死胚；或经孵化后形成弱雏或带菌雏，在育雏温度过低等应激因素影响下，雏

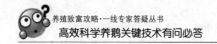

鹅可能发病或死亡。小鹅瘟病毒亦可经卵垂直传播，产蛋鹅发生潜伏感染后，这些鹅作为带毒者，通过卵将小鹅瘟病毒传递给后代雏鹅；或者带毒蛋在孵化时形成死胚，从而散播病毒将孵化箱污染，使出壳雏鹅大批发病死亡。

（3）易感鹅群

易感鹅群指对某一病原微生物具有感受性的鹅群。鹅群的这种感受性由机体的特异性免疫状态与非特异性免疫状态所决定。感受性的有或无以及感受性大小，很大程度上决定或影响传染病是否发生以及流行的强度。在实际工作中，可以通过给鹅群注射疫苗、免疫血清或高免卵黄液等方法，使鹅群对某一疫病由易感状态变为不感受状态，从而达到预防该疫病发生和流行的目的。对传染来源一定要调查清楚，严格隔离，必要时加以淘汰或扑杀，这也是控制传染病的重要措施之一。

总之，传染源、传播途径和易感鹅群是鹅传染病发生和流行的三个基本环节。这三个环节一环扣一环，只要打破或控制任何一个环节，传染病就可以被控制。而像鹅这样的家禽一旦生物安全体系出现问题而发生传染病，损失将是巨大的，治疗效果是很差的，成本也很高。

135. 预防和控制鹅传染病需要采取哪些生物安全措施？

（1）硬件建设

设施化养鹅，有利于疫病的预防和控制。硬件建设是实施生物安全措施的基础，如鹅场的选址与布局、鹅场围墙或防疫沟建设、鹅场分区、净道脏道分开、清洁区与污染区隔离等都必须考虑防疫安全。应建立专门的兽医室，配备常规的兽医器械、兽药、生物疫苗及储藏柜等；应在进场入口建立消毒池，对出入车辆等进行消毒；建立消毒室、更衣室、洗澡间等，以便对出入人员进行消毒等，严防将病原带入本场。建立专用的病鹅隔离舍，妥善做好病鹅、死鹅的处理工作，因传染病死亡的鹅只应该焚烧或深埋，煮沸处理亦可。

（2）软件建设

配备相应的兽医专职人员，以加强对重要疫病的监控和免疫预防。根据本场疫病的发病情况，结合当地流行病学特点，制订适合本场合理的免疫程序、药物保健程序和消毒程序，有计划地对鹅群进行免疫接种和药物保健，增强鹅群对疫病的抵抗力。实施全进全出的管理制度和鹅只单向流动的饲养制度，尽量做到自繁自养，从而减少或避免由于引种（蛋）而带来的其他疾病；离场鹅只不论何种原因，均不得再送回本场内饲养。

在日常鹅场管理上，要时刻清楚传染病流行的三个环节，即传染源、传播途径和易感动物，并针对性地制订管理措施。

1）消灭传染源　培育健康种群并贯彻自繁自养的原则，是防止从外地或外场引入病原携带者的重要控制措施，规模化鹅场更应遵循这样的原则。若确需从外地或外场引种或引进雏鹅，应对对方鹅群的健康状况和免疫状况进行了解，引进的鹅需经过隔离饲养，确认没有感染后，方可混群或放入正式栏圈饲养，以免造成重大经济损失。

发生过小鹅瘟后存活的雏鹅不能留作种用；所有接触过病鹅的鹅，包括雏鹅和成年鹅，均应进行血清学检测以确定哪些被水平感染，淘汰血清学阳性者。对于沙门氏菌病等经卵传播的疾病，需用血清学方法进行检测，清除种群中那些可能的蛋传播者，以此对疾病进行净化。

采用"全进全出"制度，发生重大疫病并经检疫确定感染后，应严格进行扑杀措施，并进行无害化处理。鹅场应关闭空置半年以上。对于常规疾病特别是细菌性疾病，应及时确诊并给予群体治疗。

饲料房、开放式鹅舍、鹅场废物和废用设备堆积的地方，都是鼠类藏身和繁殖的场所，应将灭鼠作为经常性的工作。

2）切断传播途径　隔离是切断传播途径最有效的措施。例如，鹅场实行封闭管理，谢绝一切参观；禁止外来车辆随意进入生产区；鹅场饲养员和工作人员不能随意到不同功能区或生产区活动，不能与家中或其他地方的家禽、伴侣动物、观赏鸟有任何接触；附近鹅场或其他禽场发病时，特别是发生新的疾病（如2010年新出现的坦布苏病毒感染）时，不能去现场参观或在附近闲逛，应通过电话讨论。发生疾病时，应及时进行隔离、封锁，防止疾病在不同功能区或鹅群之间传播。

消毒是杀灭病原微生物、切断传播途径的根本措施。消毒对象包括进出鹅场的人员、各种车辆、饲养用具、物品、网床、垫料、地面、游泳池、污水沟及鹅舍内外其他环境。根据不同的消毒对象，可选用不同的消毒剂和消毒方法。消毒包括平时的预防性消毒和发生疾病时的紧急消毒，两者都很重要，但更应重视平时的预防性消毒。保持鹅舍内外具有良好的环境卫生是控制鹅病发生和传播的重要手段。为防止蛋媒疾病，应采取各种措施减少种蛋污染，并做好种蛋的清洗、消毒和储存工作，以及孵化场的卫生消毒工作。

应加强饲料管理，防止沙门氏菌、霉菌等病原污染饲料。

养殖企业需制订具体、严格的作业流程，包括人员进出场流程、物品进场流程、车辆进场流程、种蛋运转流程、淘汰鹅出售流程、饲料消毒流程、垫料消毒流程、鹅舍带鹅消毒流程、环境消毒流程、空舍整理流程。

规模化鹅场应建立完善的粪便和污水处理措施，对鹅场废弃物实施无害化处理。

3) 保护易感鹅群　免疫接种是提高鹅群对传染病特异性抵抗力的唯一方法。应根据本场疾病流行状况接种合适的疫苗，而对病原变异性和疫苗免疫抗体水平进行监测分析是制订合理免疫程序的根本保障。

加强科学饲养，增强鹅群自身抵抗力。落实养重于防、防重于治的方针。

①饲料：加强营养调控，根据不同品种、不同生长阶段鹅发育和生产的需要，满足该阶段营养质和量的需求，使鹅只从小就有健康的机体，以利于发挥鹅只遗传潜力和抵抗疾病的侵袭。

②饲养：注重雏鹅的培育，抓好保温、通风、密度、温差等几个环节；注意场内的环境卫生，及时清扫；定时饲喂，确保饲料的质和量。

③管理：严把种鹅和种蛋质量关，让鹅群保持良好的健康状况和对疾病有坚强的抵抗力；在分群、转群、引种、运输和免疫时防止过

度应激，可在在饮水或饲料中添加电解多维等抗应激的药物。

136. 常用的消毒方法有哪些?

消毒是鹅场生物安全体系建设的重要环节，指根据不同生产环节、对象，用适宜的方法清除或杀灭鹅体表及鹅场环境中的病原微生物，以达到防控疫病的目的。消毒针对的是传染病的传播途径，其目的在于通过杀灭作用，防止病原微生物进入鹅场或减少病原微生物传入鹅场的机会和数量，降低鹅场环境中已有病原微生物的污染程度，从而有效控制传染病在鹅场的发生和流行。生产中常用的消毒方法包括机械清理法、物理消毒法、化学消毒法和生物消毒法四大类。

（1）机械清理法

机械清理法指用机械的方法（如清扫、洗刷、冲洗等）对养殖设施设备和养殖环境进行清理或清扫，以去除病原微生物或减少病原微生物的量。虽然用该法不能彻底消除或杀灭病原微生物，但却是消毒程序中最重要的环节，也是确保其他消毒措施取得效果的基础。

（2）物理消毒法

物理消毒法指用阳光照射、紫外线照射、高温等方法杀死病原微生物或减少病原微生物的量。阳光是天然的消毒剂，其光谱中的紫外线有较强的杀菌能力，阳光的灼热和蒸发水分引起的干燥亦具有杀菌作用，阳光照射适用于地面和可移动的设施或物品。用紫外线灯照射亦可用于消毒，生产中多用于人行通道。高温消毒包括用火焰进行烧灼或烘烤、经煮沸和用蒸汽进行消毒，多用于特定环节。

（3）化学消毒法

化学消毒法指运用化学消毒剂杀灭病原微生物，涉及熏蒸、浸泡、喷雾、撒布或在饮水中加入消毒剂等具体操作，消毒过程中有化学反应发生。常与机械清理和物理方法联合使用，用于养鹅生产的各个环节。

（4）生物消毒法

生物消毒法是利用生物发酵、微生态制剂等进行的消毒，多用于粪便等废弃物的消毒，一般要经过1～3个月时间，即可出粪清池，适用于规模化鹅场。鹅场废弃物如粪便、垫料等采用堆放的方法，只要时间和温度适宜，消毒杀虫（卵）的效果都很好。饲料中添加微生态制剂，通过有益菌的繁衍抑制有害菌的生存和繁衍。生物发酵床也是这个原理。

137. 消毒剂如何分类？常用的消毒剂在选用时需注意它们的哪些优点和不足？

（1）消毒剂分类

消毒剂类型很多，按化学组成分类，可将其分为卤素类（氯制剂、碘制剂）、醛类、酚类、醇类、氧化剂类、表面活性剂类、酸碱类等。

若按消毒剂的效果，则可分为高效消毒剂、中效消毒剂和低效消毒剂。高效消毒剂可杀灭多种微生物包括细菌繁殖体、细菌芽孢、真菌、病毒，氯制剂、醛类和氧化剂类消毒剂属于此类；中效消毒剂可杀灭各种细菌的繁殖体、多数病毒和真菌，但不能杀灭细菌芽孢，如碘制剂、醇类和酚类消毒剂；低效消毒剂可杀灭部分细菌的繁殖体、有囊膜的病毒和真菌，但不能杀灭细菌芽孢和无囊膜的病毒，例如苯扎溴铵（新洁尔灭）等季铵盐类消毒剂和氯己定等胍类消毒剂。

（2）常用消毒剂及其优缺点

1）氯制剂　包括无机类含氯消毒剂（次氯酸钠、漂白粉等）及有机氯消毒剂（氯胺T、二氯异氰尿酸钠、三氯异氰尿酸等）。有机类含氯消毒剂的效果优于无机类含氯消毒剂。

①优点：氯制剂属高效消毒剂，消毒效果好，在急性传染病流行时可用于紧急消毒，亦可用于日常环境消毒。

②缺点：消毒效力易受有机物、温度、酸碱度等外界环境因素的影响，且对人和动物有一定的毒性和危害。国内常用的次氯酸钠等含氯消毒剂中一般加入十二烷基苯磺酸钠、十二烷基硫酸钠等阴离子表面活性剂，制成复合制剂，如二氯异氰尿酸钠复方制剂、三氯异氰尿酸复方制剂等，可以显著提高消毒效果。

2）碘制剂　包括碘、碘伏等。碘的消毒效果良好，很早就被作为外科消毒的首选消毒剂，但碘难溶于水，故常与有机溶剂载体如乙醇结合发挥作用，以碘酊和碘酒的形式出现。为提高碘的溶解性能，人们用表面活性剂作为载体来助溶，这种结合物称为碘伏。常用的溶解载体为聚乙烯吡咯烷酮等表面活性剂。市场上的产品主要有碘酸混合溶液、复合碘溶液、聚维酮碘溶液等。

①优点：碘制剂属中效消毒剂，优点是消毒效力强、作用快，既可喷洒，又可内服。

②缺点：使用浓度较高，但高浓度时有腐蚀性、有残留，在碱性环境中效力降低，受有机物、温度和光线影响大。

3）醛类消毒剂　包括甲醛和戊二醛制剂等，属高效消毒剂。

①甲醛：是一种无色的气体，易溶于水，通常以水溶液形式出现，35%～40%的甲醛水溶液称为福尔马林。福尔马林常与高锰酸钾按2：1（毫升/毫克）联合使用，对舍内空间、蛋库等进行熏蒸消毒。缺点是具有刺激性和毒性。

②戊二醛制剂：与甲醛相似，但无甲醛的某些缺点，对微生物的杀灭效果比甲醛更好；缺点是成本高，适宜于器械消毒，用于环境消毒受到限制。一般认为戊二醛和阳离子表面活性剂具有协同作用，故可以制成复合制剂，如全安、安灭杀等。

4）酚类消毒剂　属中效消毒剂，市场上多用复合酚制剂（如农福、菌毒杀、杀特灵等），消毒力有所提高。酚类消毒剂有一定臭味和刺激性，带禽、带畜消毒受到限制，主要用作环境消毒和消毒池。复合酚多是酚与有机酸、表面活性剂等组成复方，各种活性成分之间协同作用，能有效地杀灭各种细菌、病毒和霉菌等。

5）醇类消毒剂　主要是乙醇（酒精）。浓度为75%的乙醇溶液消毒效果最好，是目前临床上使用最广泛的皮肤消毒药之一，亦用于器械和注射部位的消毒。

6）氧化剂类消毒剂　包括高锰酸钾、过氧乙酸等。高锰酸钾一般同甲醛混合进行熏蒸消毒。过氧乙酸是用于环境消毒作用较好的消毒剂，特别是在低温的环境下，有较好的杀菌力。缺点是有较强的刺激性，浓度高时会有一定的腐蚀性。过氧乙酸可以采用喷雾、熏蒸、浸泡和自然挥发等方式进行消毒。

7) 季铵盐类消毒剂　苯扎溴铵（新洁尔灭）和癸甲溴胺（商品名为百毒杀）是常见的季铵盐类消毒剂，分别属于单链季铵盐和双链季铵盐。季铵盐类消毒剂属于低效消毒剂，其适用范围受到一定的限制。但这类消毒药性质温和，使用方便，在消毒领域也得到了广泛的应用。可用于畜禽栏舍的喷雾消毒。单纯的季铵盐类不能杀灭细菌芽孢和无囊膜病毒，但与乙醇或异丙醇等组成复方制剂或将单、双链季铵盐组合，可明显提高杀菌效果。市场上常见的复合制剂有百毒杀、拜安等产品。

8) 碱类消毒剂　氢氧化钠、生石灰（氧化钙）等是畜禽生产中常用的碱类消毒剂。氢氧化钠主要用于场地、栏舍的消毒，生石灰具有强碱性，但水溶性小，解离出来的氢氧根离子不多，消毒作用不强，其最大的特点是价廉易得，常用于涂刷墙体、栏舍、地面等或洒在阴湿地面、粪池周围及污水沟等处消毒。

138. 要想达到理想的消毒效果需要充分考虑哪些因素？

消毒措施能否在生产中发挥应有的消毒效果，须考虑病原微生物、消毒剂和外部环境三个方面的因素。

(1) 病原微生物

1) 病原微生物的类型　细菌和病毒是对养鹅生产构成危害的两类主要的病原微生物，不同的细菌或病毒对消毒剂的敏感性有所不同。

细菌经革兰氏染色后，分为革兰氏阳性和革兰氏阴性两大类。革兰氏阳性菌的细胞壁主要由肽聚糖组成，许多物质可经由肽聚糖交联形成的网孔穿透细胞壁进入细菌内部；而革兰氏阴性菌的细胞壁主要由丰富的类脂质构成，类脂质是阻挡外界药物进入的天然屏障。革兰氏阴性菌（如大肠杆菌和沙门氏菌）的耐药质粒（R）还可介导产生对消毒剂的抗药性或破坏部分消毒剂。因此，革兰氏阳性菌通常比革兰氏阴性菌对消毒剂更敏感。

芽孢是某些细菌的一种特殊结构，其壁厚而致密，对化学药品抵抗力强，因此，大多数消毒剂（酚类、醇类、胍类、季铵盐类等）不能杀灭芽孢。目前公认的杀芽孢类消毒剂有戊二醛、甲醛、环氧乙烷、氯制剂、碘伏等。

按照囊膜的有无，可将病毒分为有囊膜的病毒和无囊膜的病毒。囊膜位于有囊膜病毒的最外层，由脂类、糖类和蛋白质组成。大多数消毒剂都能杀灭有囊膜的病毒，但中效消毒剂（如酚类）和低效消毒剂（如季铵盐类）对无囊膜的病毒的杀灭效果很差，因此，需选用高效消毒剂，如碱类、醛类、过氧化物类、氯制剂、碘伏等，才能确保有效杀灭无囊膜的病毒。

2）病原微生物的数量　随着养殖时间的延长，养殖环境中的病原微生物的污染程度会加重。特别是在疾病暴发期间，场区病原微生物的数量较正常情况要多。在这些情况下，消毒剂的用量要加大，消毒时间也要延长。即使在日常生产中，某些环节或区域属于重污染区或高危区域时，也应加强消毒，并适当增加消毒次数。

（2）消毒剂的种类

1）消毒剂的种类　消毒剂的种类与病原微生物的类型对消毒效果的影响是相辅相成的。因此，选择消毒剂时，需针对所要杀灭的病原微生物的特点而定，这是影响消毒效果的关键。在养鹅生产中，大肠杆菌、鸭疫里默氏菌、沙门氏菌、多杀性巴氏杆菌是常见的病原菌，这些细菌均不产生芽孢，因此一般情况下，不必考虑芽孢对消毒效果的影响，但这些细菌均为革兰氏阴性菌，若选择高效或中效消毒剂，消毒效果会更好。在引起病毒性疾病的病原中，禽流感病毒、新城疫病毒、坦布苏病毒、鸭瘟病毒是有囊膜的病毒，绝大多数消毒剂对杀灭这些病毒都是有效的；但小鹅瘟病毒、呼肠孤病毒、鸭甲肝病毒属于无囊膜的病毒，如果要杀灭这些病毒，必须选用高效消毒剂。

2）消毒剂的浓度　消毒剂的消毒效果通常与其浓度成正比。每一消毒剂都有其最低有效浓度，若低于该浓度就会丧失杀菌能力；但浓度也不宜过高，过高的浓度往往对消毒对象不利，并造成不必要的浪费。因此，在配制消毒剂时，要选择适宜的浓度。

3）消毒时间　大多数消毒剂接触病原微生物后，需要经过一定时间后才能起到杀死作用，因此，消毒后不能立即进行清扫。此外，大部分消毒剂在干燥后即失去消毒作用，溶液型消毒剂在溶液中才能有效地发挥作用。

(3) 外界环境

1) 温度　通常情况下，环境温度与消毒效果呈正相关。温度升高，药物的渗透能力会增强，消毒速度会加快，消毒效果可得到显著提高。反之，许多消毒剂在低温条件下反应速度减缓，消毒效果受到很大影响，甚至不能发挥消毒作用。例如，如果室温保持在 20℃ 以上，福尔马林能产生很好的消毒效果，但室温降至 15℃ 以下时，消毒效果明显下降。

2) 湿度　有些消毒剂的消毒效果与环境湿度存在一定关系。在湿度大于 76％时，甲醛消毒效果最好；若用过氧乙酸消毒，环境湿度应不低于 40％；对于紫外线而言，相对湿度越高，越会影响其穿透力，反而不利于消毒处理。

3) pH　许多消毒剂对酸碱度很敏感，pH 的变化可改变消毒剂的溶解度、离解程度和分子结构。例如，戊二醛在碱性环境中杀菌作用强，而酚类在酸性环境中作用强。新型消毒剂常含有缓冲剂等成分，可在一定程度上减少 pH 对消毒效果的影响。

4) 有机物因素　在养殖生产中，病原微生物常与各种有机物（如分泌物、血液、羽毛、灰尘、饲料残渣、粪便等）混合在一起，从而妨碍消毒剂与病原体的直接接触，延迟消毒反应，影响消毒效力。部分有机物还可与消毒剂发生反应，生成溶解度更低或杀菌能力更弱的物质，甚至产生不溶性物质反过来与其他组分一起对病原微生物起到机械保护作用。同时，消毒剂被有机物所消耗，降低了对病原微生物的作用浓度，如蛋白质能消耗大量的酸性或碱性消毒剂，阳离子表面活性剂易被脂肪、磷脂类有机物所溶解吸收。因此，在消毒前，要认真打扫、清洗、除去灰尘和有机物。

139.　制订免疫程序时需要注意哪些问题？

疫苗的免疫接种是预防和控制传染病的有效方法，也是鹅场生物安全体系的重要组成部分。只有制订出科学的免疫程序，才能更好地发挥疫苗的免疫效果。免疫程序的内容包括需免疫的疫苗种类、每种疫苗的首次免疫时间、每种疫苗的免疫次数、每两次免疫之间的间隔时间、每种疫苗的免疫途径和剂量等。

（1）确定疫苗种类

要确定所需接种的疫苗种类，关键看当前主要流行的鹅病种类。近年来，禽流感、小鹅瘟、鹅副黏病毒病、大肠杆菌病、鸭疫里默氏菌感染等疾病是危害养鹅业的主要疾病。因此，需重视禽流感疫苗、小鹅瘟疫苗、鹅副黏病毒病疫苗、大肠杆菌病疫苗、鸭疫里默氏菌病疫苗等疫苗的免疫。我国采用强制免疫加扑杀相结合的措施防控高致病性禽流感，因此，禽流感疫苗是必须免疫的。随着时间的推移，危害鹅业的疫病种类也可能会发生变化，需接种的疫苗种类可进行适当的调整。

（2）确定首免时间

疫苗的首次免疫时间与疾病的流行特点特别是发病日龄密切相关。在养鹅业，有些疾病（如小鹅瘟和鸭疫里默氏菌感染）主要发生于鹅的育雏期，必须在鹅的早期进行免疫；其他一些疾病（如禽流感和新城疫）可发生于各种日龄的鹅，为了保护雏鹅，亦须尽早免疫。总体上，目前可供鹅业使用的疫苗大多需要尽早进行首次免疫。

在制订首次免疫时间的过程中，还需兼顾疫苗因素的影响。疫苗有活疫苗和灭活疫苗之分。对于含有较高水平母源抗体的雏鹅，如果使用活疫苗进行首次免疫，需适当推迟接种时间；如果使用灭活疫苗进行首次免疫，则需考虑到两个因素的影响：①灭活疫苗的免疫产生期较活疫苗慢；②1周龄内的雏鹅可能对灭活疫苗不能产生很好的免疫反应。因此，通常选择将1周龄左右作为首免时间。事实上，目前可供鹅业使用的大多数灭活疫苗一般需在1周龄左右完成首次免疫。为避免应激反应，还需统筹安排不同灭活疫苗的免疫接种，例如不同灭活疫苗的首次免疫时间可间隔3天左右。

（3）接种次数

免疫接种次数与疫苗的免疫持续期密切相关。一般情况下，活疫苗比灭活疫苗的免疫效力更好、免疫持续期更长，因此，活疫苗的接种次数相对少一些；而对于灭活疫苗，通常需要接种 2 次或 2 次以上。在此基础上，还需同时考虑鹅的饲养时间，即所制订的免疫程序是用于商品肉鹅还是种鹅。对于活疫苗（如小鹅瘟活疫苗），若用于商品肉鹅（无母源抗体且未感染强毒），仅需在出壳后 48 小时内免疫 1 次；若用于种鹅，开产前常需免疫 1～2 次。对于灭活疫苗（如鹅副黏病毒疫苗和禽流感油乳佐剂灭活疫苗），若用于商品肉鹅，通常需接种 2 次；若用于种鹅群，开产前应进行 3～4 次免疫。免疫接种次数还与疾病的流行规律有关，如鸭疫里默氏菌感染多发生于 2～3 周龄鹅，1 月龄以上较少发病，2 月龄以上则具有天然抵抗力，因此在 1 周龄左右免疫 1 次即可。

(4) 疫苗保护期

不同疫苗的免疫效力和免疫持续期有所不同，决定了不同疫苗两次免疫之间的间隔期将有所不同；即使是同种疫苗，若需要进行多次免疫，每两次免疫接种的间隔期（如首免与二免之间、二免与三免之间）亦可能不同。这种免疫间隔期的制订可参考已有的文献报道。如小鹅瘟活疫苗，生产中通常采用免疫种鹅保护后代的做法，若在种鹅开产前 2 周免疫 1 次，在免疫后的 100 天内产蛋孵出的雏鹅能有效抵抗小鹅瘟病毒的感染；但 100 天后种鹅产的蛋孵出的后代雏鹅就不能有效抵抗该病毒的感染，种鹅群必须再次进行免疫。另一种变通的免疫程序是，种鹅在开产前 1 个月和 15 天分别免疫 1 次，这种间隔期为 2 周的免疫程序可使对后代雏鹅的保护期长达 5 个月之久。对于新城疫油乳佐剂灭活疫苗和重组禽流感病毒 H5 亚型二价灭活疫苗（Re-6 株＋Re-4 株），首免与二免间隔期以 2～3 周为宜，二免与三免、三免与四免的间隔期可设定为 3 个月左右。

(5) 其他因素

1）鹅苗来源　如果鹅苗的来源较杂（即其种鹅的免疫状况不同、感染状况不明），则将影响到雏鹅小鹅瘟活疫苗免疫程序的制订。因此，许多鹅场采用出壳即接种抗体制品的方式预防小鹅瘟，但注射一次小鹅瘟抗体制品可能并不足以完全保护雏鹅安全度过易感期。

2）种鹅产蛋期长　种鹅的产蛋期长达 36～40 周，即使在产蛋前进行多次免疫，种鹅在整个产蛋期（特别是产蛋中后期）能否获得足够的免疫保护，仍是值得考虑的问题。

3）育成期免疫　部分养鹅企业较重视育雏期和产蛋前的疫苗免疫，但通常忽略育成期的免疫。由于种鹅的育成期长达 20～22 周，而此时种鹅仍可能发生新城疫、禽流感等疾病，因此，值得考虑的问题是，在育雏期免疫两次鹅副黏病毒疫苗和禽流感油乳佐剂灭活疫苗是否能提供 28～30 周（加上 8 周的育雏期）的保护，从而使种鹅安全渡过育成期。

4）抗体监测　受多种因素的影响，不同鹅群对疫苗接种产生的免疫反应可能不同，因此，免疫程序不能生搬硬套，也不能一成不变。合理的做法是对免疫抗体进行监测，并依据监测结果制订出适宜的免疫程序，使之满足养鹅生产的需要。

140. 免疫接种必须遵循哪些基本原则?

（1）选择合适的疫苗

疫苗是生物活性物质，其质量涉及安全性和有效性，因此应从口碑好的生物制品企业购买疫苗。即便是正规产品，用户还需考虑活疫苗的残余毒力等正常现象，以选择合适的疫苗，例如小鹅瘟活疫苗 SYG26-35 株限于种鹅使用，不能用于雏鹅。如禽流感疫苗，鹅与鸡和鸭流行的可能不一样。

在关注疫苗安全性和有效性的前提下，所谓合适的疫苗，即所用疫苗应与本地或本场疫病流行的实际情况相一致，不能撒大网，盲目使用一些不需要的疫苗。对于某些疫病，其病原可分为不同的血清型或变异株，所选疫苗菌（毒）种的血清型（或抗原性）必须与目前潜伏在鹅场的病原相匹配；否则，接种了疫苗，不仅增加成本，引起鹅群应激，甚至会有由疫苗引入或诱发疫病的风险，没有正面的效果。

（2）接种人员要有专业素养

参与疫苗接种的人员除需具备相关的兽医知识和疫苗的有关知识，熟悉疫苗的性质、使用方法、注意事项和免疫程序外，必须有高度的责任心和敬业精神，尊重科学，珍视生命。

(3) 把握疫苗接种禁忌期

鹅群处于应激状态下，以及发生其他疾病时，都不适合进行疫苗接种，如长途运输、发生寄生虫病、转群前后、天气骤变、生理应激（产蛋）等，避免引起严重的副反应。特别是灭活疫苗，接种时可因佐剂等因素的影响引发不同程度的不良反应，不适宜用于刚出壳的雏鹅或处于产蛋高峰期的种鹅。已经潜伏感染某些病原的鹅，接种疫苗应特别慎重，以免因注射针头导致疾病传播，或由于应激反应导致疾病的暴发。

(4) 疫苗运输保障

疫苗是生物活性物质，需在适宜的温度下运输和保存。否则，疫苗的免疫效果会受到影响甚至被破坏。活疫苗通常需冷冻保存，灭活疫苗需放在 0～10℃冷藏，但不能冻存。不可以在高温下存放疫苗。

(5) 接种前应认真检查疫苗

疫苗如果出现过期、物理性状发生变化（如油乳佐剂灭活疫苗破乳）、疫苗被污染或混有异物等情况，一律不能使用。活疫苗开启后应及时稀释，并尽快用完，未用完的应废弃并妥善处理。

141. 具体到一个鹅场，其生物安全体系包括哪些内容？

一个鹅场生物安全体系的建立需要本书问题 135 中的"硬件"建设作为基础，并在此基础上采取以下"软件"措施。

（1）种鹅场应尽量远离商品代鹅场、屠宰场和其他禽类养殖场，以及村落。

（2）实行全进全出的饲养管理方式，一个场内饲养同一日龄的鹅群是最理想的，但为了连续生产，有时很难做到全进全出，那就要求调整好周转计划，延长批与批间隔时间，保证同一栋鹅舍饲养同一日龄的鹅群。全进全出管理，根据鹅场条件，可以是全场、鹅场同一区域或同一栋鹅舍。要做到不同日龄鹅群之间的人、料、动物、工具、废弃物等不交叉。

（3）鹅舍经冲洗、消毒后，空舍时间越长越安全。一般情况下，冲洗和初步消毒后应空舍 3～4 周，然后彻底消毒后进鹅。在鹅场发生严重疫病的情况下，清舍时应在增加消毒次数和消毒浓度的基础上，适当延长空舍时间。

（4）谢绝一切与生产无关的车辆、物品、人员进入鹅场生产区，非本场车辆、物品、人员进入生活区需经有关部门批准，消毒后方可进入。

（5）禁止本场职工在家中饲养各种禽类，除服务人员和销售人员外，其他职工避免到疫区、禽类加工、禽类饲养场等地方。

（6）进入生产区的人员，必须经更衣、淋浴，换上已消毒好的工作鞋、防疫服后方可进入生产区。

（7）鹅舍门口应设可淹没雨鞋鞋面的消毒池或消毒盆，并在进出鹅舍时对鞋进行踩踏消毒。

（8）应采用焚烧或燃煤锅炉的方式处理每日剖检和死亡的鹅只。

（9）清理出的鹅粪应远离鹅舍和生产区，并进行无害化处理。

第十一章　鹅病防制

142. 鹅主要的病毒性疾病有哪些？

随着养鹅业规模化集约化的发展，鹅的传染病似有增多的趋势。目前危害养鹅业最严重的传染病当属禽流感，其他的病毒性疾病还有鹅新城疫（鹅副黏病毒病）、小鹅瘟、鹅的鸭瘟和鹅出血性肾炎肠炎。

143. 什么是禽流感？如何防控？

禽流感是由 A 型流感病毒引起的一种禽类（家禽和野禽）的感染和/或疾病综合征。感染家禽表现为无症状带毒、轻度呼吸系统疾病、产蛋量下降及高度致死性的全身性感染。可引起家禽全身性感染的禽流感称为高致病性禽流感，这类疾病通常由 H5 和 H7 亚型（以 H5N1 和 H7N7 亚型为代表）病毒引起。

（1）流行特点

各种品种和日龄的鹅均可感染发病。鹅群感染高致病性禽流感后，表现出发病急、传播快、死亡率高的特点。本病一年四季均能发生，但冬春季节多发，夏秋季节发病减少。温度过低、忽高忽低，气候干燥，湿度过低，通风不良或通风量过大，寒流，大风，雾霾等因素均能促发该病。患病或携带病毒的鹅及其他禽类是主要的传染源。病禽的所有组织、器官、血液、分泌物、排泄物、卵中都含有该病毒，尤以呼吸道、粪便、分泌物、血液、肺、脾、肝等中含毒量较高。由于病毒是在呼吸道、肠道、肾脏和生殖器官中繁殖，因此，病毒可从感染禽的鼻腔、口腔、结膜和泄殖腔排放到环境中，污染饲料、饮水、设备、笼具、衣物、运输车辆等，从而导致病毒的传播。

病毒亦可通过感染禽和易感禽的直接接触传播，或通过气溶胶传播。

（2）临床特征

病鹅不出现前驱症状，发病后急剧死亡，死亡率可达 90%～100%。发病稍慢的体温升高达 42℃以上，精神沉郁，眼半闭或伏地呈嗜睡状，采食量明显减少或不食；有的患病鹅眼肿胀、流泪、流鼻液，一侧或双侧脸颊肿胀；出现明显呼吸道症状，咳嗽，发出呼噜声或喘鸣声，张口或伸颈呼吸；病鹅排绿色或白色稀便。病程稍长的患病鹅出现抽搐或头颈向后扭曲、不能站立、勾头等神经症状（彩图11-1 和彩图 11-2）。

（3）病理变化

剖检以出血性病变为主，常见的有喉头、气管、肺脏出血。心冠脂肪、心外膜、心内膜出血（彩图 11-3），心肌有灰白色条纹状坏死（彩图 11-4）。腺胃乳头出血，肌胃角质层下出血，肌胃与腺胃交界处呈带状或环状出血；十二指肠、盲肠、扁桃体、泄殖腔充血。肝、脾、肾肿大，胰脏出血、水肿。胸、腹部脂肪有紫红色出血斑或弥漫性出血点。产蛋鹅卵泡变形，严重破裂，形成卵黄性腹膜炎；病程较长的母鹅卵巢中的卵泡萎缩，卵泡膜充血、出血、变形，呈紫葡萄样（彩图 11-5、彩图 11-6），输卵管黏膜水肿、充血，内有浆液性、黏液性或干酪样物质。皮肤出血的病例，可见皮下水肿、出血。

组织学变化表现为小脑血管扩张、充血，毛细血管周围有水肿，间隙增宽，小脑组织发生液化性坏死灶、呈空泡化，小脑有软化灶；大脑毛细血管充血，小血管周围和神经元细胞周围发生水肿，神经元变性坏死，大脑组织发生液化性坏死灶、呈空泡化。心外膜下有炎性细胞浸润；肌间有少量出血，心肌纤维肿胀，胞核溶解，横纹消失，胞浆着色不均，肌纤维断裂。肺泡壁毛细血管扩张瘀血，支气管和细支气管周围淋巴细胞浸润，肺泡内充满大量液体、红细胞和炎性细胞。肾小管上皮细胞发生颗粒性变性，局灶性坏死，肾小管管腔变狭窄或阻塞。脾脏白髓边缘区出血，脾鞘动脉周围的淋巴组织及脾小体内的淋巴细胞核发生浓缩、碎裂而坏死，脾小体缩小。十二指肠绒毛不完整，上皮细胞变性、坏死、脱落，平滑肌断裂、不完整；小肠绒毛变粗，固有层毛细血管扩张、充血；空肠上皮细胞和肠腺坏死，直肠肠绒毛断裂、不完整，肠腔内有大量脱落的已发生变性、坏死的上皮细胞。肠道不同部位有局灶性出血斑块或环块（彩图11-7、彩图11-8）。胰腺腺泡上皮变性、坏死，形成大量的局灶性坏死灶，胰腺崩解。肝呈局灶性坏死，肝细胞发生颗粒变性、脂肪变性和坏死。肝窦内网状内皮细胞增生，肝被膜下有出血。腺胃黏膜上皮坏死脱落，炎性细胞浸润。

（4）诊断要点

根据本病的流行病学、临床症状和病理变化等综合分析可以作出初步诊断。由于本病的临床症状和病理变化差异较大，常常和其他病疫病混合感染，且鹅流感与鹅新城疫的症状及剖检变化相似，因此，确诊须依靠病毒的分离和鉴定。

（5）防控措施

建立生物安全体系是防控该病最有效的方法，如隔离、消毒、检测、科学饲养等。避免鹅、鸭、鸡混养和串栏。禽流感有种间传播的可能性，应引起注意。一旦受到疫情威胁或发现可疑病例，立刻采取有效措施防止扩散，包括及时准确诊断病例、隔离、封锁、销毁、消毒等。

免疫接种也是控制本病的重要措施。种鹅、商品蛋鹅：首免在15～20日龄，每只注射0.3毫升；二免在45～50日龄，每只接种0.5毫升；开产前2～3周，每只接种0.6～0.7毫升；开产后，每隔2～3个月接种一次。

144. 什么是鹅的副黏病毒病？如何防控？

鹅副黏病毒病，是由副黏病毒引起的、危害各种年龄鹅的一种急性病毒性传染病，以肠道黏膜出血、坏死、有溃疡病灶和纤维素性结痂，以及脾脏肿大、形成坏死灶为特征病变。该病在我国各养鹅主产区均有流行发生，已成为严重危害养鹅业的传染病之一。

（1）流行特点

该病的发病率为40%～100%，死亡率为30%～100%。不同日龄鹅均有易感性，发病最小的为3日龄，最大的为300余日龄；日龄越小，发病率和死亡率越高，2 周龄内雏鹅的发病率和死亡率均可达 100%。

本病的流行没有明显的季节性，一年四季均可发生。本病主要通过消化道和呼吸道感染。病鹅的脾、脑、肝、肺、气管分泌物、卵泡膜，以及肠管和排泄物中都含有大量病毒。被病鹅的唾液、鼻液及粪便沾污了的饲料、饮水、垫料、用具和孵化器等是本病重要的传染源。病鹅在咳嗽和打喷嚏时的飞沫内含有很多病毒，散布在空气中，易感鹅吸入之后就能发生感染，并从一个鹅群传到另一个鹅群。病鹅的肉尸、内脏和下脚及羽毛如处理不当，也会成为重要的传播源。

鹅副黏病毒病也能通过鹅蛋传染，从病鹅的蛋中能分离出病毒。流行地区的鲜蛋和鹅毛等都是传播疫病的媒介。除此之外，许多野生飞禽和哺乳动物也都能携带病毒，例如犬、猫及鼠吃了病鹅尸体后 72 小时内可以排出病毒传播疫病。

（2）临床症状

自然条件下，本病的潜伏期一般 3~5 天，日龄小的鹅 1~2 天，日龄大的鹅 2~3 天。病程一般为 2~5 天，日龄小的雏鹅为 2~3 天，日龄大的鹅为 4~7 天。患鹅发病初期排灰白色稀粪，病情加重后粪便呈水样，带暗红色、黄色、绿色或墨绿色。患鹅精神委顿和衰弱，眼有分泌物，眼睛周围湿润（彩图 11-9）。常蹲地，少食或拒食，体重迅速减轻，但饮水量增加。行动无力，浮在水面，随水漂流。部分患病鹅后期表现扭颈、转圈、仰头等神经症状（彩图 11-10），饮水时更加明显。

（3）病理变化

患鹅脾脏肿大、瘀血，表面和切面布满大小不一的灰白色坏死灶，有的如粟粒至芝麻大，有的融合成绿豆大小的坏死斑（彩图 11-11）。胰腺肿胀，表面有灰白色坏死斑或融合成大片，色泽比正常苍白，表面光滑，切面均匀。肠道黏膜的病变包括出血、坏死、溃疡、结痂等（彩图 11-12），从十二指肠开始，往后肠段病变更加明显和严重；十二指肠、空肠、回肠黏膜有散在性或弥漫性大小不一的出血斑点、坏死灶和溃疡灶。结肠病变更加严重，黏膜有弥漫性、大小不一的溃疡灶，小如芝麻大，大如蚕豆大，表面覆盖着纤维素性的结痂

（彩图 11-13）。盲肠黏膜有出血斑和纤维素性结痂溃疡病灶，直肠和泄殖腔黏膜的弥漫性结痂病灶更加严重（彩图 11-14），剥离结痂后呈现出血面或溃疡面，盲肠扁桃体肿大出血或有结痂溃疡病灶。有些病例在食管下段黏膜可见有散在性芝麻大、灰白色或灰白色纤维性结痂。部分病例腺胃及肌胃黏膜充血、出血。部分病例肝脏肿大、瘀血、质地较硬。胆囊扩张、充满胆汁，病程较长的病例胆囊黏膜有坏死灶。心肌变性，部分病例心包有淡黄色积液。肾脏稍肿大，色淡。有神经症状病例的脑充血、出血、水肿。皮肤瘀血，部分病例皮下有胶样浸润。

（4）诊断要点

根据流行病学、临床症状和病理变化可对本病作出初步诊断，确诊必须进行病毒的分离和鉴定。

（5）防控措施

应采取综合性防控措施，以控制本病的发生和流行。生物安全措施仍然是防控本病最有效的方法。例如，新引进的鹅必须严格隔离饲养，同时接种灭活疫苗，经过 2 周确实证明无病时，才能与健康鹅合群饲养；鹅场要严格执行卫生防疫制度，人员进出要进行消毒；养鹅场不得饲养其他家禽。

免疫接种是控制本病的重要措施。用鹅源副黏病毒流行毒株制备油乳剂灭活苗，可产生有效的免疫效果。对于种鹅，在留种时应对仔鹅或青年鹅进行一次免疫，产蛋前 2 周内进行二免，在二免后 3 个月左右进行第三次免疫，可使种鹅群在产蛋期获得良好的免疫力。种鹅免疫后，如果后代雏鹅体内的母源抗体正常，雏鹅的初次免疫可在 15 天左右进行，2 个月后再进行第二次免疫。对于无母源抗体的雏鹅（种鹅未免疫），可根据本病的流行情况，在 2~7 日龄或 10~15 日龄进行首次免疫，免疫后 2 个月左右再进行加强免疫。

做好疫苗免疫抗体监测工作，并根据抗体检测结果制订出科学的免疫程序。通常以 HI 抗体效价 1:16 作为临界点，若抗体水平低于该值，应立即进行加强免疫。

严禁用鸡新城疫Ⅰ系活疫苗免疫鹅群。

鹅群一旦发生副黏病毒病，应立即将病鹅隔离或淘汰，对死鹅进行无害化处理，同时对鹅群中没有症状的鹅用鹅副黏病毒灭活苗进行紧急免疫接种，先免疫注射健康鹅，后免疫假定健康鹅。免疫时应勤换注射针头，避免用具污染。同时可适当应用抗生素，以减少并发病、促进肠道病变的康复。

应用抗鹅副黏病毒病血清或卵黄抗体作鹅群紧急注射，有较好的保护率；或用抗小鹅瘟和抗鹅副黏病毒病双抗体，也有较好的保护率。用鹅副黏病毒抗血清或卵黄抗体进行紧急注射，对患病鹅具有较好的治疗效果。亦可用小鹅瘟和鹅新城疫二联抗体进行治疗。

145.　什么是小鹅瘟？如何防控？

小鹅瘟又称鹅细小病毒病、Derzsy 氏病（若为欧洲引进鹅种，其饲养管理手册中可见），是由细小病毒引起的鹅的一种急性、高度接触性、败血性传染病，主要侵害出壳后 4～20 日龄的雏鹅和雏番鸭。根据调查分析情况看，本病流行广、传播快、危害严重，10 日龄以内雏鹅发病后死亡率可达 100%，是危害养鹅业的最主要疫病之一。

（1）流行特点

鹅细小病毒病在自然条件下仅在雏鹅中发生，最早 1～4 日龄开始发病，数日内波及全群。主要侵害 3～20 日龄的雏鹅，日龄越小越易发病，死亡率一般为 40%～80%，严重时可高达 100%；20 日龄以上发病率低，1 月龄以上雏鹅较少发病。随着日龄的增长，易感性下降。发病率和死亡率在很大程度上与当年种鹅的免疫状态有关。病雏鹅、带毒鹅及带毒种蛋是本病的主要传染源。病毒通过污染的饲料、饮水、用具和环境通过消化道感染而发病，也可经被污染的种蛋而感染。本病的最大特点是发病率和死亡率有严格的年龄相关性，日龄越小，发病率和死亡率也越高。

（2）临床症状

本病的特征临床症状表现在消化道和中枢神经系统，但症状的表现与感染发病时雏鹅的日龄有密切的关系。本病潜伏期一般为 3～4 天，临床症状可分为最急性型、急性型和亚急性型。

1）最急性型　最急性型通常发生在1周龄内的雏鹅，常无临床症状突然死亡，死时两腿向后伸直（彩图11-15）或发现精神委顿后数小时死亡。此型传播迅速，数小时内波及全群，致死率高达95%～100%。

2）急性型　5～15日龄内所发生的大多数病例为急性型，开始精神尚好，但食欲不振，嗉囊柔软，含有大量的液体和气体；喙端和蹼发绀，鼻孔有浆液性分泌物，周围污秽不洁；排含气泡的水样粪便。病鹅离群站立，不食不饮，临死前出现神经症状，颈部扭转，两腿麻痹或做划水动作（彩图11-16），全身抽搐；病程半天至2天。15日龄以上雏鹅病程稍长，一部分能转为亚急性，症状以精神委顿、消瘦和腹泻为主，少数能幸存，但此后有一段时期生长发育不良。

3）亚急性型　多发生于流行后期孵化出的雏鹅或15日龄以上的雏鹅。表现为不愿走动，减食或不食，腹泻，症状较轻，病程也较长，可延续1周以上，少数病例可自然康复，但生长发育严重受阻。

(3) 病理变化

本病病理变化以消化道炎症为主，全身皮下组织明显充血、呈弥漫红色或紫红色，血管分支明显。

最急性病例的病变不明显，仅见小肠前段黏膜肿胀充血，覆盖有大量黏稠的淡黄色黏液。有些病例小肠黏膜有少量出血点或出血斑，表现为急性卡他性炎症变化。胆囊肿大，充满稀薄胆汁。

(4) 诊断要点

根据流行病学、临床症状和病理变化，可对本病作出临床诊断。具有诊断价值的临床信息包括：1～3周龄的雏鹅大批发病死亡，而青年鹅、成年鹅和其他家禽均未发病。患病雏鹅以排黄白色或黄绿色水样稀粪为主要特征，肠管内有条状的脱落假膜或在小肠末端见有栓子阻塞于肠管（彩图11-17）。小鹅瘟可能与禽流感、鹅副黏病毒病、沙门氏菌病、禽霍乱等相似，需进行鉴别诊断。要对本病作出确诊，需进行病毒的分离和鉴定。

(5) 防控措施

小鹅瘟病毒感染最容易于先天性感染的种蛋孵化过程中暴发。因此，最好不要孵化来源不同的种鹅群的种蛋。应选用确知为免疫过小鹅瘟疫苗的种鹅产的蛋。环境消毒和孵化器的消毒是防控本病传播的有效方法，应做好孵化场、育雏舍及器具等的消毒，种蛋入孵前应用福尔马林熏蒸消毒。

对种鹅注射小鹅瘟疫苗是预防本病最经济、最有效的方法。

①在种鹅产蛋前 15 天左右，每只种鹅经皮下或肌内注射小鹅瘟疫苗 1 毫升，12～100 天内，后代鹅雏具有坚强的免疫力。种鹅免疫 100 天以后，后代雏鹅所获得的保护率有所下降，种鹅必须再次进行免疫；或雏鹅出壳后用雏鹅弱毒苗进行免疫或注射抗体制品，以达到高度的保护率。

②也可以采用活苗二次免疫法：在产蛋前 1 个月左右，每只种鹅用 100 倍稀释的种鹅用活疫苗免疫 1 毫升，在产蛋前 15 天，再以 10 倍稀释的疫苗免疫 1 毫升，在免疫后 5 个月内，后代雏鹅可获得足够的保护率。

③灭活单苗免疫法：在产蛋前 15～30 天，每只种鹅经肌内注射免疫小鹅瘟油乳佐剂灭活苗 1 毫升，免疫后 15 天至 5 个月内，后代雏鹅可获得较高的保护率。

④二联灭活疫苗免疫法：在产蛋前 15～30 天，每只种鹅经肌内注射小鹅瘟病毒和鹅副黏病毒二联灭活苗 1 毫升，免疫后 3 个月左右，用鹅副黏病毒病灭活疫苗再免疫 1 次，雏鹅和种鹅均可获得较高的保护率。

⑤若种鹅未免疫或免疫 100 天后后代雏鹅未感染强毒，可对后代雏鹅进行主动免疫。在出壳 48 小时内，每只雏鹅经皮下注射 50～100 倍稀释的鹅胚化雏鹅用活疫苗 0.1 毫升，免疫后 7 天内严格隔离饲养，防止强毒感染，保护率达 95％左右。在已被污染的雏鹅群作紧急预防，保护率达 70％～80％；对已被感染发病的雏鹅进行免疫，无明显预防效果。

⑥在本病流行区域，或已被病毒污染的孵化场，雏鹅出壳后立即经皮下注射高免血清，可有效预防本病的发生。高免血清的琼脂扩散效价必须在 1∶8 以上。雏鹅群在出炕后 24 小时内，每只雏鹅经皮下注射 0.3～0.5 毫升；对已经感染发病的雏鹅群的同群雏鹅，每只皮

下注射 0.5～0.8 毫升；对已感染发病早期的雏鹅，每只皮下注射 1 毫升，治愈率可达 50％左右。

⑦本病无有效的治疗药物，抗小鹅瘟血清可用于治疗和预防本病，预防每只皮下注射 0.5 毫升，保护率可达 90％。治疗时，15 日龄以下每只注射 1 毫升；15 日龄以上每只注射 2 毫升，隔日再注射 1 次，治愈率可达 70％～85％。在治疗过程中，肠道往往发生其他细菌感染，故在使用血清进行治疗时，可适当配合使用其他广谱抗生素、电解质、维生素 C、维生素 K_3 等药物进行辅助治疗，可获得良好的效果。

146. 什么是鹅的鸭瘟病？如何防控？

鹅的鸭瘟病，是由鸭瘟病毒引起的鹅的一种急性败血性传染病。以高热、流泪、头颈肿大、眼和泄殖腔出血，以及排稀粪、泄殖腔溃烂和两腿发软为特征。该病发病率和死亡率均较高，一旦鹅群发病感染，即迅速传播，引起大批死亡，给养鹅业造成巨大经济损失。本病常呈周期性暴发，发病率和死亡率较高，是严重危害水禽（鸭、鹅）业的病毒性传染病。

（1）流行特点

鸭瘟的传染源主要是病鸭或病鹅，潜伏期带毒鸭鹅及病愈后不久的带毒鸭鹅。被病鸭鹅污染的饲料、水源、用具、运输工具及周围环境都可能造成疾病的传播。此外，某些感染或带毒的野生水禽和飞鸟也可能成为传染源或传播媒介。某些吸血昆虫也可能传播本病。在低洼潮湿和水网地带及河川下游放牧饲养的鹅群，最容易发生鹅鸭瘟病。

60 日龄以下的鹅群一年四季均可发生鹅鸭瘟病，但以春夏和秋季发生最多且严重，在鸭鹅群饲养密度高、流动频繁的春夏之际和秋季流行最为严重。传播快而流行广，发病率高达 95％以上，小鹅死亡率高达 70％以上。60 日龄以上大鹅也有发生，尤以产蛋母鹅群的发病率和死亡率高达 80％～90％。该病常呈地方性流行，发病至死亡过程一般为 2～7 天。消化道感染是鸭瘟的主要传染途径，也可通过呼吸道、交配和眼结膜感染。

（2）临床症状

本病的潜伏期是 3～4 天。发病初期，病鹅表现精神不振，体温升高，羽毛粗乱。食欲不振甚至不采食饲料。趴地不起，不愿下水，强行驱赶时，病鹅步态蹒跚。站立不稳，甚至倒地不起而死亡。病鹅排黄白色、乳白色或黄绿色黏稠稀粪，眼流泪，眼睑水肿（彩图 11-18）。病鹅眼出血，眼结膜出血或充血，有的病鹅在死亡后其眼周围有出血斑迹。病鹅头部及颌部皮下水肿、出血。临死前全身震颤。泄殖腔黏膜出血或充血和水肿。有些病鹅的眼鼻和口角均有出血。一般发病后 2～5 天死亡，有的可持续 1 周以上。

（3）病理变化

病鹅呈现败血症病变，皮下组织炎性水肿，皮下有出血点或出血斑（彩图 11-19），眼睑结膜出血。口腔、食管及泄殖腔黏膜坏死，形成灰黄色或褐色假膜，剥离后可见出血斑或溃疡。十二指肠和直肠严重出血，泄殖腔黏膜出血。肝脏上有大小不等的灰黄色坏死点，有些坏死点中间还有出血点或出血斑（彩图 11-20）。心包膜、口腔、食管和腺胃黏膜上有出血点。法氏囊黏膜充血，囊腔内充满白色的凝固渗出物或血凝块。

（4）诊断要点

根据其流行病学特点、临床症状和剖检病理变化即可作出初步诊断。确诊须进行病毒的分离鉴定和血清中和试验。

（5）防控措施

1）隔离消毒　严格禁止健鹅与发生鸭瘟或鹅鸭瘟的病群接触。应避免从疫区引进种蛋、种苗、种鹅，如必须引进，一定要经过严格检疫，并经隔离饲养 2 周以上，证明健康后才能合群饲养。还要禁止在鸭瘟流行区域和野生水禽出没区域放牧。避免鹅、鸭共养，避免同饮一池水，防止饲料、饮水被鸭瘟病毒污染。平时对禽场和工具进行定期消毒。发生鹅鸭瘟后，应立即隔离和严格消毒，一般可采用 10％～20％的石灰水或 5％的漂白粉水溶液对鹅舍、运动场及其他用具进行消毒。暂停引进新鹅，待病鹅痊愈并彻底消毒后，才能引进新鹅群。

2）免疫接种 平时可用鸭瘟疫苗对鹅群进行免疫接种，有良好的免疫预防效果。在鸭瘟发病率高的地区，所有鸭、鹅应注射鸭瘟弱毒疫苗。初生鹅免疫期为 1 个月，2 月龄以上的鹅免疫期可达 9 个月。种鹅产蛋前接种疫苗 1 次，可提高母源抗体水平，并使雏鹅的首免日龄适当推迟。产蛋鹅宜安排在停产期或开产前 1 个月注射，肉鸭一般在 20 日龄以上注射一次即可。

在鸭瘟发病率较高地区，必须给鹅接种鸭瘟弱毒疫苗，加强饲养管理，增强机体抵抗力。雏鹅可以加喂微生态制剂、多种维生素及微量元素。受威胁区、疫区的鹅，应用鸭瘟弱毒苗进行免疫接种。

3）治疗方法 发生鸭瘟时，可用鸭瘟疫苗进行紧急预防接种，剂量加倍；也可用鸭瘟高免血清治疗，每只每次肌内注射 1 毫升，同时肌内注射氟美松 0.5 毫克。对病鹅应多喂青绿饲料，少喂粒料，饲料中增加维生素用量，可混入 0.01% 维生素 C 饲喂，同时用口服补液盐代替饮水，连续 4～5 天自由饮服。为预防混合感染，在病鹅群中可用适量恩诺沙星拌料后口服，连喂 2～3 天。

147. 什么是鹅出血性肾炎肠炎？如何防控？

鹅出血性肾炎肠炎是由多瘤病毒感染引起的鹅的全身性高度致死性传染病。该病主要危害 4～10 周龄鹅，以高发病率和高死亡率为特征，主要病变为出血性肠炎、肾炎或出血性肾炎、腹水等。该病发现于欧洲养鹅地区并呈流行性发生。我国尚未见鹅发生该病的报道，但已有学者从我国的鸭群中检出该病病毒，需要引起养鹅界的重视。

（1）流行特点

该病常发于冬季，且多发生于 4～10 周龄的鹅，发病率为 10%～80%，病死率几乎为 100%。该病有时亦发生于 4 日龄或者 17～20 周龄的鹅。在许多鹅群，死亡可持续 12 周龄，或者出现 2 个死亡高峰，其间有几周的间隔期。将病毒接种 1 日龄鹅，死亡率可达 100%。感染鹅可通过粪便排毒并污染环境，尚不清楚病毒是否可经卵垂直传播。

（2）临床症状

感染鹅群通常发育正常，往往无先驱症状而突然死亡。有时感染鹅亦可表现出共济失调、头颈震颤、皮下出血、排血染粪便等症状。一旦出现临床症状，很快就会死亡。死前几小时，会出现离群趴窝、昏迷。病鹅出现急性出血性肾炎肠炎，黏膜肿胀增厚、出血和糜烂；肠道泛红，肠内容物血染（彩图 11-21、彩图 11-22）；亚急性病例和慢性病例可因关节尿酸盐沉积而出现跛行（彩图 11-23）。

（3）诊断要点

根据 4～10 周龄鹅所表现的大体病变，可对该病作出初步诊断，但小鹅瘟也可能出现类似病变，故需进行实验室检验方能确诊。

将病毒分离株或含毒临床样品经皮下注射、肌内注射或口服途径接种 1 日龄雏鹅，可复制出该病的临床症状和病理变化。雏鹅临死前常出现昏睡、角弓反张和麻痹等神经症状，大体病变包括出血性肠炎、腹水、皮下水肿、肾炎或出血性肾炎。在接种后 5～16 天，雏鹅死亡率几乎达 100%，据此可作出进一步确诊。

（4）防控措施

①加强鹅群的饲养管理，避免应激因素的刺激，可减轻临床症状，并可防止无症状感染者和病毒携带者发病。该病主要通过粪便传播，因此，加强卫生管理和消毒十分重要。氯制剂对杀灭该病毒有效，但消毒前应彻底清除有机物质，以确保消毒效果。感染鹅可形成病毒血症，因此接种疫苗时，应对针头消毒，防止病毒的散播。目前尚不清楚该病能否经卵垂直传播，但严格遵守孵化消毒制度有利于防止雏鹅的早期感染。目前对该病尚无有效的治疗措施。②用疫苗进行免疫接种。将表达的 VP1 重组蛋白乳化后作为疫苗，免疫 1 日龄雏鹅或 18 天后再加强免疫 1 次，5 周龄攻毒，保护率分别为 95% 和 100%。在种鹅产蛋前 6 周和 2 周免疫 2 次，免疫后 50 天母源抗体能完全保护刚出壳的雏鹅抵抗强毒攻击。

148. 鹅主要的细菌性疾病有哪些？

危害养鹅业主要的细菌性疾病有禽霍乱、鹅大肠杆菌病、鸭疫里

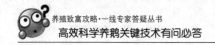
默氏菌病、鹅沙门氏菌病、鹅葡萄球菌病和链球菌病。

149. 什么是禽霍乱？如何防控？

禽霍乱又称为巴氏杆菌病，是由多杀性巴氏杆菌引起的接触性传染病。可引起鹅的急性败血症及组织器官出血性炎症，并常伴有严重的下痢，故又称禽霍乱、禽出血性败血症、摇头瘟等。该病流行于世界各地，无明显的季节性，一年四季均可发生。该病发生后，同种或不同种的畜禽间均可互相传染。可通过污染的饮水、饲料、用具等经消化道、呼吸道及损伤的皮肤黏膜等传染，是危害养鹅业的一种严重的传染病。

(1) 流行特点

本病流行的季节性不强，不同年龄的鹅均可发病。各种家禽（包括鸡、鹅、鸽、鹌鹑等）、野禽（野鸭、天鹅、海鸥等）都能感染本病，其中鸡、鸭、鹅最为易感，发病率最高。本病常为散发性，多为急性发病。病鹅、带菌鹅及其他病禽是本病的主要传染源。健康鹅通过直接接触病禽或接触经病禽污染的饲料、饮水、器械、环境等，经消化道或呼吸道而感染，有时也可通过损伤的皮肤而引起感染。此外，不良的应激条件，如天气突变、饲养密度过大、通风不良、环境卫生条件恶劣、鹅群嬉戏的水塘水质严重污染，以及营养不良、长途运输等，可促使本病的暴发。犬、猫、飞鸟和家禽（麻雀和鸽等）及野生动物，甚至人都能够机械带菌。有些昆虫如苍蝇、蝉、螨等也是传播本病的重要媒介。

(2) 临床症状

本病的潜伏期为2～9天。典型病理变化为心脏心内外膜有出血点或出血斑，肝脏表面具有分布均匀的灰白色坏死点。根据病程长短可分为最急性、急性和慢性三种病型。

1) 最急性型　常发生在本病刚开始暴发的最初阶段。最急性病例常无任何先兆而突然倒地死亡。此种病例剖检常无特征性病变，偶见消化道有出血性变化。在本病流行过程中，最急性病例只占极少数。

2）急性型 病鹅精神委顿，不愿下水游泳，即使下水也行动缓慢，常落于鹅群后面或离群独处，羽毛松乱，体温升高至42.3～43℃，食欲减少或废绝，口渴，眼半闭或全闭，打瞌睡，缩头弯颈，尾翅下垂，口和鼻腔有浆液、黏液流出，呼吸困难，张口伸颈，常摇头，欲将蓄积在喉部的黏液排出，故群众称之为"摇头瘟"。病鹅发生剧烈腹泻，排出绿色或白色稀粪，有时混有血液，具有腥臭味。病鹅往往发生瘫痪，不能行走。病鹅的喙和蹼明显发紫，通常在出现症状的2～3天内死亡。

3）慢性型 病程稍长的转为慢性，病鹅消瘦，有些发生关节肿胀，跛行，行走不便，行动受限或脚蹼麻痹，起立和行走很困难。时间较长则局部变硬。

（3）病理变化

病死鹅尸僵完全，皮肤发紫或皮肤上有少量散在的出血斑点。禽霍乱的特征性病变表现为心冠脂肪、心耳及心内外膜有弥漫性出血斑点；肺瘀血、水肿；肝脏肿大、瘀血，表面密布针尖大小灰白色坏死点（彩图11-24、彩图11-25）。此外，腹膜、皮下组织、腹部脂肪及浆膜常有出血斑点；心包积液，呈现透明橙黄色，有的心包内混有纤维素絮片；胆囊充盈、肿大，充满绿色胆汁；多数脾脏肿大，有散在的坏死灶；胰腺亦肿大，有出血点，腺泡明显；肠道中以十二指肠的病变显著，发生严重的呈现急性卡他性肠炎或出血性肠炎，肠黏膜充血、出血（彩图11-26）；肠内容物中含多量脱落黏膜碎片的淡红色液体；肌胃角质膜下亦有出血斑点。慢性型病例可见关节面粗糙，附着黄色的干酪样物质或红色的纤维组织，关节囊增厚，内含有暗红色、混浊的黏稠液体；局部穿刺见有暗红色液体，呈干酪样坏死或机化，切开肿胀部位有豆腐渣样渗出物。心肌有坏死灶，肝发生脂肪变性和局部坏死。

（4）诊断要点

根据流行特点、临床症状和典型的病理变化，可对本病作出初步诊断。确诊需进行细菌的分离培养鉴定，如生化试验、动物试验等。

（5）防控措施

①加强饲养管理：禽霍乱的发生多因该病原是体内条件致病菌，

当遇到饲养条件欠佳、环境气候突变等应激因素时即可引发该病。一旦发病，应及早隔离治疗，全面消毒，并应全群进行预防性投药。在该病发生严重地区，应加强环境卫生，保持鹅舍通风干燥，并令鹅适当运动。防止家禽混养，严禁在鹅场附近宰杀病禽。坚持定期检疫，早发现早治疗，降低损失。②健康鹅群接种禽霍乱弱毒活菌苗或氢氧化铝或蜂胶灭活菌苗。对高发地区的鹅群，应采用标准疫苗和当地疫苗株制成的灭活菌苗联合免疫，可获得更有效的预防效果。③有条件的鹅场，最好通过药物敏感性试验，选择敏感的抗菌药物进行治疗。该菌一般对丁胺卡那、喹乙醇高敏，对青霉素、磺胺噻唑中敏。如可用青霉素、链霉素混合肌内注射，每千克体重各用 10 万～20 万单位，一天 2 次，连用 2～3 天，能迅速减少死亡，控制病情。也可将磺胺类药物（如磺胺嘧啶、磺胺二甲嘧啶、磺胺异噁唑等）按 0.4%～0.5%的比例混于饲料中内服，拌料一定要均匀，慎防磺胺中毒，同时添加一定量的碳酸氢钠。此外，最好同时紧急接种禽霍乱蜂胶灭活疫苗，每只鹅视大小肌内注射 1～2 毫升。给药和紧急接种灭活疫苗可迅速有效遏制本病的流行。

150. 什么是鹅大肠杆菌病？如何防控？

鹅大肠杆菌病是由致病性大肠杆菌引起的局部或全身性感染的细菌性疾病的总称。临床上常见的有卵黄性腹膜炎、急性败血症、心包炎、脐炎、气囊炎、滑膜炎、大肠杆菌性肉芽肿、胚胎病及全眼球炎等病变。各种年龄的鹅均可感染，感染率达 5%～30%，病死率在 90%以上。随着养鹅数量的增加、密度的增大，本病不断发生，正在成为危害养鹅业的主要疫病之一。同时，本病易与鹅的其他细菌性疾病、病毒性疾病混合感染，给养鹅业带来极大的经济损失。产蛋期种鹅发生该病，称为卵黄性腹膜炎，俗称母鹅"蛋子瘟"，不仅影响产蛋率，而且有时死亡率很高，对养鹅业危害极大。

(1) 流行特点

大肠杆菌广泛分布于自然界，也存在于健康鹅和其他禽类的肠道中，是健康畜禽肠道中的常在菌，可分为致病性和非致病性两大类，是一种条件性致病菌，正常情况下不能致病，在卫生条件差、饲养管理不良的情况下，很容易引发此病。大肠杆菌普遍存在于饲料、饮水、鹅的体表、孵化场、孵化器等处，其中种蛋表面、孵化过程中的死胚及蛋中分离率较高。大肠杆菌对环境的抵抗力很强，附着在粪便、土壤、舍内的尘埃或孵化器的绒毛、碎蛋皮等的大肠杆菌能长期存活。各日龄阶段的鹅均易感。

鹅大肠杆菌病感染途径：种蛋污染后可传给鹅胚，外界的大肠杆菌可经呼吸道和消化道、生殖道感染。典型的就是种鹅生殖器官感染后通过交配继续传播，引起母鹅卵黄性腹膜炎。

"蛋子瘟"在养鹅地区的种鹅群中经常发生，尤其在产蛋高峰及寒冷季节多见。鹅群中一旦出现病鹅，即陆续不断地发生，发病率可达25%以上，死亡率为15%左右。不死者则产蛋停止，鹅群的产蛋率显著下降，病鹅所产蛋的受精率和孵化率也明显降低。种母鹅大肠杆菌全身性感染时，部分大肠杆菌经血液到达输卵管；或患有生殖器官大肠杆菌病的公鹅与母鹅交配，公鹅即将大肠杆菌传播给母鹅。这两种情况均可使母鹅输卵管发炎，导致输卵管伞部在排卵时不能移动、张开和接纳卵泡（卵黄），卵即跌落腹腔，引发腹膜炎。当母鹅产蛋停止后，本病的流行也会告终。

（2）临床症状

由于大肠杆菌侵害的部位不同，在临床上的表现症状也不同。根据病理特征可分为几种病型。

1）蛋子瘟型　多见于成年公、母鹅。发病母鹅，据病程长短，可分为以下三种类型。①急性型：在流行初期，常未见明显症状而突然死亡。死亡鹅膘情较好，输卵管中常有硬壳或软壳蛋滞留。②亚急性型：病初精神沉郁，行动迟缓，不活泼，常离群独处。腹部逐渐增大而下垂，常呈企鹅式的步行姿态，触诊其腹部，有敏感反应，并感到有波动感。有些病例的腹部胀大而稍硬，宛如面粉团块。有些病例呈现贫血，腹泻，出现渐进性消瘦。有些病鹅虽一直保持其肥度，但最后多半由于脱水、饥饿及炎症、内（类）毒素吸收等原因引起衰竭死亡。病程2～6天。③慢性型：少数病鹅病程可达6日以上，最后因消瘦、衰弱而死亡，只有少数病鹅能够自愈康复,但不能恢复产蛋。

成年种公鹅，轻者整个阴茎严重充血、肿大，螺旋状的精沟消失，阴茎表面布满芝麻大小或黄豆大的黄色脓性或黄色干酪样结节。重者公鹅阴茎高度肿大、脱出，不能缩回体内，阴茎表面出现黑色结痂，剥除结痂后出现溃疡面。凡外露阴茎的病公鹅除失去交配能力外，精神、食欲和体重均无异常，不出现死亡。

2）脑炎型　多见于1周龄的雏鹅，病程稍长的多转为脑炎型。病雏扭颈，出现神经症状，吃食减少或不食，病程2～3天。

3）浆膜炎型　大多数是由雏鹅耐药引起的。病鹅精神不振，食欲减退，干脚。雏鹅第一天晚上精神食欲正常，第二天早上有部分病鹅卧地不起，严重者以背部卧地、两脚划动、不能翻身、眼周围出现黑色眼圈。一般情况下全群不会同时发病，未及时选择有效药物控制会渐进地出现一部分病鹅，其死亡率较高，耐过者生长不良。

4）关节炎型　临床上多见于7～10日龄的雏鹅，偶尔亦见于青年鹅和成年鹅。病雏鹅趾关节和跗关节肿大，患肢跛行、不愿着地，运动受限，触之肿胀部位有波动感和热痛感。病鹅饮食欲不振，由于取食困难，逐渐消瘦衰竭死亡。青年鹅、成年鹅患病严重的通常被迫淘汰处理。雏鹅病程为3～7天，青年鹅和成年鹅病程可达10天以上。

5）眼炎型　多见于1～2周龄的雏鹅。发病雏鹅结膜发炎、流泪，有的角膜混浊，病程稍长的眼角有脓性分泌物，严重者封眼，病程1～3天。

6）肉芽肿型　多见于青年鹅或成年鹅，病鹅精神沉郁、食欲不振、腹泻、行动缓慢、常落群、羽毛蓬松，最后衰竭而死，病程1周以上。

7）卵黄囊型及脐炎型　临床上见于1周龄以内的幼鹅，尤其是3日龄的雏鹅。病鹅精神委顿，不吃或少食，怕冷，缩颈垂翅，眼半睁半闭，腹部膨大，脐部肿胀坏死，常蹲卧，不愿活动，病雏常于数日内败血死亡或因衰弱挤压致死。

8）败血症　多见于各种日龄的鹅，但以1～2周的雏鹅多发。常突然发生，最急性的则无任何症状出现死亡。病鹅出现精神沉郁、喜卧、头颈朝后勾等症状（彩图11-27），吃食减少，饮欲增加，羽毛蓬松，缩颈眼闭，腹泻，常卧，不愿行动，怕冷、常挤成一堆，不断尖叫，体温升高（比正常鹅高 1～2℃）。粪便稀薄而恶臭，混有血丝、血块和气泡，肛周沾满粪便，食欲废绝，渴欲增加，呼吸困难，最后衰竭窒息而死亡，死亡率较高。部分病鹅出现呼吸道症状，眼鼻常有分泌物。病程 1～2 天。

（3）病理变化

不同病型的大体病变有所不同。

1）蛋子瘟型　腹腔内有少量淡黄色腥臭的混浊液体，混有破损的卵黄，内脏器官表面覆盖淡黄色凝固的纤维性渗出物，肠系膜相互粘连，卵巢变形萎缩，腹腔破裂的卵黄则凝结成大小不等的小块或碎质。患病母鹅卵巢中可见形态不一、高低不平的卵泡（彩图 11-28）。公鹅的病变仅局限于阴茎，表现为阴茎肿大、表面有芝麻至黄豆大的小结节，结节内有黄色脓性渗出物或干酪样坏死物质。严重公鹅阴茎脱出，表面有黑色结痂。

2）脑炎型　肝脏肿大，呈青铜色，有散在而细小的点状坏死灶。脑膜血管充血，脑实质有点状出血等变化。

3）浆膜炎型　纤维素性心包炎，心包腔内积有大量恶臭黄色液体；心包膜增厚，呈灰白色，表面充血（彩图 11-29）；除心包炎外，肝脏表面有一层厚薄不均的灰白色包膜，与肝组织紧贴不容易剥离（彩图 11-30）；气囊混浊、增厚；肝脏显著肿大，出现肝周炎，即肝脏外膜呈灰白色混浊，被膜显著增厚，附有纤维素样物。

4）关节炎型　跗关节或趾关节炎性肿胀，内含有纤维素性或混浊的关节液。

5）眼炎型　除眼膜炎或角膜炎外，可见气囊轻度混浊，肝脏肿大、呈青铜色、有散在的坏死灶，胆囊充盈，肠道黏膜呈卡他性炎症。

6）肉芽肿型　在小肠、盲肠、肠系膜及肝脏、腹腔其他地方出现米粒大的黄白色或肉色的肉芽性结节。

7）卵黄囊炎及脐炎型　卵黄囊膜水肿增厚；卵黄吸收不良；卵黄稀薄、腐臭，呈污褐色，或内有较多的凝固的豆腐渣样物质。喙、蹼常干燥。

8）败血症　肠浆膜、心外膜、心内膜有明显的小出血点。腹部黏膜有大量黏液。脾脏极度肿大。部分病鹅大脑会出现小块黄色的坏死灶。心包腔内有大量浆液。

（4）诊断要点

在临诊上表现为母鹅产蛋突然停止，每天都有产蛋的行为而实际上无蛋产出。根据临床症状和典型的病理变化，一般可作出初步诊断。确诊需进行病原菌的分离鉴定。

（5）防控措施

1）加强饲养管理　改善鹅舍的通风条件。认真落实消毒措施，定期消毒。鹅经常出入的地方也要定期消毒，饮水保持卫生干净，垫料定期清除和消毒，减少空气中大肠杆菌的含量。控制其他常见疾病的发生，减少各种应激因素，避免诱发大肠杆菌病的发生与流行暴发。公鹅在本病的传播上起着重要作用，因此，在种鹅繁殖季节前，应对种公鹅进行逐只检查，凡种公鹅外生殖器官上有病变的，一律淘汰，不能留作种用。育雏期适当地在饲料中添加抗生素，有利于控制本病的暴发。

2）免疫接种　应使用多价大肠杆菌苗进行预防。近年来，国内外采用大肠杆菌多价氢氧化铝苗、蜂胶苗和多价油佐剂苗，取得了较好的预防效果。有条件的养殖场可以自行制备适合本场的大肠杆菌苗进行预防注射。母鹅产蛋前 15 天，每只肌内注射 1 毫升，然后将其所产的蛋留作种用。免疫后 5 个月仍有 95% 的保护率。雏鹅 7~10日龄接种，每只皮下注射 0.5 毫升。对已发病鹅群也可注射菌苗，每只肌内注射 1~2 毫升，7 天后即能迅速控制本病的流行和发生。

3）药物治疗　发生大肠杆菌病后，可以用药物进行治疗，但大肠杆菌对药物极易产生抗药性，现在已经发现青霉素、链霉素、土霉素、四环素等抗生素对本病几乎没有治疗作用。庆大霉素、阿普霉素、新霉素、丁胺卡那霉素、黏杆菌素、磷霉素、氧氟沙星、加替沙星、二氟沙星、头孢类药物对本病有较好的治疗效果，但对这些药物产生抗药性的菌株已经出现并有增多的趋势。因此，采用药物治疗时，最好进行药敏试验或选用过去较少用过的药物进行全群治疗，且要注意交替用药。给药时间要早，早期投药可控制早期感染的病鹅，促使痊愈，同时可防止新发病例的出现。某些患病鹅，已发生各种实质性病理变化时，治疗效果极差。在生产中可交替选用以下药物：0.01%～0.02%氟甲砜霉素拌料，连用3～5天；0.05%～0.1%丁胺卡那霉素拌料，连用3～4天；环丙沙星或氧氟沙星、加替沙星0.008%～0.01%饮水，连用3～5天。

151. 什么是鹅传染性浆膜炎？如何防控？

鹅传染性浆膜炎是由鸭疫里默氏杆菌引起的鹅、鸭、火鸡和其他多种鸟类的一种接触传染性疾病，造成急性或慢性败血症。鹅传染性浆膜炎近年来发病严重，严重危害养鹅业的健康发展。

(1) 流行特点

本病除引起鸭、鹅发病外，其他水禽、火鸡、鸡、鹌鹑及雉鸡也可感染。在自然条件下，主要侵害1～8周龄的雏鹅，日龄越小的雏鹅对本病的易感性越高，8周龄以上的鹅很少感染。本病一年四季均可发生，低温、阴雨和潮湿的冬春季节多发。本病常与H9N2亚型禽流感、葡萄球菌病、大肠杆菌病、禽霍乱、链球菌病及沙门氏菌病等细菌病并发或继发。

该病可通过被污染的饮水、饲料、尘土及飞沫经消化道和呼吸道传播，也可通过皮肤特别是足部皮肤外伤感染。本病的发生与鹅群中所受的应激因素相关，温度忽高忽低，饲料、饮水被污染，饲养密度大，饲料中缺乏维生素和微量元素，以及环境条件恶劣或并发病等，都是本病的诱因。

(2) 临床症状

本病潜伏期1～5天，有时可达1周左右。潜伏期的时间通常与菌株的毒力、感染途径及是否有应急等因素有关。

1）最急性 病鹅不见任何明显临床症状即突发死亡。

2）急性型 患病初期，病鹅嗜睡，精神沉郁，羽毛松乱，食欲不振，离群独处，喙抵地面，行动迟缓、共济失调、头颈震颤；流泪，眼眶周围绒毛湿润并粘连，形如"戴眼镜"；鼻腔或窦内充满浆液性或黏液性分泌物；排白色稀粪，肛门周围被黄绿色、灰白色粪便污染。濒死前出现神经症状，如点头、摇头、头往后仰。病程一般1~3天，若无并发症，可延至4~5天。

3）慢性型　多发生于日龄稍大的鹅或由急性型转变而来，症状与急性相似，病程一般达1周以上，死亡率较低。耐过的鹅生长迟缓。

（3）病理变化

该病最特征性的病变是全身广泛性纤维素性炎症（彩图11-31至彩图11-33），最明显的肉眼病变是心包膜、肝表面及气囊表面的纤维素性渗出物。脑、脾脏、胸腺、法氏囊、肾脏、皮肤、肺脏及消化器官等也可见明显的病变，关节肿大（彩图11-34）。急性病例的病变可见心包液增多及心外膜有出血点或表面有纤维素性渗出物。病程较长的心包腔有淡黄色纤维素填充，使心包膜与外膜粘连。肝脏肿大，质地较脆，表面有淡黄色纤维素性渗出物，形成厚薄不均易剥离的纤维素膜。胆囊肿大，内充满胆汁。气囊混浊，其上附有多量的纤维素性渗出物。肺脏充血、出血，表面有黄白色纤维蛋白渗出。脾脏肿大，外观大理石样，其表面附有纤维素性渗出物。胸腺、法氏囊萎缩，胸腺出血。有神经症状的病例，见纤维素性脑膜炎，脑膜充血、出血。肾肿大，质地较脆。

（4）诊断要点

根据流行病学、临床症状、病理变化等可以作出初步诊断，但是确诊需要进行实验室检验。

1）细菌分离与鉴定　处于急性阶段的细菌易分离，可采集心血、脑、气囊、骨髓、肺脏、肝脏和病变的渗出物于血液琼脂或含有0.05％酵母浸出物的胰酶大豆琼脂上，置于烛罐中37℃培养，再转接单个菌落于鉴别培养基上进行鉴定。鉴定血清型时，可用特异性抗血清进行快速平板或试管凝集试验。

2）PCR检测方法　根据鸭疫里默氏杆菌16SrRNA基因设计引物，扩增其16sRNA特异性核酸片段。用PCR方法检测鸭疫里默氏杆菌的研究一般基于16S rRNA基因序列和外膜蛋白A（Om-pA）基因序列。作为核糖体重要组成部分的16SrRNA是目前所选用的主要系统发育标记，不同菌株该基因的序列同源性为99％~100％。

对不同菌株 16S rRNA 基因进行序列测定并比较其同源性，以及对 16S rRNA 基因的 PCR 产物进行 RELP 分析可用于鸭疫里默氏杆菌的分离鉴定。

3）间接 ELISA 方法 可用于检测血清中的鸭疫里默氏杆菌抗体效价。用裂解的 1 型鸭疫里默氏杆菌菌体作为包被抗原建立间接 ELISA 方法，检测鸭血清中抗鸭疫里默氏杆菌抗体。脂多糖（LPS）作为包被抗原，建立了间接 ELISA 方法来检测血清中抗体，人工感染鸭疫里默氏杆菌的鸭在感染 72 小时即可检出抗体。该方法敏感性远强于凝集试验，不仅快速敏感，而且特异性极强。

本病在诊断时，应注意与多杀性巴氏杆菌病、大肠杆菌病等细菌病相区别。

（5）防控措施

1）加强饲养管理 注意补充维生素和微量元素，以及保持饲养环境的清洁卫生，清除地面尖锐物，防止鹅脚蹼损伤。做好育雏阶段冬春季的保温措施，减少应激因素的刺激，特别是注意防止惊吓。饲养密度切勿过大。采取封闭式饲养管理模式，杜绝传染病的传染及蔓延。保持育雏室的通风良好、干燥、温暖，勤换地面垫草，料槽及饮水器要保持清洁卫生，定期清洗消毒。

2）主动免疫 进行疫苗免疫接种是预防本病的有效措施。由于本病病原有多种血清型，不能相互交叉免疫，所以应选择正确的疫苗进行免疫，确保免疫效果。目前国内已研制出鸭疫里默氏杆菌甲醛灭活苗、油乳剂灭活苗和鸭疫里默氏杆菌/大肠杆菌油乳剂灭活二联苗及组织灭活苗。经实践证明，鸭疫里默氏杆菌/大肠杆菌油乳剂灭活二联苗效果良好，肉鹅可于 4～7 日龄在颈部皮下注射鸭疫里默氏杆菌/大肠杆菌油乳剂灭活二联苗，并在饲料中添加一定的抗菌药物，保证在产生免疫力之前防止本病及大肠杆菌的感染。

3）治疗方法 丁胺卡那霉素、环丙沙星、氧氟沙星、庆大霉素、黏杆菌素、磷霉素及头孢类药物等对本病均有良好的治疗作用。病鹅饲料中可添加 0.008%～0.01% 加替沙星，连用 4～5 天，效果良好。但在用药前，应先对分离的鸭疫里默氏杆菌进行药敏试验，以避免病原产生耐药性。

152. 什么是鹅副伤寒？如何防控？

鹅副伤寒是由多种血清型的沙门氏菌引起的鹅的一种急性传染病。不同日龄的鹅都能感染发病，但以 2～3 周龄的幼鹅最为易感，死亡率较高。成年鹅往往呈慢性或隐性感染，成为带菌者。幼鹅主要表现为腹泻、结膜炎、消瘦等症状，成年鹅症状不明显。主要病变是肝脏大、呈古铜色，表面常有灰白色或灰黄色坏死灶。本病还可以引发人类食物中毒，是危害食品安全的疫病。

（1）流行特点

本病常为散发性或地方性流行，不同种类的家禽（鹅、鸡、鸭、鸽、鹌鹑）和野禽（野鸡、野鸭等）及哺乳动物均可发生感染，并能互相传染，也可以传播给人类，常引起人类食物中毒，在公共卫生上意义重大。本病在世界分布广泛，几乎所有的国家都有本病存在。在自然条件下，幼鹅最易感，1～2 周龄感染者呈流行性，死亡率 1%～20% 不等，严重者可达 60%～80%。4 月龄以上的鹅群很少发病。幼鹅在气候过热，肠内容物 pH 升高到中性或微碱性，缺乏维生素、矿物质，代谢作用受到破坏，以及营养不良等情况下，其感染率和死亡率升高。鼠类和苍蝇等也是携带本菌的传播者。临床发病的鹅和带菌鹅，以及污染本菌的畜禽副产品是本病的重要传染来源。禽副伤寒的传染方式与鸡白痢相似，可通过消化道等途径水平传播，也可通过卵而垂直传播。

（2）临床症状

鹅副伤寒的潜伏期为数小时（一般多为 12～18 小时）至数周。2～3 周雏鹅感染后常呈急性败血型症状。经蛋垂直传染的雏鹅，在出壳后数日内很快死亡，无明显症状。病鹅主要表现为下痢，粪如清水，日趋衰弱。病鹅食欲消失，腹泻；粪便污染后躯，干后封闭肛门，导致排粪困难。成年鹅呈慢性感染，主要是消瘦。根据病情常可分为急性型和慢性型。

1）急性型　多见于雏鹅，大多由带菌种蛋引起。2 周龄以内雏鹅感染后，常呈败血症经过，往往不表现任何症状突然死亡。多数病例表现嗜睡、呆钝、畏寒、垂头闭眼、两翅下垂、羽毛松乱、颤抖、厌食、饮水增加、眼和鼻腔流出清水样分泌物、下痢、肛门常有稀粪粘糊、体质衰弱、动作迟钝不协调、步态不稳、共济失调、角弓反张和头颈向后勾（彩图 11-35、彩图 11-36），最后抽搐死亡。少数病例可能出现呼吸道症状，表现呼吸困难、张口呼吸或出现关节肿胀、跛行。

2）慢性型　多见于成年鹅，常成为慢性带菌者，一般无临床体征，有的表现为下痢消瘦、关节肿大、跛行等症状，如继发其他疾病，可加重病情，加速死亡。

(3) 病理变化

最急性病例病变不明显。病程较长者可见尸体失水、消瘦。肝肿大、充血、表面色泽不均，呈古铜色，肝实质内有细小灰黄色坏死灶（副伤寒结节）（彩图 11-37）；胆囊肿大，充满胆汁；肠黏膜充血、出血，淋巴滤泡肿胀，常突出于肠黏膜表面。盲肠肿胀，内有干酪样团块。脾脏肿大，色暗淡。气囊膜混浊不透明，常附着黄色纤维素性渗出物。慢性病例常见有肠黏膜坏死，在坏死的淋巴滤泡外形成灰黄色或淡棕色的痂，脾、肝及肾脏肿大，心脏有坏死小结节，肺脏出现局灶性炎症。在带菌的母鹅可见卵巢及输卵管发生变形和发炎，有时可见腹膜炎。成年鹅腿部常发生关节炎。

(4) 诊断要点

根据流行特点、临床症状和病理变化可作出初步诊断。本病主要发生于 20 日龄以下的雏鹅，应注意与小鹅瘟、禽霍乱、鹅大肠杆菌病等的鉴别诊断。确诊本病要进行病原菌的分离培养、生化鉴定和动物试验等。

1）涂片镜检　无菌采取病鹅的心血、肝涂片，革兰氏染色后镜检，可见两端稍圆的细长杆菌，革兰氏染色阴性。

2）分离培养　无菌采取病鹅的心血、肝分别接种于普通琼脂培养基、SS 琼脂培养基和鲜血琼脂培养基上，于 37℃培养箱内培养 24 小时后观察。结果在普通琼脂培养基上可见细小、边缘光滑、闪光、微隆起的无色菌落；在 SS‐琼脂培养基上有无色、透明、圆形、光滑的菌落；在鲜血琼脂培养基上可见灰白色、针尖大、光滑、稍隆起的菌落，不溶血。

3）生化试验　本菌能发酵葡萄糖、麦芽糖、甘露醇、木糖、山梨醇并产酸产气，不分解蔗糖、乳糖，甲基红、三糖铁、柠檬酸盐利用试验阳性，吲哚、尿素、明胶、靛基质、石蕊牛乳试验均为阴性。

4）血清学反应　在载玻片上放一滴生理盐水，挑选可疑菌落在玻片盐水中均匀涂抹，取沙门氏菌多价血清一滴加于其上，将二者相混后轻轻摇动，观察有无凝集反应。室温下，在2分钟内发生凝集反应者为阳性。

（5）防控措施

注意饲养管理，不喂腐败的饲料。慢性病的种鹅要淘汰。常发地区从种蛋孵化起就应注意消毒，雏鹅要加强饲养管理。加强鹅群的环境卫生和消毒工作，地面的粪便要经常清除，防止沾污饲料和饮水。

雏鹅和成年鹅分开饲养，防止直接或间接的接触。种蛋、孵化用具等应经常进行必要的消毒。

本病常发地区，可用禽副伤寒灭活疫苗接种母鹅，产蛋前1个月接种，2周后加强免疫一次，可使雏鹅获得坚强免疫力。

常用的抗生素也可进行防治，发病时可在饲料中加入0.01%～0.02%的氟甲砜霉素，连用4～5天。磺胺甲基异噁唑，按0.5%拌料；或与三甲氧苄胺嘧啶配合，按0.02%混入饲料中，连用5～7天。复方磺胺-5-甲氧嘧啶按0.03%拌料，连用5～7天。氟哌酸或环丙沙星按0.008%～0.01%饮水，连用3～5天。此外，也可用庆大霉素、新霉素、安普霉素、头孢类药物等拌料或饮水。上述药物在使用时要注意交替用药，以免沙门氏菌形成抗药性。

病死鹅按照有关要求进行无害化处理，消灭传染源。

153. 什么是鹅葡萄球菌病？如何防控？

鹅葡萄球菌病又称传染性关节炎，是由致病性葡萄球菌引起的鹅的一种传染病。其临床特征为化脓性关节炎、皮炎及龙骨黏液囊炎、滑膜炎。雏鹅感染后，常呈急性败血经过，死亡率可达50%。葡萄球菌的抵抗力较强，在固体培养基上或在脓性渗出物中可长时间存活，在干燥的环境中能存活几周，60℃下30分钟才能被杀死。3%～5%石炭酸或70%酒精可于数分钟内将该菌杀死，其他消毒药一般需30分钟才能杀死该菌。有些菌株还有抗热和抗消毒剂的作用。根据葡萄球菌的这些抗性，可以用高盐（7.5%氧化钠）培养基从污染严重的病料中分离金黄色葡萄球菌。另外，葡萄球菌容易产生抗药性，尤其是对抗生素类药物。

（1）流行特点

该菌在自然界广泛分布，鹅的皮肤、羽毛和肠道中都有存在。各种年龄的鹅均可感染，幼鹅的长毛期最易感。鹅能否感染，与体表或黏膜有无创伤、机体抵抗力的强弱及病原菌的污染程度有关。传染途径主要是经伤口感染，也可通过口腔和皮肤感染，也可污染种蛋，使胚胎感染。本病常呈散发式流行，一年四季均可发生，但以雨季、空气潮湿的季节多发。雏鹅密度过大、环境不卫生、饲养管理不良等常成为发病的诱因。

（2）临床症状

患鹅精神委顿，嗉囊积食，食欲减退或不食，下痢，粪便呈灰绿色，胸、翅、腿部皮下有出血斑点，足、翅关节发炎、肿胀，病鹅跛行。有时在胸部或龙骨上出现浆液性滑膜炎，一般病后2～5天死亡。根据葡萄球菌病的临床表现可分为四种病型。

1）急性败血型　临床上见于2周龄以内的幼鹅。病鹅精神委顿，不吃或少食，怕冷，缩颈垂翅，眼半睁半闭，胸腹部浮肿、积有血液或渗出物。病雏常于数日内因败血症死亡或因衰弱挤压致死。

2）关节炎型　常见于胫、跗关节肿胀、热痛，跛行，卧地不起，有时胸部龙骨上发生浆液性滑膜炎，最后逐渐消瘦死亡。

3）脐炎型　腹部膨大。脐部发炎，有臭味，流出黄灰色液体。

4）趾瘤型　多发生于种鹅，特别是种公鹅，呈慢性过程。种鹅脚底由于擦伤而感染葡萄球菌，感染的局部形成大小不等的疙瘩。最初疙瘩触之有波动感，随着病程延长变得硬实，病鹅行走困难，出现跛行。此外，缺乏维生素、皮肤龟裂时，也会因感染葡萄球菌而导致鹅发病。

(3) 诊断要点

根据症状和典型病变可以作出初步诊断，确诊需进行病原学检查。幼鹅感染常引起急性败血症，成年鹅感染后多发生关节炎或趾瘤。必要时，对病原菌进行染色镜检或分离培养可以确诊。

(4) 防控措施

做好预防工作：①消除产生外伤的因素；②搞好环境卫生，定期消毒；③加强饲养管理，注意通风，防止雏鹅拥挤、潮湿等。一旦发病，应及时隔离治疗或淘汰，对大群进行投药预防。治疗药品为：①青霉素，按雏鹅1万单位、青年鹅3万～5万单位，肌内注射，4小时1次，连用3天。②磺胺六甲氧嘧啶或磺胺间甲嘧啶（制菌磺），按0.04%～0.05%混饲或按0.1%～0.2%浓度饮水。③氟苯尼考，按每千克体重20毫克肌内注射或内服，每天2～3次。④氟哌酸或环丙沙星，按0.05%～0.1%浓度饮水，连饮7～10天。同时在饲料中添加电解多维等，以提高鹅体的抗病能力。

154. 鹅的链球菌病有何特点？如何防控？

链球菌病是鹅的一种急性败血性传染病或慢性传染病。在世界各地均有发生，雏鹅与成年鹅均可感染。有的表现为急性败血性传染病，有的呈慢性感染。

(1) 流行特点

链球菌主要通过口腔和空气传播，其次也可以通过皮肤创伤传播，被污染的饲料或饮水也可传播本病。试验条件下，鸡、鸭、鹅、鸽、家兔、小鼠均对其敏感。病鹅和带菌鹅为本病主要传染源，各种日龄的鹅均可感染，但雏鹅发病率相对较高。本病无明显季节性，环境卫生较差、鹅抵抗力较低时易发。链球菌存在广泛，而且是禽类肠道菌群组成部分，当鹅群存在其他疾病或有应激因素存在时，易致鹅发病。

(2) 临床症状

本病临床症状表现为急性和慢性两种病型。急性型呈败血症经过，病鹅精神委顿，嗜睡，食欲下降或废绝，羽毛松乱，消瘦。黏膜发绀，腹泻，排绿色、灰白色稀便。步态蹒跚、共济失调。死前常有神经症状。慢性型病鹅常见关节炎，足底皮肤坏死，严重的会出现跛行，腹部膨大。产蛋鹅感染该病会导致产蛋率下降甚至停产。

（3）诊断要点

链球菌病根据其流行情况、发病症状、病理变化结合涂片检查可以作出初步诊断。涂（触）片检查可采用血涂片或病变的心瓣膜或其他病变组织做触片，镜检可见典型的链球菌，进一步确诊需要进行细菌分离鉴定。

从症状明显的病鹅组织中分离到兽疫链球菌即可确认为链球菌病。肝、脾、血液、卵黄或其他可疑病变组织均可作为细菌分离的病料。对可疑的病例，需要进行细菌分离培养，以便确诊。

诊断链球菌病时，需注意与葡萄球菌病、大肠杆菌病、李氏杆菌病等其他细菌性败血性疾病相区别。链球菌与家禽的细菌性心内膜炎有关，应该注意与金黄色葡萄球菌及多杀性巴氏杆菌相区别。

（4）防控措施

对本病的主要预防措施是加强饲养管理，注意环境卫生和消毒工作。精心饲养，做好其他降低机体免疫功能的疾病的防治工作，搞好卫生消毒措施，提高鹅群抗病力，减少环境中的链球菌。保持育雏室及鹅舍的清洁卫生，勤换垫料，保持地面干燥。防止种蛋污染，以减少雏鹅的脐炎和败血症。入孵前可用福尔马林熏蒸消毒，出雏后要注意保温。

鹅场一旦发生链球菌病，经确诊后应立即给药。兽疫链球菌对青霉素敏感，可用青霉素、红霉素、新生霉素、四环素、氨苄青霉素、新霉素、庆大霉素、卡那霉素、丁胺卡那霉素、头孢类药物、喹诺酮类药物进行治疗。通过口服或注射途径连续给药 4～5 天可控制该病的流行。某些链球菌会对抗生素产生抗药性，应当引起注意。

155. 什么是曲霉菌病？如何防控？

曲霉菌病是一种常见的真菌性传染病，几乎所有的禽类和哺乳动物都能感染。主要引起小鹅的呼吸道（尤其肺和气囊）发生炎症，雏鹅常呈急性群发性，具有较高的发病率和死亡率。烟曲霉菌、黄曲霉菌、黑曲霉菌、青霉菌等都可能成为该病的致病菌，其中烟曲霉菌致病性最强。这些霉菌及其产生的孢子，在鹅舍地面、空气、垫料及谷物中广泛存在。本病主要通过污染饲料、垫料、用具、环境等传播，尤其是当鹅舍矮小、空气污浊、高温高湿、通气不良，鹅群拥挤，以及营养不良、卫生状况不好时，更易发生和流行，导致大批雏鹅发病死亡。

（1）流行特点

曲霉菌对不同日龄的鹅都具有感染性。雏鹅的易感性最高，常呈急性暴发，死亡率可达50％以上。成年鹅较少发生，常呈慢性经过，死亡率不高。污染的垫料、空气和发霉的饲料是引起本病流行的主要传染源，其中可含大量的曲霉菌孢子。本病多发生于温暖潮湿的梅雨季节，此时也正是霉菌最适宜增殖的季节，而饲料、垫料受潮后更适合霉菌的生长繁殖。若雏鹅的垫料不及时更换，饲料保管不善，鹅舍潮湿、通风不良，饲养密度过大，往往就会造成本病的暴发。此外，本病亦可经污染的孵化器或孵坊传播，幼鹅出雏后1日龄即可患病，出现呼吸道症状。自然条件下，病菌主要通过呼吸道传播。

（2）临床症状

多数病鹅精神沉郁，缩头、拱背和翅膀下垂，食欲减退，饮水增加，常闭眼呆立，不愿走动，严重者张口喘气，有时伸脖张口呼吸，发出特殊的"沙哑"声，下痢，消瘦。病鹅主要表现为食欲减少或停食，精神委顿，眼半闭，缩颈垂头，呼吸困难，喘气，呼气时抬头伸颈，有时甚至张口呼吸，并可听到"鼓鼓"沙哑的声音，但不咳嗽。少数病鹅鼻、口腔内有黏液性分泌物，鼻孔阻塞，故常见"甩鼻"。表现口渴，后期下痢，最后倒地，头向上向后弯曲，昏睡不起，以致死亡。雏鹅发病多呈急性，在发病后2～3日内死亡，很少延长到5日以上。慢性者多见于大鹅。

（3）病理变化

病变的主要部位在肺及气囊，有时也发生于鼻腔、喉头、气管及支气管。典型病变则在肺部可见有针头大至粟粒大甚至更大的结节，颜色呈灰白色或淡黄色。这些小结节大量存在时，可融合为较大的结节。肺充血、瘀血，有黄色芝麻至黄豆大肉芽肿结节（彩图11-38）。结节质地柔软，富有弹性，如软骨状或橡皮样，切面见有层次结构，其中心呈均质干酪样坏死组织，内含的菌丝体呈丝绒状，边缘不整齐，周围有充血区。有些病例肺部出现局灶性或弥漫性肺炎，很少形成结节。在这种情况下，肺组织有病变，部分肺泡发生水肿。在接近支气管的下部、气囊或腹腔浆膜上用肉眼可见蓝灰色或蓝绿色的干酪样块状物；或可见菌丝斑，呈圆形突起，中心稍凹陷，形似蝶状，呈绿色或深褐色，用小棍子拨动时，可见到粉状物（实际上是真菌的孢子）飞扬。气囊、腹腔膜等有黄色针头至黄豆大肉芽肿结（彩图11-39）。肺部及胸壁有大小不一、淡黄色的黄色结节。有些病例见肝脏肿大，同时还可见灰白色的小结节（彩图11-40）。

（4）诊断要点

根据流行病学、临床症状和剖解病理变化可作出初步诊断。确诊可采取病鹅气囊或肺等器官上的结节病灶制成抹片，用显微镜检查曲霉菌的菌丝和孢子，有时直接抹片镜检可能看不到霉菌，应采取结节病灶的内容物对霉菌进行分离培养，才能作出确诊。镜检：取肺和气囊上的黄白色结节，置玻片上剪碎，加10%氢氧化钾1～2滴，盖上盖玻片，在酒精灯上微微加温后，轻压盖玻片，在显微镜（400×）下镜检，可见短的分支状有隔菌丝。分离培养：取有黄色结节的肺组织小块，接种于沙堡氏琼脂平板，37℃温箱培养，48小时后见有灰白色绒毛状菌落生长，随后2～7天菌落颜色由灰蓝色变为暗绿色，菌落中心部分尤为明显。取培养物镜检，见分生孢子穗柱状，菌丝有隔，顶囊呈烧瓶状，即可确诊为烟曲霉菌。

（5）防控措施

改善饲养管理，搞好鹅舍卫生，注意防霉是预防本病的主要措施。不使用发霉的垫草，严禁饲喂发霉饲料。及时清除霉变饲料，同时在饲料中添加脱霉剂。育雏舍定期用福尔马林熏蒸消毒。垫草要经常更换、翻晒；潮湿、多雨季节，鹅舍必须每天清扫，尽量保持舍内的干燥清洁，防止垫草、垫料、饲料发霉。本病治疗无特效药物。可试用制霉菌素，剂量为每只雏鹅口服2万～5万单位，连用3～5天。口服碘化钾有一定的疗效，每升饮水加碘化钾5～10克。也可试用

0.03%硫酸铜溶液或 0.01%煌绿溶液饮水。对发病鹅群应立即更换垫料或停喂发霉饲料，清扫和消毒鹅舍。饲料中加入土霉素或供含链霉素的饮水，链霉素剂量为每只 1 万单位，可以防止继续感染，在短期内减少发病和死亡。

156. 什么是鹅口疮？如何防控？

鹅口疮又称鹅念珠球菌病、霉菌性口炎，是由白色念珠菌引起鹅的一种上消化道真菌病。其主要特征为上消化道（口腔、食管、嗉囊）黏膜发生白色的假膜和溃疡，临床上以幼鹅多见。本病特点是传染迅速，来势凶猛，发病率和死亡率高。各种应激是暴发本病的重要因素。

（1）流行特点

本病在各种家禽和野禽中均可发生，常见于幼禽，人和家畜也可感染。雏鹅的易感性和死亡率较成年鹅高。本病主要通过消化道感染，也可通过蛋壳感染，不良的卫生条件和使机体致弱的因素都可诱发本病，或发生继发感染。过多地使用抗菌药物，易引起消化道正常菌群的紊乱，这也是诱发本病的一个重要因素。

（2）临床症状

患病鹅无特征症状，表现为生长发育不良，精神委顿，羽毛松乱，食欲减退，气喘，呼吸困难等。用异物撬开其口腔，可见其舌面发生溃疡、舌上部有假膜性斑块与容易脱落的坏死性物质，致使吞咽困难，呼吸急促，频频伸颈张口，嗉囊肿大，用手捏时有剧痛感，压之有酸臭味内容物从口中排出。胸腹气囊混浊，常有淡黄色粟粒状结节。

（3）诊断要点

根据病鹅上呼吸道黏膜的特征性增生和溃疡病灶，结合鹅场环境状况和抗菌药使用情况，一般可以初步诊断。确诊时要取病变组织或渗出物进行抹片检查，观察酵母状的菌体和假菌丝。也可对霉菌进行分离培养，取培养物给小鼠或兔子静脉注射，一般 4～5 日内死亡，并在肾和心肌中形成粟粒状脓肿。

（4）防控措施

加强饲养管理，搞好清洁卫生，保持鹅舍通风良好、环境干燥、防止垫草潮湿，控制饲养密度，避免过度拥挤。避免长期滥用抗菌药，尤其是广谱抗菌药，以免影响消化道正常细菌区系。预防其他疾病的发生，避免发生继发感染或导致机体衰弱的一些应激因素。种鹅蛋入孵前要清洗消毒，发现病鹅立即隔离治疗。育雏期间应在饲料和饮水中添加多维，以提高抵抗力。治疗可用以下药物：①制霉菌素按每千克饲料加 0.2 克，连用 2～3 天即可。②硫酸铜水溶液按 1：2 000比例混水饮服，连饮 1 周。③口腔中溃疡部分可用碘甘油或冰硼散涂擦。④少数或个别治疗时，也可饮服 0.01％的结晶紫溶液，连服 5 天；重病鹅滴服 0.1％结晶紫溶液每只 1 毫升，每天 2 次，连滴 3～5 天。

157. 鹅球虫病的特点是什么？如何防控？

鹅球虫病是由球虫引起的一种寄生虫病。球虫属于单细胞的原虫，生活史复杂。鹅球虫病分为肾球虫病和肠球虫病两大类。寄生在肾脏的球虫有 1 种，寄生在肠道的有 14 种。肾球虫病的病原为截形艾美耳球虫，其致病力较强，寄生于肾小管上皮。卵囊呈卵圆形，有卵膜孔和极帽，卵囊壁平滑，通常有外残体。肠球虫病的病原有 14 种，其中以柯氏艾美耳球虫致病力最强，其卵囊呈长椭圆形，一端较窄小，具有卵膜孔和极粒，无外残体，内残体呈散开的颗粒状。鹅艾美耳球虫卵囊呈球状，囊壁一层，光滑无色，具有卵膜孔。耐过的病鹅发育不良，成为带虫者，该病对养鹅业危害很大。

（1）流行特点

鹅肠球虫病主要通过消化道感染发病，鹅食入混入饲料、饮水中的具有感染能力的孢子化卵囊而受到感染。感染后，球虫在鹅的肾脏、肠道上皮细胞内进行裂体生殖和配子生殖，损害上皮细胞。该病各种日龄鹅均易感，雏鹅的易感性最高、发病率和死亡率也最高。成年鹅感染，常呈慢性或良性经过，成为带虫者和传染源。该病以温暖、潮湿、多雨季节多发。鹅舍周围的带虫野禽常常成为传染源。鹅肠球虫病主要发生于 2～11 周龄的幼鹅，以 3 周龄以下的鹅多见。常引起急性暴发，呈地方性流行。发病率 90％～100％，死亡率为 10％～96％不等。通常是日龄越小发病越严重，死亡率很高。鹅肾球虫病主要发生于 3～12 周龄的幼鹅，发病较为严重。寄生于肾小管的球虫能使肾组织受到严重损伤，死亡率可高达 87％。

（2）临床症状

1）肾球虫病　多呈急性型。病鹅精神萎靡，极度衰弱，消瘦，羽毛松乱，下水时极易浸湿。病鹅不肯活动，翅下垂，排白色石灰浆样粪便。死亡率达 30％～100％，耐过者，歪头扭颈，步态摇晃，以背卧地。

2）肠球虫病　病鹅精神沉郁，食欲减退，虚弱，步态不稳，时时摇头甩水，羽毛蓬松，下水时羽毛易浸润，眼无神，腹泻。病轻者多排棕黑色稀粪，病重者排血液或血块，粪便常沾污肛门周围羽毛。病鹅数日后衰竭死亡。混合感染呈急性经过，病鹅迅速消瘦，精神呆滞，反应迟钝，步态蹒跚，采食时常甩头，排血样白色稀粪，死亡率极高。

（3）诊断要点

根据症状、流行病学调查、病变及粪便或肠黏膜涂片或在肾组织中发现各发育阶段虫体而确诊。对肾球虫病，应取肾脏上的病灶涂片，滴加适量的饱和食盐水镜检，若发现大量裂殖体和卵囊，即可确诊。对于肠球虫病，可取病变部位的肠内容物涂片，加适量的饱和食盐水镜检，发现大量卵囊即可确诊。

（4）防控措施

1）远离污染区　将鹅群从高度污染地区隔开，不在有球虫卵囊的潮湿地区放牧。

2）分开饲养　雏鹅必须与成年鹅分开饲养，以减少交叉感染。

3）搞好清洁卫生和消毒工作　料槽和水槽必须每天清洗、消毒、晾晒。圈舍应定期消毒，鹅必须保持干燥，每天必须消除粪便。

4）保证青绿饲料供给　尤其应供给富含维生素 A 的青绿多汁饲料。青料不足时，应补充复合维生素，以提高对球虫的抵抗力。

5）适时投放药物　在鹅精料中添加大蒜素以抵抗球虫感染，根据不同日龄补添一些抗球虫药物。治疗：氯苯胍每千克体重10毫克拌料，每天2次；或者用敌菌净每千克体重30毫克拌料，每天2次。两种药物最好交替使用，连用3～5天。在饮水中添加阿莫西林控制继发感染，添加量为每千克体重25毫克，每天3次，连用3～5天。

158. 鹅蛔虫病的特点是什么？如何防控？

鹅蛔虫病是由蛔虫寄生于鹅的小肠内引起的一种寄生虫病。幼鹅与成鹅都可感染，但以幼鹅表现明显，可导致幼鹅出现生长发育迟缓、腹泻、贫血等症状，严重的可引起死亡。成年鹅主要表现为生长不良，贫血，消瘦等。

(1) 流行特点

鸡蛔虫的自然宿主有鸡、火鸡、鸭、鹅、鸽等；3月龄以下的鹅易感，随着日龄增大，鹅的抵抗力增强。成鹅感染的较少，而且多为隐性感染，但也有种鹅感染较严重的报道，感染强度达10条以上。环境卫生不佳，饲养管理不良，饲料中缺乏维生素A、B族维生素等，可使鹅感染蛔虫的可能性提高。

(2) 临床症状

鹅感染蛔虫后表现的症状与鹅的日龄、感染虫体的数量、本身的营养状况有关。轻度感染或成年鹅感染后，一般症状不明显。雏鹅发生蛔虫病后，可表现出生长不良、发育迟缓、精神沉郁、行动迟缓、羽毛松乱、食欲减退或异常、腹泻、逐渐消瘦、贫血等症状。严重的可引起死亡。

(3) 诊断要点

虫卵检查：采用饱和盐水浮集法漂浮粪便中的虫卵，载玻片蘸取后镜检，观察虫卵形态与数量。如鹅粪便中可发现有多量的蛔虫虫卵，结合临床症状及鹅剖检在小肠内发现有大量的蛔虫虫体存在即可确诊。

(4) 防控措施

1) 预防　①搞好鹅舍的清洁卫生，特别是垫草及地面的卫生，定期清毒。②及时清除鹅舍及运动场地的粪便并进行发酵处理。③运动场地保持干燥,有条件时铺上一层细沙。④定期驱虫。

2)治疗 可用下列药物进行驱虫治疗。磷酸哌嗪片,按每千克体重0.2克拌料。驱蛔灵(枸橼酸哌嗪),按每千克体重0.25克;或在饮水或饲料中添加0.025%驱蛔灵,必须在8~12小时内服完。四咪唑(驱虫净),按每千克体重60毫克喂服。甲苯咪唑,按每千克体重30毫克,一次喂服。左咪唑(左旋咪唑),按每千克体重25~30毫克溶于半量的饮水中,在12小时内饮完。丙硫苯咪唑(丙硫咪唑),按每千克体重10~25毫克混料喂服。

159. 鹅剑带绦虫病的特征和诊断要点是什么?如何防控?

鹅剑带绦虫病是由矛形剑带绦虫寄生于鹅的小肠所引起的一种寄生虫病,呈全球性分布,往往造成地方性流行。对幼鹅危害严重,临床上表现为下痢、运动失调、贫血、消瘦,严重感染者可造成死亡。

(1)流行特点

本病分布广泛,世界各地养鹅地区均有发生,多呈地方性流行。本病有明显的季节性,一般多发生于4—10月的春末、夏、秋季节,而在冬季和早春较少发生。发病年龄为20日龄以上的幼鹅。临床上主要以1~3月龄的放养鹅群多见,但临床所见的最早发病日龄为11日龄,可能在出壳后经饮水感染。轻度感染通常不表现临床症状,成年鹅感染后多呈良性经过成为带虫者。本病除感染家鹅外,也感染鸭、野鹅、鸽,以及其他某些野生水禽。

(2)临床症状

常见有腹泻,食欲减退,生长发育不良,贫血消瘦等症状。有的鹅头突然倒向一侧,行走摇晃不稳,有时失去平衡而摔倒;夜间有时伸颈,张口,如钟摆样摇头,然后仰卧,作划水动作。发病后期,食欲废绝,羽毛松乱,常离群独居,不愿走动,出现神经症状,走路摇晃,运动失调,向后坐倒,仰卧或突然倒向一侧不能起立,发病后一般在1~5天后死亡。雏鹅严重感染时常引起死亡。成年鹅感染剑带绦虫后,一般症状较轻。

（3）诊断要点

检查病鹅粪便中是否有绦虫节片或虫卵，并结合临床症状和尸体剖检，即可作出诊断。用水洗沉淀法检查粪便，如无节片，再将粪渣过滤，涂片镜检可确诊。

（4）防控措施

不要在剑水蚤较多的不流动水域中放牧。不同日龄的鹅应分开饲养。对青年鹅、成年鹅群应实施定期驱虫，一年至少2次，通常在春秋季进行，以减少环境的污染和病原的扩散。常用药物有吡喹酮（每千克体重10～15毫克）、丙硫咪唑（每千克体重50～100毫克）、硫双二氯酚（每千克体重150～200毫克）或氯硝柳胺（每千克体重50～100毫克），均匀拌入饲料，一次喂服。

160. 鹅裂口线虫病有何特征？如何防控？

鹅裂口线虫病是寄生于鹅肌胃内的一种常见的寄生虫病。本病主要以肌胃角质膜脱落和肌胃急性炎症与溃疡为特征。对鹅尤其是雏鹅危害较大，严重感染时可引起大批死亡，是目前鹅寄生虫病防治的重点。

（1）流行特点

本病常发生在夏秋季节，主要发生于2月龄左右的幼鹅，感染后发病较为严重，常因衰弱死亡。成年鹅感染多为慢性，一般不引起死亡，成为带虫者。本病除经口感染外，也可经皮肤感染。

（2）临床症状

雏鹅易感。患病鹅表现精神萎靡、食欲不振、消化障碍、羽毛松乱无光泽、生长缓慢、贫血、下痢，严重者排出带有血黏液的粪便。若虫体较多，饲养管理不当，可造成大批死亡。如果感染虫体少或鹅的日龄较大，则症状不明显，而成为带虫者和传播者。

（3）诊断要点

主要是虫卵检查，常采用粪便饱和盐水漂浮法检查粪便中的虫卵。剖检获取虫体，经鉴定也可以确诊。

（4）防控措施

加强饲养管理，搞好鹅舍的环境卫生，及时清扫、消毒，清除的粪便进行生物热堆积发酵处理。被病原污染的牧场，应休牧 1～1.5 个月，使病原体丧失侵袭能力。成年鹅和幼鹅分开饲养，在本病流行的地区鹅群定期进行预防性驱虫。

对发病鹅群，可选用下列药物治疗：盐酸左旋咪唑，按鹅每千克体重 25～40 毫克均匀拌料，一次饲喂，间隔 3～7 天驱虫一次。丙硫咪唑，按鹅每千克体重 10～30 毫克拌料饲喂。甲苯咪唑，按鹅每千克体重 30～50 毫克或按 0.012 5% 的比例拌料饲喂，每天 1 次，连用 2 天。四咪唑，按鹅每千克体重 40～50 毫克拌料饲喂，或按 0.01% 的浓度溶于水中，连饮 7 天为一个疗程。

161. 什么是鹅虱病？如何防控？

鹅虱是寄生在鹅体表的一种寄生虫，以啮食羽毛、皮屑为生。鹅感染鹅虱后，皮肤发痒，严重时引起鹅奇痒，产蛋下降，抵抗力降低，甚至衰弱、消瘦而死亡。圈养鹅、产蛋鹅和孵蛋鹅较易感，而常下水的鹅及肉用鹅不易感。

(1) 流行特点

鹅虱是一种永久性寄生虫，其产的卵集合成块，黏着在羽毛的基部，依靠鹅的体温孵化，经 5～8 天变成幼虱，在 2～3 周内经过 3～5 次蜕皮而发育为成虫。传播方式主要是鹅的直接接触传染。一年四季均可发生，以冬季最严重。一般来说，冬季鹅体上的虱会大量繁殖。因此，养殖场要注意预防。

(2) 临床症状

鹅虱啮食鹅的羽毛和皮屑，有的也吸食血液。鹅由于遭受鹅虱的刺激，皮肤发痒和受到损伤，羽毛脱落。若少量感染，则危害不大；若大量感染，则患鹅奇痒不安，用嘴啄毛，精神不安，食欲不振，消瘦等。母鹅的产蛋量下降，抗病力减弱。脸颊白羽虱常常充塞外耳道，使耳发炎、有干性分泌物。

(3) 诊断要点

根据上述症状检查鹅的羽毛和毛根时，若查到虱及其卵，即可确诊为鹅虱病。

（4）防控措施

1）预防为主　养鹅场应制订严格的卫生消毒和疾病防疫制度，做好场舍和用具的消毒工作及疾病的预防检疫工作，减少疾病的发生。新引进种鹅时，要进行严格的检疫，如发现感染了鹅虱，要隔离治疗，待痊愈后，方可混群饲养。

2）彻底消毒　养鹅场如发现流行鹅虱，要进行彻底地消毒。对墙壁、栏架、饲槽、饮水器及工具等要用0.03%除虫菊酯进行喷洒。

3）积极治疗　①取2.5%的敌杀死20毫升加水10千克，配成药液，将此药液喷洒在鹅体表羽毛上，或将鹅浸入药液即可杀灭羽虱，但鹅头要露出水面，浸1～2秒钟即出。②烟草1份，水20份，煎煮1小时，晾温后涂洗鹅身。同时，对鹅舍各处也要做一次彻底的杀虫工作，方可根治。③1 000毫升水中加4毫升12.5%的双甲脒乳油剂，充分搅拌，使之成为乳白色液体，在鹅体及鹅舍、场地喷雾或喷洒，杀灭虱的效果很好，但不宜药浴。④用3%～5%硫黄粉喷涂羽毛效果也较好。

162. 鹅寄生虫病种类繁多，整体上应如何防控？

了解危害鹅群的主要寄生虫的生物学特性，定期对体鹅场环境和水体进行消毒和杀虫处理，并定期通过饮水或拌料加药对鹅群进行驱虫保健预防，以减少寄生虫对鹅生长和生产等性能的影响。

（1）鹅群有计划的驱虫

驱虫工作应根据寄生虫的种类、生活周期和鹅的生产周期等而定，驱虫可分为治疗性驱虫和预防性驱虫。治疗性驱虫在生产上用得最多，是对患病鹅群采取的紧急驱虫措施，可使患鹅恢复健康，从而减少经济损失。治疗性驱虫不受时间和季节的限制，有病就治。预防性驱虫是为防止鹅群发生寄生虫病而进行的有计划的驱虫措施，如在生产中为了预防鹅群发生球虫病，在鹅群发病前2～3周或定期在饲料中添加抗球虫药，这就是最典型的预防性驱虫。根据寄生虫在宿主体内的发育程度，预防性驱虫还可分为成虫期驱虫和成虫前期驱虫。在预防寄生虫病方面，成虫前期驱虫具有更重要的意义，因为此阶段寄生虫尚未产生出虫卵或幼虫，可最大限度地防止其对环境的污染，一般驱虫会更彻底。但在养鹅生产中，多数养殖户甚至大型鹅场仅能做到治疗性驱虫，而对成虫前期的驱虫则很少去考虑。

在进行鹅群驱虫时，必须注意以下5点：①确诊危害鹅群的主要寄生虫，以选择合适的驱虫方法和驱虫药物。②尽量选择广谱、高效、低毒、成本低和使用方便的驱虫药。③注意驱虫药物的安全性，防止药物中毒的发生，特别是小鹅和产蛋鹅。④选择驱虫时间：由于寄生于鹅体的寄生虫种类繁多，所以不同种类的寄生虫在鹅体内的寄生部位也不相同。一般来讲，寄生于消化道内的寄生虫在投服驱虫药后4~8小时开始排出虫体，24小时后达排虫高峰，因此在傍晚给鹅投服驱虫药较为适宜，易于消除排出的虫体，避免鹅啄食和污染场地。⑤对体外寄生虫的驱杀，应尽量选择在晴朗、温度较高的白天进行。

(2) 外界环境的除（杀）虫

外界环境除（杀）虫包括粪便除虫，消灭寄生虫的传播者及中间宿主，使禽舍、水源、放牧场地等不受寄生虫虫卵、卵囊、幼虫等的污染，只有这样才有可能彻底消灭寄生虫病。

外界环境除（杀）虫包括以下些措施：①对鹅舍内的粪便应及时清除，集中堆肥发酵或作为制作沼气的原料，因为堆肥发酵和制作沼气时所产生的生物热可达 $60~70℃$，发酵一段时间后，足以杀死粪便中常见的寄生虫虫卵和病原体。②搞好鹅舍与附近地面的清洁卫生工作，若场地已被某种寄生虫严重污染，可将表土铲除20~25厘米后，再填以新沙土或煤炭灰以消灭虫卵、卵囊和幼虫，可避免再感染。③对饲养工具、饲槽、饮水器等应定期清扫，并保持清洁；定期用高温、紫外线和或消毒剂杀灭寄生虫病原体。④消灭中间宿主和传播媒介。寄生于鹅的生物源性寄生虫在发育过程中需要软体动物、节肢动物作为中间宿主或传播者。如鹅吸虫大部分需要淡水螺蛳作为中间宿主，绦虫和部分线虫常以节肢动物作为中间宿主，有些原虫则以吸血昆虫作为传播者。这些中间宿主和传播者大部分寄生在低洼潮湿的牧场（地）和水流较缓的水边。对生物源性寄生虫病，消灭中间宿主和传播媒介可阻止寄生虫的发育或切断感染途径，达到对外界环境除虫和预防鹅群感染的双重作用。

常用于消灭中间宿主和传播媒介的方法有以下几种。

物理学方法：主要是通过改变寄生虫发育的生态环境，使中间宿主和传播媒介失去必需的栖息场所。如采取排水、降低水位、疏通沟渠增加水的流速、清除隐蔽物等措施来消灭吸虫等中间宿主（螺类）。

化学方法：使用化学药物杀死中间宿主和传播媒介。在鹅舍喷洒杀虫剂，在河流及溪流使用可滞留杀虫剂，溪流、渠道、池塘等洒播杀螺剂以灭螺。

生物防控方法：养殖捕食中间宿主和传播媒介的动物，如养食螺鱼来灭螺；养殖捕食子的鱼（如柳条鱼、花鲫）以灭蚊；培育可杀死中间宿主和传播媒介的生物，如杀螺的毛腹虫和沼蝇、杀蚊的苏云芽孢杆菌和球形芽孢杆菌；放养生存竞争者，如在吸虫病高发地区水池内放养繁殖快、经济效益好的非中间宿主螺，由于生存竞争可使其他螺（包括吸虫等中间宿主）降成小量残存的种群。

生物工程法：培育雄性不育的节肢动物，使其与同种雌虫交配产出不育的虫卵，导致该种动物数量减少。国外已用该法成功地防控丽蝇、按蚊等。

（3）药物预防

应用药物防控鹅寄生虫病是综合预防措施中重要的一环。常用药物有抗原虫药、抗螨虫药和杀虫药等。有条件的鹅场最好在用药前进行药敏试验，以选择适合本场的敏感的驱虫药。

163. 什么是鹅啄羽病？如何防控？

啄羽病是家禽由于多种营养物质缺乏及机体代谢机能紊乱所致的一种非常复杂的综合征。各日龄、各品种家禽等均能发病，一旦发生互啄，即使诱发因素消失，往往也将持续这种恶癖，致家禽伤残或死亡，给养殖户造成不小的经济损失。啄羽病是一个存在已久的问题，从规模化养禽开始即困扰养禽界。由于鹅苗出雏季节以冬春季为主，往往存在保温与通风和密度的矛盾，加之鹅的特殊生物学特性，啄羽现象在鹅的育雏中广泛存在，尤其是在网上饲养、缺乏青料时。

（1）病因

啄羽的原因尚无统一的认识，一般认为与家禽的行为学特征有很大关系，如鹅的觅食行为、沙浴行为和水浴行为等；其他原因可能还有恐惧、营养缺乏或不平衡、光照不合理、密度过大、通风不良及体表寄生虫等。不同品种发生啄羽的严重程度不一样。

1）饲养管理　饲养密度过高，断喙不当，感染慢性或亚临床疾病时某些营养成分的吸收受到阻碍，通风不良及氨气浓度太高，换料不当导致某些营养成分不足，环境和垫料太干燥或太潮湿都会导致鹅群感到不适而互啄。另外，鹅舍温度太高、光线太强、群体太大和密度太高致拥挤和空气不良也可诱发啄羽。

2）营养　蛋白质含量过低和蛋白质品质差；氨基酸不平衡及消化吸收利用率低；含硫氨基酸不足（含硫氨基酸为羽毛的组成成分，但其必须在满足生长后才能用于制造羽毛，所以当鹅吸收含硫氨基酸不足时，羽毛发育就会较差）；赖氨酸不足；能量与氨基酸之比不合理；缺乏钠和钾；饲喂颗粒饲料（饲喂颗粒饲料减少了禽只采食的时间，使禽有更多的时间养成啄羽的恶癖，所以颗粒饲料比粉状饲料更易引起啄羽）；硫酸铜含量过高（硫酸铜含量过高会引起禽只对胱氨酸的需求增加，而胱氨酸是羽毛生长的主要氨基酸）；黄曲霉毒素B1、T-2毒素等均会影响鸡只营养吸收及羽毛发育。

3）品种　随着育种水平的提高，鹅的生长速度、饲料转化率等生产性能得到了全面改良，但仍需良好的管理、营养、环境及疾病控制措施相配合。不同品系的鹅只对饲料的营养需求不同，最好不同品系的鹅只配合不同的饲料，一般比较好动的鹅更容易产生啄羽问题。

以上为鹅发生啄羽和互啄的三大因素，但实际中一般都是2～3种的因素混合在一起，从而造成严重的啄羽和互啄。

（2）临床症状

啄羽行为常发生于雏鹅啄食时，这种行为会毁坏鹅的羽毛，造成伤害，甚至可能导致自相残杀。幼鹅在开始生长新羽毛或换小毛时易发生，产蛋鹅在产蛋高峰期和换羽期也可发生。先由个别鹅自食或互相啄羽毛，导致后背部羽毛稀疏残缺，然后很快传播开，影响鹅群的生长发育、产蛋量。鹅毛残缺，新生羽毛根很硬，品质差而不利于屠宰加工利用。如一只鹅被啄出血，其他的禽见到红色更去啄此受伤之鹅。雏鹅和青年鹅啄羽情形见彩图11-41、彩图11-42。

（3）诊断要点

本病易于诊断，可根据诱发本病的饲养管理因素，察看饲养环境，了解饲料和饲喂情况，再根据发病特点和临床症状作出初步诊断。

（4）防控措施

预防本病发生，需要了解发生本病的原因，消除可能引起该病的各种诱因，从而采取相应的综合防治措施。改善饲养管理：降低饲养密度，加强通风换气；检查饮水槽和料槽放置是否合适；调整光照，防止强光长时间照射；严格控制温湿度；产蛋箱避开曝光处。改善饲料营养水平：更换饲料或在饲料中额外添加氨基酸等，特别是含硫氨基酸，并注意氨基酸之间的平衡；补喂沙砾，适当饲喂青绿饲料等。发生该病时，应将啄伤鹅和攻击性较强的鹅及时隔离饲喂，并在伤口处涂抹高锰酸钾水或碘制剂；严重的需要饲喂或肌内注射广谱抗生素以控制继发感染。

164. 鹅也有痛风，其特征如何？怎样防控？

痛风是由于尿酸盐沉积于内脏器官或关节腔而形成的一种代谢性疾病。痛风的发病原因有多种，常见的有以下几个方面。

（1）病因

1）营养性因素

①核蛋白和嘌呤碱饲料过多：日粮中核蛋白及含嘌呤碱类饲料过多，核酸分解产生的尿酸超出机体的排出能力，大量的尿酸盐就会沉积在内脏或关节中而形成痛风。豆饼、鱼粉、骨肉粉、动物内脏等含核蛋白和嘌呤碱较高。

②可溶性钙盐含量过高：贝壳粉及石粉中其主要成分为可溶性碳酸钙。若日粮中贝壳粉或石粉过多，超出机体的吸收及排泄能力，大量的钙盐会从血液中析出，沉积在内脏或关节中而形成钙盐性痛风。

③维生素 A 缺乏：维生素 A 具有维持上皮细胞完整性的功能。若维生素 A 缺乏，会使肾小管上皮细胞的完整性受到破坏，造成肾小管的吸收排泄障碍，从而导致尿酸盐沉积而引起痛风。

④饮水不足：炎热季节或长途运输时，若饮水不足，会造成机体脱水，机体的代谢产物不能及时排出体外，造成尿酸盐沉积而诱发痛风。

2）中毒因素

许多药物对肾脏有损害作用，如磺胺类和氨基糖苷类等抗生素、感冒通等在体内通过肾脏进行排泄，对肾脏有潜在性的毒性。若药物应用时间过长、量过大，就会对肾脏造成损伤。尤其是磺胺类药物，在碱性条件下溶解度大，而在酸性条件下易结晶析出。如果长期大剂量应用磺胺类药物而又不配合使用碳酸氢钠等碱性药物，则会使磺胺类药物结晶析出，沉积在肾脏及输尿管中，影响肾脏及输尿管的功能，造成排泄障碍，从而使尿酸盐沉积在体内形成痛风。霉菌和植物毒素污染的饲料亦可引起中毒，如桔霉素、赭曲霉素和卵孢霉素都具有肾毒性，并可引起肾功能的改变，从而诱发痛风。

（2）临床症状

鹅的痛风多呈慢性经过。根据尿酸沉积部位的不同，分为内脏型痛风、关节型痛风。有些病例可出现混合型痛风。

1）内脏型痛风　病鹅精神沉郁，食欲减退，排白色石灰渣样粪便，肛门周围的羽毛常沾有白色的粪便。病鹅不愿下水，或下水后浮在水面，不愿戏水。病鹅日渐消瘦，贫血，严重者可突然死亡。产蛋鹅产蛋量下降甚至停产，种蛋的孵化率降低，死胎增多。

2）关节型痛风　由于尿酸盐沉积在趾关节、跗关节、指关节、腕关节及肘关节内，关节肿大，病鹅跛行。有些病例翅、腿关节显著变形，活动困难，呈蹲坐或独肢站立姿势。

（3）病理变化

血液循环越旺盛的器官如心、肝、肾等，痛风的病变就越显得明显。内脏痛风时，表现为鹅的心脏、肝脏、肠道、肠系膜、腹膜的表面有大量石灰渣样尿酸盐沉积，严重者肝脏与胸壁粘连。肾脏肿大，有大量尿酸盐沉积，红白相间，呈花斑状。两条输尿管肿胀，输尿管中有大量白色的尿酸盐沉积（彩图 11-43），严重者形成尿结石，呈圆柱状；肾脏中的尿结石呈珊瑚状。关节（多见于趾关节）滑膜和腱鞘、软骨、关节周围组织、韧带等处，有白色的尿酸盐晶状物。有的病例的关节面及关节周围组织出现坏死、溃疡，有的关节面发生糜烂，有的呈结石样的沉积垢，称其为痛风石。有的患病雏鹅脑颅内有一层乳白色石灰样的尿酸盐沉淀物（彩图 11-44）。

（4）防控措施

预防和控制本病的发生，必须坚持科学的饲养管理制度，根据鹅不同日龄的营养需要，合理配制日粮，控制高蛋白、高钙日粮。

碳酸氢钠能使尿液呈强碱性，这为结石（主要成分为 Ca-Na 尿酸盐晶体）的形成创造了条件，因此在改善蛋壳质量或其他用途时，只能使用推荐剂量，且应用时间不可过长。患痛风的病鹅，应禁止使用碳酸氢钠治疗或饲喂强碱性的饲料。

饲养过程中定期检测饲料中钙、磷及蛋白的含量，抽样检测饲料中霉菌毒素的含量。

适当增加运动，供给充足的饮水及含丰富维生素 A 的饲料，合理使用磺胺类及其他药物。

发生本病时要及时找出发病原因，消除致病因素。同时，减少喂料量。比平时减少 20%，连续 5 天，并同时补充青绿饲料，多饮水，以促进尿酸盐的排出。每吨日粮中添加氯化铵的量不超过 10 千克、硫酸铵不超过 5 千克、DL-蛋氨酸不超过 6 千克、液体蛋氨酸（ALimet）不超过 6 千克时，可减少死亡率。饮水中也可加入乌洛托品或乙酰水杨酸钠进行治疗。

165. 黄曲霉毒素中毒症的病因是什么？如何防控？

（1）病因

黄曲霉毒素中毒是由黄曲霉毒素引起鹅的一种中毒性疾病。临床上以消化机能障碍、全身浆膜出血、肝脏器官受损，以及出现神经症状为主要特征。呈急性、亚急性或慢性经过。不同种类和日龄的家禽均可致病，但以幼禽易感。幼鹅中毒后，常引起死亡，对鹅业生产危

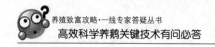

害较大。

黄曲霉毒素是黄曲霉菌的一种有毒的代谢产物，是一组结构相似的化合物的混合物。可产生黄曲霉毒素的菌种包括黄曲霉、寄生曲霉、溜曲霉、黑曲霉等 20 多种，但常见的只有黄曲霉和寄生曲霉产生的黄曲霉毒素。目前已经确定结构的黄曲霉毒素有 B1、B2、B3、D1、G1、G2、G2a、M1、M2、P1、Q1、R0 等 18 种，并且它们可以用化学方法合成。其中，B1、B2、G1 和 G2 是 4 种最基本的黄曲霉毒素，其他种类的毒素都是由这 4 种毒素衍生而来。其中，毒力最强的是 B1 毒素，其毒性是氰化物的 10 倍、砒霜的 68 倍，这种毒素是目前最有害的致癌物质之一。结晶的黄曲霉毒素 B1 是目前发现的各种毒素中最稳定的毒素。高温（200℃）、强酸、紫外线照射都不能将其破坏。在高压锅中，120℃ 2 小时，毒素仍不能被破坏。只有加热到 268～269℃时，其毒素才开始分解。5％的次氯酸钠可以使黄曲霉毒素完全被破坏。在氯、氨、双氧水和硫化氢中，黄曲霉毒素 B1 也能被分解。

（2）防控措施

1）预防　预防本病的关键是禁喂霉变饲料；加强饲料贮存保管，注意保持通风干燥，防止潮湿霉变。若饲料仓库被黄曲霉菌污染，可用福尔马林熏蒸消毒处理。可在饲料中添加霉菌毒素吸附剂。

2）治疗　本病无特效治疗药物。可试用制霉菌素，剂量为每只雏鹅口服 2 万～5 万单位，连用 3～5 天。口服碘化钾有一定的疗效，每升饮水加碘化钾 5～10 克。也可试用 0.03％硫酸铜溶液或 0.01％煌绿溶液饮水。对发病鹅群，应立即更换垫料或停喂发霉饲料，清扫和消毒鹅舍。饲料中添加一定量的抗生素以减少继续感染，同时在饮水中添加电解多维等以增强抵抗力，在短期内减少发病和死亡。

166. 磺胺类药物引起的中毒病特征如何？如何防控？

磺胺类药物是一类广谱抗菌药物，在养禽业生产中，广泛用于防治细菌性疾病和球虫病。该类药物的治疗剂量和中毒剂量很接近，因此用药不当或过量常引起鹅磺胺类药物中毒，严重的甚至导致死亡。

磺胺类药物中毒的表现主要为出血综合征和对淋巴系统及免疫功能的抑制。临床上以皮肤、皮下组织、肌肉和内脏器官出血为特征。

(1) 病因

加入日粮中的药片粉碎不细，药物与饲料搅拌不匀，使一部分鹅吃下过多的药物；或大剂量连续用药时间 5 天或以上，都可引起中毒。1 月龄以内的雏鹅因体内肝、肾等器官功能不够健全，对磺胺类药物的敏感性较高，也极易发生中毒。饲料中同时缺乏维生素 K 时，更易发生中毒。

(2) 临床症状

急性中毒者，表现为兴奋、拒食、腹泻、痉挛、麻痹等症状。慢性中毒者，表现精神沉郁、食欲减退或废绝、饮欲增加、可视黏膜黄染、贫血、羽毛松乱、头面部肿胀、皮肤呈蓝紫色、翅膀下出现皮疹、便秘或下痢、粪便呈酱色或灰白色。引起肾脏病变的常排出带有多量尿酸盐的粪便。成年母鹅产蛋量急剧下降，并出现软壳蛋、薄壳蛋，最后衰竭死亡。

(3) 病理变化

剖检主要表现为出血和肾脏损害。可见皮下、肌肉（尤以胸肌及腿内侧肌肉）有点状或斑状出血，肌胃角质膜下和腺胃、肠管黏膜也有出血。肝脏肿大，呈紫红或黄褐色，并分布有点状出血和坏死病灶。脾肿大，有的有灰色结节区。病程稍长的，肾脏肿大、呈土黄色、花斑样，肾小管和输尿管充满尿酸盐。心包积液，心脏表面呈刷状出血，有的心肌出现灰白色病灶。血液稀薄，凝血时间延长。骨髓变成淡红色或黄色。

(4) 诊断要点

根据使用磺胺类药物的情况、发病史、中毒症状，再结合病理剖检中见到主要器官不同程度的出血，综合分析可作出诊断。

(5) 防控措施

1) 预防 磺胺类药物中毒应注意如下 5 点：①1 月龄以下的雏鹅和产蛋鹅（尤其是产蛋高峰期）最好不用磺胺类药物。②严格掌握磺胺用药剂量，在拌料时要搅拌均匀，连续用药不要超过 5 天，用药期间要特别注意供给充足的清洁饮水。③尽量选用含抗菌增效剂的磺胺类药物。治疗肠道疾病时，应选用在肠内吸收率低的磺胺类药物。④在使用磺胺药时，在饲料中添加一定量的碳酸氢钠，让血液酸碱度倾向于微碱性，目的是减少磺胺类药物形成结晶，利于磺胺药代谢产物的排泄，以免损伤肾脏。⑤在使用磺胺类药物期间，要提高日粮中维生素C、B族维生素、维生素K的含量连续用药不宜超过1周。

2）治疗　①一旦发生中毒，应立即停止使用磺胺药，给予充足的饮水或1%～3%的碳酸氢钠（小苏打）溶液，于每千克日粮中补给维生素C 0.2克、维生素K 5毫克。同时，还可适当添加多维素或复合维生素B。②严重中毒的病鹅，还应口服或肌内注射维生素C。此外，用车前草煎水或甘草糖水，可以促进药物的排泄和解毒。

167. 有机磷农药中毒是怎么回事？如何防控？

鹅有机磷农药中毒是由于误饮或误食含有机磷农药如乐果、敌敌畏、敌百虫和对硫磷等的饮水、蔬菜、青草及其他作物后而发生的中毒。此外，也会因使用这类农药驱除体表寄生虫方法不当而引发中毒。

(1) 病因

有机磷农药中毒，临床上主要见于放养鹅群，中毒后常呈急性经过，抑制鹅体内胆碱酯酶的活性，导致神经、生理紊乱，表现为流涎、腹泻、瞳孔缩小、抽搐等胆碱能神经兴奋症状。有机磷农药种类很多，常见的有甲胺磷、对硫磷、乐果、敌百虫、敌敌畏、马拉硫磷等。鹅常采食或误食喷洒有机磷农药的农作物、牧草及蔬菜等引起中毒。有机磷农药保管不当引起环境和饮水的污染时会引起中毒。用有机磷农药（如敌百虫等）驱杀鹅体外寄生虫时，用药浓度过大或方法使用不当也会引起中毒。

(2) 临床症状

最急性中毒的病鹅往往见不到任何症状而突然死亡。多数中毒鹅表现为停食，精神不安，运动失调，流泪，大量流涎，频频摇头做吞咽动作，肌肉震颤，泄殖腔急剧收缩，有时伴有下痢，瞳孔明显缩小，呼吸困难，循环障碍，黏膜发绀，体温下降，足肢麻痹，最后抽搐、昏迷而死亡。

（3）病理变化

剖检口腔积有黏液，食管黏膜脱落，气囊内充满白色泡沫；肺充血、肿胀，心肿大、充血，血液呈酱油色；肝、脾肿胀，肝质脆。肾弥漫性出血；胃肠黏膜肿胀、出血，黏膜层极易脱落，肌胃严重出血，黏膜完全剥脱，胃内容物散发出大蒜臭味（这一点可作为本病的特征性病理变化）。

（4）诊断要点

根据临床症状、病因调查情况、服毒史和剖检胃内容物的蒜臭味，可以作出初步诊断。确诊需取鹅嗉囊中食物或病尸，检验其中有机磷的有无及含量等。

（5）防控措施

该病应以预防为主，不要到刚施用过农药的农田及附近的池塘、水沟内放鹅；割草喂鹅前，应注意了解附近是否喷洒过农药，或将草水洗后晾干喂鹅。对中毒鹅可用下列方法救治：①解磷定注射液。按成鹅（2.5～5千克）每只肌内注射1毫升，注射后15分钟再注射1毫升，以后每30分钟服阿托品半片，连用2～3次，并充分饮水。如症状缓解后仍有复发，还需按上述剂量使用阿托品和解磷定，可隔1～2小时用一次，直至不再复发为止。雏鹅可内服1/3～1/2片阿托品，以后每30分钟服1/10片阿托品。②25%氯磷定，成鹅每只1～2毫升，雏鹅酌减，肌内注射；1%硫酸阿托品，按成鹅0.1～0.2毫升/只肌内注射。上述药合用，之后每半小时注一次，连用2～3次；如未愈，可每隔1～2小时注一次，直至症状完全消失。

168. 有机氟农药中毒是怎么回事？如何防控？

鹅有机氟农药中毒是由于鹅误食或误饮被有机氟农药污染的青草、蔬菜或饮水而发生的中毒。鹅中毒后常发生死亡。有机氟农药目前较常用的是氟乙酰胺，用于防治棉蚜、棉红蜘蛛等病虫害，也用来灭鼠，是一种高效剧毒内吸性农药，故可引起二次中毒。

（1）病因

鹅因误食喷过农药的鲜草和其他植物，或误食灭鼠用的毒饵而引起中毒；或喂食长期使用过氟乙酰胺的饲料，因残毒蓄积而发生中毒；或误饮被污染的水而引起中毒。有机氟农药主要有氟乙酰胺（敌蚜胺，1081）和氟乙酸钠（1080），用于杀虫和灭鼠。氟乙酰胺毒性很强，鹅口服致死量为每千克体重 10～30 毫克。毒物可经消化道及呼吸道进入体内而引起中毒。

（2）临床症状

病鹅因采食量不同，所表现的临床症状的严重程度也不同。常分为急性中毒和慢性中毒。

1）急性中毒　无明显前兆。病鹅精神不振，饮水少，食欲减退或废绝，结膜潮红，驱赶时不愿行走，病程持续 2～3 天。病鹅突然倒地，抽搐，惊厥或角弓反张，有的数分钟内呼吸抑制，心跳停止而死亡。

2）慢性中毒　病鹅中毒后 5～7 天，表现精神不振，食欲减退，不合群，不愿行走，喜静，个别病鹅排恶臭稀粪。体温正常或低于常温；病情可反复发作，往往在抽搐过程中，因呼吸抑制、循环衰竭而致死。

（3）病理症状

病死鹅无特征性病变，常可见心内、外膜有出血斑点；肝脏、肾脏肿大、充血；脑血管树枝状充血，脑实质轻度水肿。

（4）诊断要点

调查其与有机氟类农药的接触史，根据其临床症状、病理变化、中毒史等可作出初步诊断。

（5）防控措施

1）预防　凡施用过有机氟农药的农作物，从施药到收割期必须经过 2 个月以上的残毒排出时间，方能作为饲料用，否则易引发中毒。对有机氟农药（氟乙酰胺）要建立严格的保管制度，被污染的用具应妥善保管，防止鹅误食而中毒。

2）治疗　①对中毒鹅应立即进行洗胃处理，早期用 0.05% 高锰酸钾或淡肥皂水洗胃。如食入毒饲料时间较长，可用硫酸镁或硫酸钠 350～500 克，口服；同时内服活性炭 60～100 克，加水 1 000 毫升，以吸附毒物，促使毒物快速排出。病鹅也可服绿豆汤、鸡蛋清，对保护胃肠黏膜、吸附毒素、防止毒素的吸收，效果较好。②乙酰胺（解氟灵）是氟乙酰胺中毒的特效解毒剂，按每千克体重 0.2～0.4 克，用 0.5％盐酸普鲁卡因溶液稀释后分 3～4 次肌内注射，首次量为全天药量的 1/2，另一半每隔 2 小时注射 1/4；第 2 天开始将全天量分为 4 份，每 4 小时肌内注射 1 次，连用 3～5 天。③用乙二醇乙酸酯（醋精）100 毫升溶于 500 毫升水中口服，具有明显的解毒效果。

169. 鹅翻翅是如何发生的？如何防控？

翻翅又称为反翅、天使翅（angel wing）、下垂翅、弯曲下垂翅，是一种影响水禽的疾病，主要发生于鹅和鸭，表现为翅膀的最后关节不正常扭转，致使翅膀羽毛向外侧面伸出，而不是正常地紧贴身体。这种情况雄性多见。这个疾病一般是在水禽育成期发生，由于解剖结构发生改变，因此无法治愈。

(1) 病因

该病的原因尚不完全清楚。①可能是由于营养不平衡造成的。在鹅 30～50 日龄阶段，日粮蛋白质水平太高或能量水平过高，造成肌肉生长与骨骼生长不协调，导致该病发生。特别是当饲喂蛋白高、能量高但维生素 D、维生素 E 和微量元素锰低的日粮，或是能量高但维生素 D、维生素 E 和微量元素锰低的日粮，更容易发生该病。对于不和人类近距离居住的水禽，通常观察不到天使翅现象发生；而鸭鹅被过多饲喂的地方，会经常发现该病发生。据报道，野生水禽只有在人工饲养的情况下发生该病，在瑞士，10 只公园的加拿大鹅在人工饲养条件下发生天使翅。之后一年，有一群加拿大鹅完全不喂饲人工饲料，结果没有鹅只发生天使翅现象。②可能是遗传因素造成的。近亲繁殖的双亲在多窝幼禽中可能产出一些天使翅个体。笔者饲养观察发现，不同品种发生翻翅的情况不同，皖西白鹅与罗曼鹅在同等条件饲养，前者翻翅比例很高，而后者很低。③翻翅可能是由于被群体的其他鹅只啄伤所致。这种情况笔者在山东也有观察到，现场鹅群体太大，密度过高，喂饲场地不足，没有青饲料供应。

（2）临床症状

该病发生时，一侧或双侧腕关节后面翅膀部分生长发育受阻，原因不明，如果发生于一侧，通常是左侧。结果导致关节扭转，不能行使正常功能。天使翅，就像从腕关节处折断了飞羽一样，或者说是飞羽的剩余部分从该关节处向外突出。严重时，外翻的飞羽看起来像青色的干草一样不正常。天使翅在鹅上很常见，典型的是左翅膀或双翅出现，仅有右翅出现的情况很少见（彩图 11-45、彩图 11-46）。同时，公鹅又比母鹅多发生。

鸭鹅的天使翅通常不会威胁禽只的生命，虽看起来不好，但并不引起疼痛和痛苦。即使天使翅不能纠正，也不过是低垂着、向外横伸着而已。

（3）防治措施

防治该病以预防为主。不要饲喂高蛋白或高能量日粮，并提供充足的青绿饲料或保持日粮足够的粗纤维比例，特别是 30～40 日龄阶段。提供足够的运动场。分小群饲养，防止拥挤。晚上关掉圈舍灯光，以减少啄斗的发生。当发生翻翅时，如果情况不严重，鹅只较少，应立即以苜蓿日粮代替原来的生长期日粮直至这种情况完全消失。在野生状态下，它们的日粮就是野草。青草同时可以防止腿病的发生。治愈的方法其实很简单。通过包扎腕带使翅膀按正常方向生长。包扎捆绑病翅几天就可恢复，包扎带也不会对禽只造成不适。最好的包扎带是宽约 2.54 厘米的，便于移除。包扎有两种方法：①只包扎外翻横向伸出的翅膀部分，直至翅膀中部。包扎时，确保翅膀的自然位置。②先把天使翅放置到正确的位置，然后用包扎带把该翅膀和身体捆绑在一起，包扎带缠绕在禽只身体上，这种办法似乎更好。

第十二章　鹅产品加工

170. 为什么说"鹅全身都是宝"？如何开发利用鹅体的价值？

（1）鹅肉

鹅是食草动物，根据世界卫生组织（WHO）推荐，鹅肉是理想的高蛋白、低脂肪、低胆固醇的营养健康食品。鹅肉中蛋白质含量为17.9%，高于其他畜禽肉，而且含有人体生长发育所必需的多种氨基酸，其组成接近人体所需氨基酸的比例，赖氨酸、丙氨酸含量比鸡肉高30%，组氨酸高70%。在每100克鹅肉中，含蛋白质10.8克、脂肪11.2克、钙13毫克、磷23毫克、铁3.7毫克等；从生物学价值上来看，鹅肉是全价、优质蛋白质。鹅肉不仅脂肪含量低，而且品质好，不饱和脂肪酸的含量高达66.3%，特别是亚麻酸含量高达4%，均超过其他肉类，对人体健康有利。鹅肉脂肪的熔点亦很低，质地柔软，容易被人体消化吸收。鹅肉脂肪中的胆固醇含量较低，因此，吃鹅肉对预防高血压、冠心病、动脉硬化等病有一定意义。鹅肉中微量元素锌、铁、硒的含量比其他肉类要高。从营养保健角度看，鹅肉是理想的肉类食品，是21世纪肉类消费的热点。

（2）鹅肥肝

鹅肥肝与普通鹅肝相比卵磷脂含量高4倍，酶的活性高3倍，脱氧核糖核酸、核糖核酸高1倍，重量高4～10倍。脂肪含量约占60%，其中绝大部分为不饱和脂肪酸，富含铜、三酰甘油、卵磷脂、脱氧核糖核酸和核糖核酸，具有很高的药用价值。它可增加体内的酶活性，调解钙、磷代谢，降低血液中胆固醇水平，软化血管，预防心血管疾病，还有明目之效。

(3) 鹅羽绒

鹅的羽绒是纺织工业的重要原料，多数可以出口，国内需求也很大。鹅绒是优质的防寒保暖材料，目前世界上没有任何保暖材料超过羽绒的保暖性能，它不但轻软、有弹性、保暖防寒，而且经久耐用，抗磨性能可达25年。鹅的翅膀上羽轴笔直的10根左右的刀翎，是生产羽毛球的最好材料；弯刀毛可以用来生产各种装饰品；片羽则是纺织工业的填充料；更重要的一点它是天然产品，具有轻、软、暖的特点，这是其他产品所不能替代的。

(4) 鹅蛋

鹅蛋中含有丰富的营养成分，如蛋白质、脂肪、矿物质和维生素等；含有多种蛋白质，最多和最主要的是蛋白中的卵白蛋白和蛋黄中的卵黄磷蛋白，蛋白质中富有人体所必需的各种氨基酸，是完全蛋白质，易于被人体消化吸收；鹅蛋中的脂肪绝大部分集中在蛋黄内，含有较多的磷脂，其中约一半是卵磷脂，这些成分对人的脑及神经组织的发育有重要作用；鹅蛋中的矿物质主要含于蛋黄内，铁、磷和钙含量较多，也容易被人体吸收利用；鹅蛋中的维生素也很丰富，蛋黄中有丰富的维生素A、维生素D、维生素E、核黄素和硫胺素，蛋白中的维生素以核黄素和尼克酸居多，这些维生素也是人体所必需的维生素。鹅蛋甘温，可补中益气，所以可在寒冷季节日常饮食中多食用一些，以补益身体，防御寒冷。新鲜的鹅蛋可供人们煮、蒸、炒、煎等熟制食用；或者作为食品工业原料，加工蛋糕、面包等食品。

(5) 鹅副产品

目前鹅业生产的主要产品为鹅肉、鹅肥肝和鹅羽绒。随着养鹅业的发展和饲养数量的增加，其他鹅副产品的开发利用越来越受到人们的重视，这对于提高养鹅整体效益，促进养鹅业发展，具有重要意义。

鹅业生产要取得良好的经济效益，鹅体综合利用是关键。鹅胴体可以加工成盐水鹅、风鹅、香茶鹅等；鹅掌、翅、头颈、肫可以分割包装销往宾馆饭店，也可以加工成各种小包装的休闲美食；鹅肠、血、掌翅、肫是火锅店常用的高级原料；鹅油是很好的食用油之一，不饱和脂肪酸含量很高，必需脂肪酸占75.66%，接近橄榄油，而且熔点低，为 26～34℃，容易吸收，具有保健功能，同时也是美容护肤产品的生产原料；鹅骨含有人脑所不可缺少的磷脂质、磷蛋白，还有防止老化作用的骨胶原、软骨素，以及多种氨基酸、维生素。

近代医学研究证明，用鹅血治疗癌症（胃癌、淋巴癌、肺癌、鼻咽癌），有效率达 65％；治疗白细胞减少症，有效率为 62.8％。用鹅肉作营养培养癌细胞其发育非常缓慢。据国外报道，全世界未发现鹅患有癌症的先例，所以，国内外专家一致认为，鹅血和鹅肉中可能存在有抑制癌细胞生长发育的因子或活性物质，如果长期食用鹅血、鹅肉，有防止癌症发生的可能。

171. 我国中医眼中的鹅肉保健价值如何？鹅肉类产品发展呈现什么趋势？

鹅肉鲜嫩松软，清香不腻，可做汤或炖食，如鹅肉炖萝卜、鹅肉炖冬瓜都是“秋冬养阴”的良菜佳肴。鹅肉能入脾、肺、肝经，据《本草纲目》载：“鹅肉利五脏，解五脏热，止消渴”。常喝鹅汤，食鹅肉，可以补益五脏，止咳化痰。所以古人云：“喝鹅汤，吃鹅肉，一年四季不咳嗽”。中医认为，“五脏六腑皆令人咳，非独肺也”，即不仅仅是肺的病变能使人咳嗽，人体五脏六腑的功能失调都可引起咳嗽。《随息居饮食谱》记载：“鹅肉补虚益气，暖胃生津”。特别适宜于气津不足之人，凡经常口渴、乏力、气短、食欲不振者，可常喝鹅汤、吃鹅肉。鹅肉既可为老年糖尿病患者补充营养，又可控制病情发展，还可治疗和预防咳嗽病症，尤其对治疗感冒和急慢性气管炎有良效。特别适合于冬季进补。

同其他肉制品一样，鹅肉类产品发展呈现三大发展趋势：①冷却肉逐渐代替热鲜肉；②传统肉制品的生产将日趋现代化；③低温肉制品的生产和消费比例将逐步增加。

172. 如何进行肉鹅屠宰前的准备和检查？

肉鹅的屠宰已经逐步发展到半机械化和机械化流水线生产的阶

段。经过专业化人员施工和调试，屠宰的设施设备可以安装调试良好，人员也可以训练有素。但要获得优质安全的鹅产品，并保证屠宰流水线的正常运行，活鹅原料成了关键因素。为了获得优良产品，并保证屠宰工作顺利进行，屠宰前除了做好人员、场地、设备、用具等准备外，还应做好以下准备工作。

(1) 待宰鹅的选择与检验

1) 活鹅的选择　宰前对活鹅的选择主要包括根据加工产品的要求，选择适宜的品种、合适的饲养时间、要求的体重范围和体况（肥度），以及饲喂方法等。现代化的规模养鹅，如采用"公司＋基地＋农户"的模式，则公司将统一品种、饲料、防疫、饲养时间、收购体重、饲养方法等，然后对合格的鹅进行收购屠宰。公司收购鹅的过程，就是对活鹅的选择过程。

2) 活鹅的检验

执行鹅屠宰前的检查是为了确保食品卫生、无杂质和适合食用，保证销售的鹅产品达到规定的卫生标准。屠宰前检查的主要目的是防止明显患有疾病或很脏的鹅只进入屠宰场，从而防止鹅在屠宰加工过程中使设备受到不必要的污染。活鹅在宰前一般要经过收购、运输和饲养等环节，无论哪一个环节，都必须由兽医卫生检疫人员对活鹅进行严格的检疫，检验合格者才可进行收购或屠宰。因为屠宰病鹅不仅违背卫生防疫要求，而且其鹅肉和副产品的质量较差，如鹅肉的保水性、风味差，容易腐败变质，不耐贮藏等。因此，待屠宰的鹅必须健康无病。凡是有病的鹅，特别是有传染性疾病或有外伤的鹅，不得收购和屠宰。

①群体检查：主要进行静态检查和动态检查。发现有精神委顿，羽毛蓬乱，行动迟缓，声音及外貌异常，离群独处，食欲不振乃至废绝等症状者，可立即剔出进行个体检查。参照美国农业部家禽产品检查员手册的要求，带有以下任何特征的家禽都视为可疑家禽：羽毛脏乱；头和眼周有水肿，眼睛和/或鼻子有分泌物；肉髯肿胀；眼睛缺乏警觉或光亮，即眼睛不出现正常状态下的突起或没有光泽，或眼睛变形、变色、混浊；气喘或打喷嚏；出现非正常颜色的腹泻或/和泄殖腔周围羽毛黏附许多排泄物；头和颈部周围皮肤出现损伤；体表出

现化脓性创伤或明显的肿胀；小腿消瘦，似乎脱水，且手感冰凉；明显消瘦；无食欲，看上去很安静、不愿动弹，对正常刺激无反应；出现中枢神经异常，如"斜颈"或运动共济失调、跛行；无异常病态的家禽在驱赶或捕捉时发出尖叫声；骨骼增大；腹水。

②个体检查：观察头部，注意冠、肉髯和无毛处有无苍白、发绀及痘疹；眼、鼻及口腔有无异常分泌物及变化；观察口腔与喉头有无黏液、充血、出血及伪膜或异物等其他病理变化；触摸嗉囊，检查其充实度及内容物的性质；摸检胸腹部及腿部肌肉、关节等，看有无关节肿大、骨折等现象；听诊有无异常呼吸音，并触压喉头及气管，诱发咳嗽；看禽体羽毛的清洁度、紧密度与光泽等，尤其看肛门附近有无粪污与潮湿。

（2）待宰鹅管理

宰前饲养管理指鹅到屠宰场或屠宰加工厂后，休息1～2天，并做好饲养、宰前断食等工作。①宰前的饲养管理。鹅被运到屠宰场后，经兽医卫生检验合格，按产地、批次和强弱分群分圈饲养，让鹅安静休息，充分饮水，有利于改善肉质。②断食管理。在屠宰前停食12～24小时，但给予充分饮水至宰前3小时。其目的是减少胃肠内容物，降低污染；利于放血；提高肉质。③在宰前管理期间要对栏圈、饲槽、饮水、器等设备进行定期消毒。④朗德鹅在填饲结束后，填饲成熟的鹅要送到屠宰场集中宰杀取肝。屠宰前的肥肝鹅要停食12～18小时，但要供给充足的饮水。如用车辆运输，应把鹅放在运输笼中，每笼放鹅4只，笼里要多铺垫草。绝不能将肥鹅放在车斗中散装运输，否则车子启动后，肥鹅堆集一起，会造成大批死亡。车辆的颠簸还会使鹅腹腔的肥肝受损瘀血。因此，无论装车还是卸车，操作都要求轻捉轻放，避免引起不必要的损失。

173. 肉鹅屠宰工艺流程是怎样的？

目前鹅的屠宰多采用机械屠宰，也有部分采用手工屠宰。无论何种屠宰方法，都要求做到切割部位准确、放血干净、鹅外形整齐无损伤。

(1) 工艺流程

鹅的屠宰工艺流程是：选鹅→检验→停食→清洗→宰杀放血→浸烫→脱毛→割外五件→净膛→产品整理。

(2) 操作技术

选好的经过检验和停食处理的鹅可以进入屠宰程序。

1）鹅的洗浴 洗浴不仅可以清除鹅体外的粪污，而且可以使鹅安静。有水源条件的肉鹅养殖基地，可以在运输前让鹅游泳洗浴。

2）宰杀放血 有颈部宰杀法和口腔刺杀法两种。无论采用何种宰杀法，都要求放血充分，一般放血时间不少于3分钟。放血时间过短，会造成放血不良，胴体色泽较差。

(3) 浸烫拔毛

若要获取优质的鹅绒和鹅毛，可采用活体拔毛或屠宰后干拔毛的方法。屠宰加工一般采用浸烫拔毛法煺毛。

1）烫毛 浸烫鹅的水温一般为65℃，浸烫时间2～3分钟。老鹅及羽毛致密的鹅稍长。

2）煺毛 ①手工拔毛：顺序依次为翼羽、肩头毛、背毛、胸腹毛、尾毛、颈毛。②机械打毛：浸烫后的鹅体经传输装置送至脱毛机内把鹅羽毛打掉。对于鹅体表的残毛，需将鹅体漂浮于清水中用镊子将其拔净。

(4) 割外五件

割下头、双翅、两脚掌。割撕嘴巴，顺肘关节割下两翅，在跗关节处割下两脚掌。

(5) 开膛取内脏

拔净残毛后的鹅体应浸入干净的冷水中漂洗1～2次，然后才能开膛取内脏。常见的开膛方法以下有三种。

1）翼下开膛法 先从右翅下切开长4～6厘米的刀口，然后将鹅体腹底朝上，左手从左侧挤压内脏，右手中指和食指从刀口处伸入腹腔，小心拨开并取出所有内脏器官。

2）腹下开膛法 从肛门正中开始，沿腹底向前切开，切口4～6厘米，然后从切口处小心取出所有内脏器官。

3）肛门开口法 从肛门四周剪开（不切开腹壁），剥离直肠，将全部内脏（肺除外）拉出。正规的工厂多用此法。

（6）产品整理

经过屠宰加工，得到白条鹅、内脏、血和毛等，要按产品的用途分门别类收集整理。如对白条鹅，应放在清水中浸泡约 30 分钟，洗净残余内脏、残血和体表、口腔、体腔内异物，悬挂沥干。然后，根据加工目的，或者转入下一步深加工；或者经分级，整形，装袋冷冻，加工成冻白条鹅；或者按部位分割，加工成分割肉，并分别包装，冷冻冷藏，制成冻分割鹅肉；或者直接整体上市鲜销；或者按分割肉上市鲜销。

174. 鹅肉常见的制作方法和工艺有哪些？

（1）烟熏法

烟熏法即利用没有充分燃烧的烟气熏制鹅肉，在赋予产品烟熏风味和改善颜色的同时，也可提高产品的耐藏性。

（2）腌制法

用食盐等辅料对鹅肉进行腌制，制作成腌腊制品或咸肉类制品，既可改变鹅肉的风味，同时也可提高鹅肉的耐贮藏性。

（3）辐射保藏法

辐射保藏法是利用一定剂量的、波长极短的电离射线对鹅肉进行照射处理，达到延长保存期的方法。

175. 我国主要鹅肉深加工产品及其生产工艺如何？

（1）盐水鹅

盐水鹅是南京特产之一，特点是加工方法简单，腌制期短，味道咸而清淡，肥而不腻，口感香嫩，风味独特。加工方法如下：

1）原料准备　选用 60～90 日龄肉仔鹅，宰杀后拔毛，切去脚爪和小翅。右翅下开膛去除全部内脏，体腔冲洗干净，放入冷水中浸泡 1 小时后，清洗挂起晾干待用。另准备食盐、八角、葱、姜等必需品。

2) 擦盐　每只鹅用盐 150～160 克、八角 4～5 克，将盐和八角粉入铁锅中炒熟（最好用细盐）。先取 3/4 的盐放入鹅体腔中，反复转动鹅体使鹅体腔中布满食盐。剩下的盐涂擦在大腿外部、胸部两侧、刀口处，口腔也应放一点食盐。在大腿上擦盐时，要用力将腿肌由下向上推，使肌肉与骨骼脱离，便于盐分进入肌肉。

3) 抠卤　擦盐后的鹅体逐只放入缸中或堆码在板上进行腌制。夏秋季经过 2～4 小时，冬春经过 4～8 小时，经过盐腌后的鹅体内部渗出水分增多，要适时取出倒掉体内盐水。方法是一手抓鹅翅、颈，使鹅头颈向上，另一手打开肛门切口，盐水即可顺利排出。

4) 复卤　第一次抠卤后，重新放入缸中，经过 4～5 小时后，用老卤再腌制 1 次。老卤配制：100 千克水中加盐 50～60 千克，煮沸后配制饱和盐溶液，加入八角 300 克、鲜姜 500 克。将鹅体浸入老卤中 24～36 小时。

5) 烘干或晾干　复卤后出缸，沥尽卤水，放在通风良好处晾挂。烘干方法是用竹管插入肛门切口，体腔内放入姜、葱、八角，在烤炉内烘烤 20～25 分后，鹅体干燥即可。干燥后的鹅体可长期保存或煮制食用。

6) 煮制　水中加入姜、葱、八角后烧开，然后停止烧水，将腌好烘干的鹅体放入锅中，反复倒掉体腔中的汤水，使内外水温均匀，然后浸泡 20～30 分钟。接下来开始烧火，烧至起泡、水温约 85℃时，停止烧火。这段操作称作第一次抽丝。然后将鹅提起，掉倒体内汤水，放入锅中，浸泡 20 分后，开始烧火进行第二次抽丝。然后提鹅，倒掉体内汤水，焖煮 5～10 分，起锅冷却后切块食用。

（2）广东烧鹅

烧鹅在养鹅各地均有制作，以广东烧鹅最为讲究烘烤的技术。广东烧鹅的特点是色泽鲜红美观，食之皮脆肉香、肥而不腻、味美适口。

1) 原料准备　烧鹅品种以广东马冈鹅最佳（图 12-1a）。一般选取 90 日龄左右、体重 3.5 千克的仔鹅，此期仔鹅肉质细嫩、容易烧熟、口感好。体型太大和老龄鹅不宜烘烤。另外，还要准备好盐、五香粉、白糖、蜂蜜/饴糖稀（或用麦芽糖）、豆豉酱、芝麻酱、白酒、葱、蒜、生抽等调味品。

2）制坯　鹅口腔入血法屠宰后煺毛，在腹部靠近尾侧开膛除去全部内脏，切去脚和小翅，洗净体腔和体表，沥干水分待用。

3）加料　调料配制，五香盐粉按盐 10 份、五香粉 1 份配制，每 100 千克鹅坯需五香盐粉 4.4 千克；酱料需豉酱 1.5 千克，蒜泥 200 克，麻油 200 克，盐 20 克，搅拌成酱。然后再加入白糖 400 克，白酒 50 克，芝麻酱 200 克，葱末、姜末各 200 克，混合均匀，供 100 千克鹅坯用。

按每只鹅用量从腹部开口加入五香盐粉和酱料，转动鹅体使之均匀分布或用小勺伸入腹腔进行涂抹。将腹部刀口缝合，然后用 70℃ 热水烫洗鹅坯，注意不要让水进入体腔。再用冷水浇淋冷却鹅体。最后将稀释后的蜂蜜或麦芽糖均匀涂抹于体表，使之在烤制中易于着色。

4）烤制　把晾干的鹅坯（图 12-1b）送进特制烤炉，先用微火烤 20 分钟左右，烤干体表水分，然后继续烤制。烤制过程中，先烤鹅背，再烤两侧，最后将胸部对着炉火烤 25 分即可出炉。炉火温度应达到 200～230℃，整个烤制过程需 60～70 分钟。

5）出炉及食用方法　当鹅体烤至金红色时出炉，在烧鹅身上涂抹一层花生油。成品烧鹅见图 12-1c。稍凉时食用味道最佳，切片装盘直接食用。切片时刀工较为讲究，在宴会上应拼成全鹅形状装盘。

a　　　　　　　　　b　　　　　　　　c

图 12-1　烧鹅

a. 原料鹅马冈鹅育肥　b. 风干中的鹅坯　c. 成品烧鹅

6）操作要诀　①应选用鹅龄为 90 天左右、体重为 3 500 克左右的肥嫩仔鹅，且鹅体表面须无瘀血及凹痕。②调制味汁时加入酱料的量，应当视鹅的腹腔大小而定。一般以味汁灌至腹腔 1/3 处为度。汤汁灌好后，还需将鹅体平放一段时间，以使汤汁均匀地浸渍腹腔。

③打气以打至八成满为宜，不宜打得过满。且打气后不可用手拿鹅的胸脯等部位，以免留下痕迹。④刷脆皮水时要刷得均匀，否则鹅烤出来后表皮色泽不一致。⑤挂入炉中烤制时，一定要掌握好火候，且要使鹅在炉火中转动，使之受热均匀。⑥为了让鹅的表皮光滑油亮，也可在烤制过程中在鹅的表皮刷几次香油。

(3) 五香腊鹅

著名的腊鹅是固始五香腊鹅，是河南省固始县人民在民间腌鹅工艺基础上改进后的产品，多在冬季生产。产品香腊味浓，油香四溢，咸中带辣，色泽浅黄。

1）配方

①配方：白条鹅 100 千克，食盐 6～7 千克，八角 50 克。

②湿腌卤液配方：水 100 千克，食盐 50～75 千克，花椒 200 克，八角 300 克，桂皮 400 克，小茴香 200 克，辣椒 100 克，姜 500 克。

2）工艺流程　屠宰初加工→干腌→湿腌→晾挂。

3）加工方法

①按常规方法将鹅宰杀放血，浸烫去毛，右翅下开口去腔，斩去翅尖和小腿，在冷水中浸泡 4～5 小时。洗净残血及残余内脏，沥干水分、压扁鹅体。

②干腌：按干腌配方，将辅料炒至无水气，均匀涂擦在鹅体内外，口腔内和刀口处应擦到，叠入缸内，腌制 12 小时后取出倒掉体腔内的盐水，再入缸腌 8 小时。

③湿腌：按湿腌配方，把盐加入水中煮沸，使其成为饱和溶液，再加入其他辅料煎熬即成卤液，把干腌后的鹅放入，上面用竹盖子压住，使鹅体全部浸没在卤水中，腌制 24～36 小时。卤液可以重复使用，但每次使用后应煮沸，并补足食盐。

④晾挂：腌制结束后，鹅出缸，沥尽卤液，挂于通风处风干，或在烘房内烘干，至色泽变黄，风干率达 70% 为度。

4）食用方法　先在清水中浸泡 3～4 小时，至鹅体柔软，洗净灰尘杂污，减少肉中盐分。再用长 8～12 厘米的芦苇管或小竹管插入鹅肛门，一半在体腔外，一半在体腔内，同时，在鹅体内放适量八角、姜和葱。锅内放水烧开，停火，将插管的鹅放入，待鹅体腔内充满水后，提起鹅腿，倒出体腔内汤水，再把鹅放入锅中压入液面下，盖上锅盖，焖煮 30 分钟，烧火加热至锅内出现连珠气泡时停火，提起鹅，倒出体腔内汤水，再放入锅中焖煮 30 分钟左右，烧火至锅边出现连珠水泡，再提鹅倒汤，入锅，焖煮 10 分钟左右即可出锅。煮制过程中，水温维持在 85～91℃，可最大限度地保持肉鲜嫩和风味。煮熟起锅冷却后即可切块食用。

（4）苏州糟鹅

糟鹅是以 60～70 日龄仔鹅为原料，用酒曲、酒糟卤制而成。江苏省苏州市是传统糟鹅的主要产地。苏州糟鹅以当地太湖鹅仔鹅为原料，特点为皮白肉嫩、醇香诱人、味清淡爽口，为夏季时令佳肴。

1）原料准备　选用 2.0～2.5 千克重育肥仔鹅，颈部放血、去毛，腹部开膛去除全部内脏。浸泡 1 小时后清洗干净，沥干备用。每 50 只鹅准备陈年香醋 2.5 千克、黄酒 3 千克、大曲酒 250 克、葱 1.5 千克、姜 200 克、花椒 25 克。

2）煮制　将沥干后的鹅坯依次放入铁锅中，加浅水全部淹没，用旺火煮沸，去除浮沫。随后加入葱块 0.5 千克、姜片 50 克、黄酒 0.5 千克，中火煮 40～50 分钟后捞出。

3）造型　鹅出锅后，身上均匀撒少许细盐，先将头、脚、翅斩下，再沿身体正中剖成两半，冷却备用。注意应放置于干净消毒的容器中。

4）糟卤配制　煮鹅后原汤去除浮油，然后趁热加入剩余的葱花、姜末、食盐、花椒，再加入酱油 0.75 千克，冷却后加入黄酒 2.5 千克备用。

5）糟制　备好糟缸，先放入糟卤汤，然后把斩好的鹅肉、脚、头、翅分层装入，每放两层加一次大曲酒，放满后大曲酒正好用完。在糟缸上扎双层布袋，布袋中放入带汁香糟 2.5 千克，让糟汁过滤到糟缸内，慢慢浸入鹅肉中。待糟汁滤完后，缸口加盖密封 4～5 小时，即可出缸食用。

6）食用方法　鹅肉切块装盘冷食，醇香诱人。鹅脚、鹅头、鹅翅分别单独装盘，风味不同。

（5）酱鹅

酱鹅是将鹅肉用盐、酱油腌制而成，易于保存。食时上笼蒸制，具有酱香浓郁、味美适口、肉色红润等特点。酱鹅各地均可加工，最佳加工季节为每年的冬季，仔鹅、老鹅均可加工。

1）原料准备　选取健康无病、肥瘦适中的活鹅，颈部放血后煺毛，腹部切口去除内脏。切除鹅脚，洗净沥干备用。按每只鹅准备盐90克、八角3克、花椒3克、白糖30克、酱油250克。

2）盐腌　用盐将鹅体表、切口、体腔、口腔充分涂擦，放入木桶或缸中腌制。腌制时间冬天气温0℃时1～2天，气温高于7℃或其他季节6～12小时。气温越高，所需时间越短。

3）酱腌　盐腌后鹅体挂起晾干，然后放入腌缸中，倒入准备好的酱油浸没鹅体，加入其他调料。在气温低于7℃时，腌制3～4天，中间翻动1次。夏季1～2天即可出缸。

4）上色　经盐腌和酱腌的鹅体已经过初步上色，挂起晾干。然后将酱腌后的酱油放入锅中煮沸，稍后舀酱汁浇于鹅体上色，反复数次后呈红色，挂在阳光下晾晒2～3天。挂于阴凉通风处贮藏。

5）食用方法　适当冲洗后上笼蒸制，40～50分钟出笼，老龄鹅适当延长蒸制时间。蒸制时最好切块，配姜末、葱花。冷却后切片食用。

（6）熏鹅

熏制是传统的禽肉加工方法。重庆熏鹅是有名的熏鹅产品，其特点是外形美观、色泽红亮、便于贮存、肉味鲜美、风味独特。

1）原料准备　选取2.5～3.5千克肥嫩仔鹅，宰杀、煺毛，沿中线将胸腹腔剖开，去除内脏，浸泡1小时，冲洗干净沥干备用。香料粉配制，用等量白胡椒、花椒、肉桂、丁香、八角、砂糖、陈皮、桂皮等磨细。每10份食盐加1份香料粉拌匀组成调味盐。每只鹅用调味盐100克左右。熏料用干燥的山毛榉、白桦、竹叶、柏枝等。

2）腌制　将调味盐均匀涂抹在鹅坯全身各部，包括切开后的体腔内侧。然后将多个鹅坯背向下平放入腌缸中。腌制时间，夏秋季2～3小时，冬春季9～12小时。起缸后用竹片加撑，挂于通风处晾干。

3）熏制　晾干后的鹅坯平放在熏床上熏烤，熏床设置在背风处，忌用明火烤，以免烧焦鹅坯。熏烤时烟势要大，应不时翻动鹅坯，使各部熏鹅一致，颜色均匀。当鹅坯各部位呈棕色时停止，需时间20～30分钟。熏好的鹅冷却后可长期保存。

4）食用方法　用温热清水洗去烟尘，放入蒸笼内，大火蒸30～35分钟。出笼冷却，涂抹花生油，切块装盘食用。

（7）板鹅

板鹅为腌制品，可以长时间存放而不变质，而且便于远距离运输和销售。加之板鹅加工所需设备少、投资少，适合在养鹅地区推广。板鹅加工步骤如下：

1）制坯　选取当年育肥仔鹅，屠宰后煺毛，腹部切口取出全部内脏，切除小翅和脚，清洗干净后沥干。

2）擦盐　细盐加适量花椒粉炒干，炒盐冷却后备用。每只鹅用盐200～300克。将鹅坯背朝下平放于板上，用2/3炒盐反复揉搓胸、腿、翅、颈及体腔，剩余1/3揉搓背部，嘴中放入少量盐。

3）腌制　将擦好盐的鹅坯背部向下堆码在缸中，顶部用石块压紧。经过8～10小时腌制后，倒掉污盐水和污血水，加入卤盐水浸腌24小时。卤盐水达到饱和，里面加入适量八角、生姜等调味品。

4）干燥　板鹅中水分不得超过25％。干燥方法有自然晾干法和人工干燥法。自然干燥一般适合于冬季加工，挂在通风处，约需10天时间。人工干燥为通过鼓风机吹干或微热烘干，需约1天时间，最后再挂于通风处2～3天，彻底达到失水要求。

5）造型与系绳　腹部开膛，用竹片撑开，使皮肤绷紧。在一侧前后1/3处钻2孔，系绳便于携带和悬挂。也可用塑料袋包装后放置于硬纸盒中，提高美观度。

（8）风鹅

扬州风鹅腌制方法非常奇特，煮熟食用色、香、味俱全，肥而不腻、酥嫩可口。风鹅即鹅经屠宰后取出内脏，但不去毛，经腌制风干而制成的一种特殊腌腊鹅制品。

1）特点　风鹅羽毛丰满艳丽，造型独特，鹅形完整，肉质鲜嫩，腊香浓郁。

2）选料　选用健康无病、羽毛绚丽、雄壮健美的鹅，其中以公鹅或野鹅最佳。

3）配方　去脏鹅 100 千克，盐 5～6 千克，白糖 1～1.5 千克，花椒 0.1～0.2 千克，五香粉 0.1 千克，硝酸钠 50 克。

4）工艺流程　宰杀放血→去内脏→涂料腌制→风干。

5）加工方法　①宰杀放血采用口腔刺杀法，尽量放尽血液。②去内脏。在颈基部、嗉囊正中轻轻划开皮肤（不能伤及肉），取出嗉囊、气管和食管，在肛门处旋割开口，剥离直肠，取出包括肺的全部内脏。应特别注意操作卫生，不能把羽毛弄脏弄湿。再用手轻轻将皮、肉分开，以暴露出胸脯肉、腿肉和翅膀肉为度，而颈端、翅端、尾端和腿端的皮肉应相连，不能撕脱。③抹料腌制：把辅料粉碎混匀，涂抹在鹅体腔、口腔、创口和暴露的肌肉表面。然后平放在案板上或倒挂腌制 3～4 天，不能堆叠，以便保护羽毛。④用麻绳穿鼻，挂于阴凉干燥处，经半个月左右的风干则为成品。

（9）烤鹅

烤鹅与烧鹅在加工过程中都需进行烤制，不同之处在于烤鹅在烤制过程中，要在体腔中灌汤，外烤内煮，食之外脆里嫩，风味与烧鹅有一定差异。各地均有烤鹅加工，但以南京烤鹅较为有名。

1）原料准备　选取 60～70 日龄、体重 2.5～3 千克育肥仔鹅，另需盐、葱、姜、八角、饴糖等配料。

2）制坯　仔鹅口腔放血宰杀后煺毛，切去脚和小翅，在右翅下肋部切口开膛，去除全部内脏，在清水中浸泡 1 小时后洗净，沥干水分备用。

3）淋烫　将鹅坯自颈部挂起，用沸水烧淋晾干后的鹅体，使全身皮肤收缩、绷紧。

4）挂色　饴糖和水按 1∶5 调匀作挂色料，待淋烫的鹅体表干后均匀涂抹于皮肤各个部位，置于通风处晾干。

5）填料　用竹管填塞肛门切口，从右翅下切口放入适量的盐、八角、葱、姜等配料。

6）灌汤　向鹅体腔中灌入 90 毫升 100℃ 沸水，保证鹅坯烤制时能迅速汽化，加快烤鹅成熟。灌汤后烤制，外烤内煮，食之外脆内嫩。灌汤后可再涂抹 2～3 勺糖以增色。

7）烤制 烤炉温度控制在 230～250℃，先将右侧切口对着炉火，促使腹腔内汤汁迅速升温汽化。右侧鹅体呈橘黄色后，转动鹅坯，烘烤左侧。左右两侧颜色一致后，转动鹅坯，依次烘烤胸部、背部。这样反复烘烤，待全身各部均匀一致呈枣红色时，即可出炉。整个烤制过程需 50～60 分钟。

8）食用方法 烤鹅出炉后，拔掉肛门中竹管，收集体腔中的汤汁。烤鹅稍放一会儿不烫手时，切块直接食用或浇上汤汁食用。烤好的鹅最好立即食用，冷鹅回炉经短时间烤制，仍可保持原有风味。

（10）鹅肉脯

多味鹅肉脯是将鹅去皮去骨的胸脯肉和腿肉切碎、拌料、烘烤制作而成的薄片，根据人的口味需要制作成广味、五香、果汁、麻辣等各种味道，以下为具体制作技术。

1）配方

①广味配方：净鹅肉 100 千克，酱油 8 千克，白糖 13 千克，胡椒面 0.1 千克，鲜鸡蛋 2 千克，味精 0.2 千克，白酒 1.0 千克。

②麻辣配方：净鹅肉 100 千克，盐 2.5 千克，白糖 2 千克，胡椒面 0.1 千克，花椒面 0.2 千克，辣椒面 0.5 千克，白酒 0.5 千克，硝酸钠 50 克。

③果汁味配方：净鹅肉 100 千克，盐 2 千克，酱油 3 千克，白糖 5 千克，胡椒面 0.05 千克，五香粉 0.1 千克，果汁 0.03 千克，香精 0.02 千克。

2）屠宰加工 按常规方法进行宰杀、浸烫、煺毛，在腹部切一个开口，取出内脏，浸泡洗净，沥干水分，得到白条鹅。

3）原料的处理及腌制 将白条鹅去皮及脂肪，剔骨，分割整块胸脯肉及腿肉，切成 0.2 厘米厚的薄片。按需要口味选择配方，加入配料，拌匀，腌制 0.5～1 小时。也可将肉（包括碎肉或整块肉）拌入配料，并加适量的水，放入斩拌机中斩拌成肉泥，腌制 0.5 小时。

4）烘干　先将斩拌后细碎的肉平摊在竹筛网上，厚度 2～3 毫米，厚薄要均匀。然后放入烘房内加热脱水，温度维持在 70℃ 左右，时间需 2～3 小时。

5）烘烤　烘干后的肉料呈完整的薄片状，从竹筛网上取下移入烤盘中，然后放入远红外线烤炉中进行烤制，温度控制在 200～240℃，时间约需 1.5 分钟，到肉片收缩出油、表面呈棕红色为止。出炉后立刻压平。

6）包装　用塑料袋真空包装，外加硬纸盒、再用木箱或纸箱盛装。

（11）鹅肉火腿肠

鹅肉火腿肠是以鹅肉为主料，配以多种调料加工而成的一种风味食品，是鹅产品增值的有效途径。

1）原料配方　鹅肉 65 千克、猪脂肪 25 千克、食盐 2.5 千克、淀粉 10 千克、白糖 1.5 千克、白酒 1 千克、胡椒粉 150 克、生姜粉 200 克、异维生素 C 钠 30 克、亚硝酸钠 10 克、多聚磷酸盐 300 克、大豆分离蛋白 2 千克、冰屑 30 千克。

2）工艺流程　分割切肉→腌肉→绞肉→斩拌→灌肠→蒸煮。

3）制作方法

①分割切肉：将宰杀洗净的鹅去皮去骨，分割肌肉，切成肉条，猪脂肪切丁。

②腌制：鹅肉、猪脂肪分别腌制。猪脂肪加食盐，鹅肉加食盐、亚硝酸钠、多聚磷酸盐、异维生素 C 钠等混匀，在 0～4℃ 条件下腌制 1～2 天。

③绞肉：用直径 2.5～3 厘米筛孔的绞肉机将鹅肉绞碎。

④斩拌：将鹅肉斩拌 3～5 分钟，加入猪脂肪斩拌 1 分钟，再加入淀粉等斩拌均匀。斩拌过程中加适量冰屑，使肉温保持在 10℃ 以下。

⑤灌制：用 PVDC 肠衣膜作包装材料进行灌制，每 8～10 厘米结扎为一节。

⑥蒸煮：在 120℃ 条件下蒸 30 分钟或在 100℃ 条件下蒸 35～40 分钟，冷却后则为成品。

⑦包装：每 0.5 千克或 1 千克包装成 1 袋，然后进行销售或冷藏。

176. 涉及肥肝消费的"法兰西反常现象"是什么含义？

　　肥肝是法国的餐桌皇帝，是法国传统美食文化的代表。法国西南部地区居民非常喜欢食用肥肝和鹅鸭油脂。他们喝红酒多、吃生菜多、吃鹅鸭脂肪和肥肝多，但他们的心血管病却很少，是世界上死于该病人数最少的国家之一（仅次于日本）。这种现象被称为"法兰西反常现象"。由世界卫生组织发起的莫尼卡（Monica）项目，对法国的里尔（Lille）、斯特拉斯堡（Strasbourg）和图卢兹（Toulouse）等三地的饮食习惯进行对比，他们发现在法国南部的热尔省（Gers）、上加龙省（Haute-Garonne）及邻近的省份，有大量食用鸭鹅肉、脂肪和肥肝的传统生活习惯，但该地区是法国冠心病死亡率最低、寿命最长的地区。法国地区健康观察协会从 1991 年开始在法国各地进行的一项调查，于 1997 年 4 月 4 日公布的结果证明：法国南部人的平均寿命为 74.5 岁，而北部人只有 69.7 岁。究其原因，与肥肝的营养成分和保健价值有很大关系。法国的 Jean Bettrand 在 1979 年出版的《鹅鸭现代的合理化生产》一书中介绍："正常的鲜鹅肝中含脂肪 2.3%，蛋白质 7%，糖分 8%；而强制填饲结束后，鹅肝的重量达 750 克，其脂肪含量差不多接近 60%，蛋白质 4%，糖分含量很少，所以肝重的增大取决于脂肪的积储。"鹅肥肝中脂肪含量虽然高达 60%，但分析其脂肪酸组成成分：油酸（十八碳烯酸）占 61%～62%，棕榈油酸（十六碳烯酸）占 3%～4%，亚油酸（十八碳二烯酸）占 1%～2%，上述不饱和脂肪酸含量高达 65%～68%；而饱和脂肪酸中的软脂酸（十六碳酸）占 21%～22%，硬脂酸（十八碳酸）占 11%～12%，肉豆蔻酸（十四碳酸）占 1%，饱和脂肪酸的含量仅 33%～35%。鹅鸭脂肪和肥肝中含有大量不饱和脂肪酸，能降低有害的低密度脂蛋白，起到预防心血管病的作用。资料显示，鹅肥肝比正常鹅肝中的卵磷脂增加 4 倍，脱氧核糖核酸和核糖核酸增加 1 倍，酶的活性增加 3 倍，以上这些都有益于人体健康。

177. 鹅肥肝脂肪含量很高，为什么还被称为美味和绿色食品？

肥肝虽然是通过脂肪沉积而成，但所含脂肪大多是对人体有益的不饱和脂肪酸，肥肝中不饱和脂肪酸含量占整个脂肪酸的 65%～68%，其中油酸 61%～62%、亚油酸 1%～2%、棕榈油酸 3%～4%；饱和脂肪酸占 33%～35%，其中软脂酸 21%～22%、硬脂酸 11%～12%、肉豆蔻酸 1%。不饱和脂肪酸可降低人体血液中胆固醇水平，减少胆固醇类物质在血管壁上的沉积，减轻与延缓动脉粥样硬化的形成，对人体健康长寿有益。肥肝还含有卵磷脂、甘油三酯、脱氧核糖核酸和核糖核酸、酶、多种维生素等营养物质，因此肥肝脂香醇厚、质地细嫩、鲜美可口、香味独特、营养丰富、滋补身体，是西方国家餐桌上的一道珍贵佳肴。

178. 我国鹅肥肝深加工技术概况如何？

鹅肥肝的深加工包括整肝、块肝和肥肝酱的加工。一般而言，最好的肥肝作整肝加工；有些残次的，则切除残次部分作块肝加工；而冻肝、次肝则加工成肥肝酱。肥肝酱就其是否添加黑松露而分成高档的和一般的。由于国内的肥肝深加工还处于起步阶段，无成熟的技术可供介绍，所以在这里按鹅肥肝市场常见的加工产品分述如下。

（1）整只生鹅肥肝

从屠宰厂取肝车间取出的新鲜鹅肥肝，整只肝面朝下，放入塑料制定型盒，在 $2℃$ 下定型，随后取出放入塑料袋内抽真空，再装入一半透明的专用塑料食品盒密封，盒上贴上标签，注明鹅肥肝的等级、肥肝的重量和出厂后的保质期等。一般在 0～$4℃$ 贮存，保鲜期 6～10 天。这种包装的鲜鹅肥肝，可直接销往超市或酒楼。

（2）整只冻鹅肥肝

从取肝车间取出的鲜肥肝，放入定型盒内定型并进入速冻库，在 $-36℃$ 速冻 6 小时后，装入一半透明的专用塑料盒内密封，直接销往超市或酒楼。在−18℃的冰箱中，保鲜期为6个月。

（3）整只半熟的鹅肥肝

新鲜的鹅肥肝在其肝的腹面中央用小刀垂直浅切3刀，取出肝中的结缔组织，然后将整只鹅肥肝装入广口瓶中，上面洒上定量的盐和白胡椒粉，将瓶盖盖好并按下铅丝的弹簧按钮，由传送带输往高压消毒锅消毒、冷却、贴标签、装箱。在0～4℃贮存，保鲜期6个月。

（4）切片半熟的鹅肥肝

新鲜的鹅肥肝切成肥肝片，放入铝箔包装，输往高压消毒、冷却后冷藏，保鲜期视冷藏温度而定，有30天的，也有6个月的，启封后可立即食用。

（5）切片的冷藏生鹅肥肝

鲜鹅肥肝切片后，放在塑料食品袋中抽真空，贴上标签，注明重量及出厂日期，保鲜期在0～4℃时一般6天。山东圣罗捷公司已有这种产品出口，每千克售价约40美元。

（6）罐装的鹅肥肝

新鲜整只的鹅肥肝除去肝中的结缔组织，装入广口瓶或罐头中，洒上食盐、胡椒，放入装罐流水线，加盖、抽真空、高压消毒、冷却、贴标签、装箱等一次完成。进入0～4℃预冷库贮存，保鲜期2年。

（7）罐装宴会用鹅肥肝

这实际上是一种放在梯形罐头中半熟的鹅肥肝切片。一般都是大包装，有每罐400克的，也有1 000克的，适用于家庭大型宴会或饭店直接食用。在0～4℃保鲜期为6个月。

（8）鹅肥肝酱

一般可分罐装、广口瓶装、瓷钵装饰装和铝箔锭包装。因为是高档食品，所以必须十分注意产品加工的卫生及产品的包装、设计和商标，并按不同的肥肝酱种类采用不同类型的标签和包装；同时按听容量的大小，分别做成梯形、长方形、圆形、椭圆形和长筒形等不同形状的罐头，每听从40克开始到1 000克，可以分成22个档次。在标签上还明确地标明是否放入黑松露，以及鹅肥肝的含量和重量等。

特级肥肝多以新鲜整肝销售，一级肥肝多加工成肥肝块出售，二级、三级低档肥肝多加工成肥肝酱销售。

1）肥肝酱加工的工艺流程　肥肝解冻→冲血→水煮→配料→打浆→高温杀菌→无菌包装→成品。

2）操作要点

①解冻：将冻结肝置于 4℃ 条件下缓慢解冻，防止水分和脂肪流失。

②冲血：用清水把血冲洗干净，以免影响肥肝酱的色泽。

③水煮：肥肝解冻后，用 85～95℃ 水热烫，有利于抑制酶的活性和微生物的生长繁殖。

④配料：为提高肥肝酱风味和稳定性，按比例加入食盐、味精、香辛调料和稳定剂。

⑤打浆：用打浆机把原料和辅料粉碎成均匀的浆液。

高温杀菌：可能带有肉毒梭状芽孢杆菌等耐热菌，所以鹅肝酱必须在 115～118℃ 条件下灭菌 30～40 分钟。

⑥包装：杀菌后的肥肝酱，应在无菌条件下趁热装罐、封口。空罐应严格消毒。包装后的罐头放在 35℃ 条件下保温 1 周，剔除变质的胀罐、漏罐和变形罐，剩下的为合格产品。也可装罐后，高压杀菌，包装入库。

目前，肥肝酱的加工技术国内还未完全掌握，肥肝酱的辅助原料块菌有待寻求和采掘，因此有必要加强对肥肝酱生产工艺的研究。采用人工培养块菌，尽可能外引内联，合资生产和经营肥肝酱，可使肥肝产品增值，提高肥肝生产的经济效益。

3）产品合格指标

①肥肝酱色泽与外形：开罐后表面有一层 1 毫米厚的白色油脂层。油层下的肝酱呈灰黄色，质地细腻柔软。品尝时味道鲜美，咸淡适中，香味浓郁。

②营养成分：水分 49.64%，干物质 50.36%。其中：粗脂肪 77.91%，粗蛋白 10.81%，无氮浸出物 7.45%，粗灰分 3.33%，钙 0.37%，磷 0.13%。

③卫生指标：经卫生防疫部门和质量检查部门认定，各项卫生指

标符合《肉灌肠卫生标准》（GB 2725.1—1994）标准。

179. 未水洗毛绒有哪些规格标准？

对于羽毛和羽绒加工，国家商品检验局制定了几种主要的规格标准。现简述如下。

（1）标准毛

标准毛俗称"净货"。白鹅毛和白鸭毛的标准相同，规定绒子为18%，幅差为±1%，毛片70%左右，杂质、鸡毛、薄片、黑头为11%～13%。灰鹅毛和灰鸭毛标准相同，规定绒子为16%，幅差为±0.5%，毛片70%左右，杂质、鸡毛、薄片为13%～15%。

（2）规格绒

凡含绒量超过30%的称为规格绒。规格绒有30%、40%、50%、60%、70%、80%等。其余为毛片，绒子幅差为±1%。

（3）中绒毛

白鹅鸭毛，凡含绒量在17%以上、30%以下者为中绒毛；灰鹅鸭毛，凡含绒量在15%以上、30%以下者为中绒毛。

（4）低绒毛

白鹅鸭毛，凡含绒量在1%以上、17%以下者为低绒毛；灰鹅鸭毛，凡含绒量在1%以上、15%以下者为低绒毛。

（5）无绒毛

凡含绒在1%以下者为无绒毛，即毛片。

180. 如何进行未水洗毛绒的加工？

当原料毛经过检验和搭配安排，确定了使用的批数和数量后，即开始加工。未水洗毛绒的加工流程包括预分、除灰、精分、拼堆和包装5道工序。

（1）预分

当原料毛经过检查与搭配安排，确定了使用的批数和数量后，即可进行加工整理的第一道工序——预分。预分就是通过预分机将原料毛中的翅梗、杂质、灰沙与毛绒分离，获取有用的毛绒的加工过程。预分机是分毛机的厢体为单厢和双厢的机型，是羽毛加工的粗分机械。

（2）除灰

被预分机分选加后的羽毛，即进入下道工序——除灰。除灰就是将预分后的毛绒进行再清理，进一步除去毛绒中所含的灰渣、杂质、皮屑等，使毛绒中杂质含量低于10%。除灰机由加毛器、一级除渣厢（头道滚筒）、二级除灰厢（二道滚筒）、传动机构、负压风机和除尘装置构成。

（3）精分

经过预分除灰后的毛绒，尽管清除了灰渣、皮屑、杂质和翅梗，但还不符合有关规格标准，仍需通过精分机将预分的毛绒进行提绒加工及拼堆，使之成为规格毛绒。

羽绒构成的复杂性，决定了人工分拣较困难。但是羽绒轻软、富有弹性、蓬松体大、互不粘连，而且比重小，可随风飘扬，特别是各类羽绒成分形状大小不同、轻重不同，在同一风力吹动下，可由重到轻逐渐随风飘落，从而将各类羽绒分开。按照这个原理，发明了分选机。将羽绒送入分选机内，调整风力，开动机器，羽绒在风力的吹动下，由重到轻飘落到不同的承接羽毛箱内，使各类羽绒分开。

精分机的功能是使毛绒在负压风机作用下，经过多箱呈 W 形的可调节风道，获取各种不同规格的羽绒和毛片，以适合羽绒制品生产和羽毛出口的需要。精分机是分毛的厢体达到三厢、四厢以上的机型，因而一般称为多厢分毛机。如四厢分毛机是由加毛器前厢、一厢、二厢、三厢、四厢、传动机构风道调节系统，负压风机和除尘装置构成。现在精分机的发展是多样化的，有的已达到十厢以上。

精分机的工艺流程是将除灰后的毛绒进行精分。以四厢分毛机为例：一般一厢可获得 3%～4% 或 7%～8% 的羽绒；二厢可获得10%～20% 的羽绒；三厢可获得 30%～50% 的羽绒；四厢可获得60% 以上的高档羽绒，要求杂质含量低于10%。目前，四厢分毛机应用广泛，根据生产的需要，可用二厢分选或用三厢分选，既可生产规格羽绒，又可加工标准羽毛（出口半成品毛）。精分也可使用单厢分毛机通过多次分毛来进行。

以上三道工序，能使毛片、绒子与翅梗、灰沙杂质分离，达到规格标准。但对于原料鹅毛内含有的鸡毛，以及白鹅毛中的黑头（白鹅绒中的灰、黑毛绒）与鸡毛，依靠机器是无法清除的。因为鸡毛、黑头与鹅毛悬浮相仿（受风力随风飘扬高度相仿），当开动机器利用风力提取毛片、绒子的同时，鸡毛、黑头也随风力上升，因此这些成分只能通过人工用手拣剔出来。

（4）拼堆

将不同规格的毛绒经计算后加以拼和均匀，使之达到某种规格要求的加工过程，称为拼堆。

拼堆有拼堆机拼堆和人工拼堆两种方法。当羽毛进入拼堆机后，翼桨不断地搅动，使羽毛混合均匀，经风力吸至贮毛后厢，降落至漏斗型的毛箱，再经管道进入装毛箱内。人工操作拼堆，每次最低不得少于4人，反复拼3次，每次应将毛堆四周的绒毛尽力向毛堆中部传递。拼堆完毕，应收齐工具，由专人清点集中保管，然后通知检验部门抽样检验。此外，下列两种情况也需要进行拼堆：①同品种同规格的毛绒，由于产地和产季不同，其品质和色泽有差异，必须通过拼堆混合均匀，使质量、色泽达到一致。②同品种不同规格的毛绒，为了获取某种所需规格的毛绒，也需要通过拼堆来配制。

（5）包装

经拼堆后的羽毛必须通过质检部门进行检验，如检验合格，就可通知打包部门打包进仓。如果是出口羽毛，要经商品检验局抽样检验，或由商检部门指定厂方的技术人员采样检验，如检验合格，即可通知打包部门打成出口机包。

181. 如何进行水洗毛绒的加工？

水洗毛绒加工工艺流程包括洗涤、脱水、烘干、冷却、包装5道工序。

（1）洗涤

洗涤一般分为初洗、清洗和漂洗三个步骤。

1）初洗 每次投料 40 千克，用 2 000 千克左右清水洗 5 分钟，洗除一些灰沙杂质，然后将污水排出。

2）清洗 初洗后的毛绒，再加入 1 500 千克左右的清水或 40℃的温水，同时按所洗涤的干毛绒重量加入适量的羽毛专用洗涤剂，清洗约 20 分钟后，将污水排出。

3）漂洗 清洗后的毛绒还要进行漂洗。每次加入 1 500 千克清水漂洗 4～5 分钟，然后把污水放掉加入清水漂洗，共漂洗 7 次。

经过水洗之后的毛绒，要达到去灰、去污、去味的要求。

（2）脱水

毛绒经过水洗符合要求后（即最后一次漂洗所放出的水，水质清洁度达到饮用水的标准，或经过透明度检验符合要求），即可进入离心机脱水。脱水机先以 300 转/分的低速预离心脱水 1.5 分钟，然后 600 转/分的高速旋转，脱水 6～8 分。当毛绒含税率达到 30％左右时，脱水过程即告完成。

（3）烘干

经过洗涤脱水的毛绒，仍含一定的水分，要通过烘干机进行烘干。当烘干机工作时，蒸汽温度达 110～130℃。国产老式烘干机蒸汽压力为 4～5 千克/厘米^2，进口烘干机蒸汽压力为 2 千克/厘米^2，烘缸空间平均温度为 80～90℃。机轴转动速度一般在 60～80 转/分钟。每次加毛量应掌握在毛片每立方米 4 千克左右，羽绒 3 千克左右；按现用烘干机容量，一般每缸为 20～30 千克。烘毛时间为 15～20 分钟。在烘至 12 分钟以后，当毛绒达到八成干之时，可加喷除臭剂、整理剂等，以达到各类除臭、整理等目的。烘干的毛绒要达到不潮、不焦、柔软润滑、光泽好、蓬松度高的要求。

①在烘毛前，须先清理机器两端的通风筛面，使空气流通。如筛眼被阻塞，要将筛面拆下来，拔除毛绒方可使用。

②自动加毛或人工加毛，都要注意烘干机容量，慢慢加毛，以免溢出机外。倘有散落在上的毛绒，不可拎起放进烘毛机内，必须重新洗净再烘。

③要注意烘干机的蒸汽压力表，压力应保持在适用的负荷内。

④检查烘毛机四周的封条是否脱落，如有脱落应及时补上，以免漏气和影响安全。

⑤操作时掌握烘缸温度与烘毛时间的关系，若烘缸温度高，则要缩短烘毛时间；反之，则延长烘毛时间。烘毛与烘绒的时间不同，必须灵活掌握。

⑥放毛时必须放干净，否则留下的毛绒会被烘焦而产生焦味，影响整批毛绒的质量。

（4）冷却

毛绒烘干后，即开动冷却机进行冷却。通过负压风机将毛绒吸入冷却圆筒，冷却机的搅拌浆以5 060转/分的速度，将毛绒不断翻动，同时负压风机不断将毛绒带来的湿空气通过筛眼吸出机外。一般经过6～7分钟，即可使毛绒冷却。冷却的程度，如以温度测定，冷却后毛绒的温度，以夏季在40℃以下、冬季在30℃以下为宜。

冷却是毛绒在水洗消毒过程中不可缺少的工艺环节。冷却能使毛绒在水洗、烘干过程中所产生的残屑、飞丝及机器磨损的粉碎纤维通过排气筛孔飞出，使毛绒质量更纯；可使毛绒的羽枝、羽丝全部舒展蓬松，散发积蓄的热蒸汽而吸入新鲜空气，从而消除异味；还可使毛绒恢复在恒温条件下自然状态所含的水分，一般自然含水率为13%以内，毛绒质量不变，蓬松率稳定。

（5）包装

当毛绒冷却完毕后，通过负压毛箱直接装入包装袋。包装要消毒专用袋，专袋专用，以防外物污染混杂。每包毛绒的重量，根据不同规格的含量和不同的膨胀率来确定。一般以每立方米包装 25 千克为宜。包装时不宜过分挤压，以免影响毛绒蓬松率。

182. 鹅血的营养和医学价值如何？有哪些利用方式？

鹅血，别名家雁血，性平味咸，具有开噎解毒的功效。《本草求原》："苍鹅血治噎膈反胃，白鹅血能吐胸腹诸血虫积。"现代研究证明，鹅血能抑制小鼠艾氏腹水癌的形成，使癌细胞数量减少、发生溶解，病灶减小。鹅血中的抗癌因子，其实是鹅血中一种低分子物质，不被人体消化道中的酸、碱、酶所破坏，具有较强的抗癌作用。国内有用鹅血干燥后制成鹅血片剂，治疗食管癌、胃癌、肺癌、淋巴瘤、鼻咽癌等，有效率很高。

有报道称，鹅血中富含免疫球蛋白、抗癌因子等活性物质，故可治肺、胃、淋巴、鼻咽等恶性肿瘤，能改善症状，升高白细胞，增强与提高抗肿瘤的免疫能力，宜于治疗消化道淋巴肉瘤、网状细胞肉瘤和血吸虫病引致的肝脾坚块，亦可治小儿口疮。除此之外，鹅血还有解毒、消热、降血压、降血脂、降胆固醇，提高机体免疫力，促进淋巴细胞的吞噬功能，具有养颜美容等医疗功效。尤其是贫血患者、老人、妇女和从事粉尘、纺织、环卫、采掘等工作的人应该常吃。高胆固醇血症、肝病、高血压和冠心病患者应少食。

总之，鹅血目前主要有以下几种加工利用方式。

（1）直接食用

鹅血中蛋白质含量高，赖氨酸丰富。将新鲜鹅血与2～3倍的淡盐水充分搅拌混合，稍经蒸熟后即可食用。加工出来的鹅血块味鲜质嫩，适口性好，为广大消费者所喜好。国外还将鹅血加到香肠和肉制品中，改善肉制品的色泽和味道。

（2）生产高免血清

成年鹅在屠宰前接种小鹅瘟疫苗，屠宰后每只鹅可提取30～50毫升高免血清，用来预防和治疗小鹅瘟，减少因感染小鹅瘟病毒而造成的死亡和损失。

（3）提取医用药品

鹅血白蛋白是一种用途广、人体易吸收的药用基料。"鹅血片"是一种抗癌新药。

（4）作为饲料原料

屠宰场大量的废弃鹅血经喷雾干燥后是一种良好的蛋白质饲料，主要用于肉鸡和肥猪饲料。

183. 鹅蛋有哪些加工方法？

（1）松花蛋

松花蛋又名皮蛋、彩蛋。它不但具有美丽的花纹，还具有醇原的特殊清香味。

1）原料 纯碱（Na_2CO_3，即无水碳酸钠，含碳酸钠在96%以上）、生石灰（CaO，要求块大体轻，有效氧化钙含量达70%以上）、食盐（NaCl，含氯化钠达36%以上）、茶叶（以红茶末为佳；其他茶叶也可，但用量要加大）。有的为加快成熟还加入黄丹粉（即氧化铅PbO，用量不能超过食品卫生规定的含量标准）。黄丹粉属有毒物质，所以旧有配方已逐渐被硫酸锌所替代，因而称为无铅松花蛋，更受消费者欢迎。

2）常规配料方法 每100只蛋所需纯碱400克，生石灰1 250～1 500克，红茶末100～150克，食盐150～200克，黄丹粉7.5～10克，水5～6千克。制作方法：挑选蛋壳坚实、完整、无裂纹的新鲜蛋，并将其洗干净，摆放在缸内。配料要用两个容器，一个容器加1 500毫升水，放入茶叶煮开，然后放入纯碱充分搅拌，使其溶解；另一个容器装水3 000毫升，并将生石灰分2～3次投入，待石灰停止沸腾时，加入食盐搅拌，待充分溶解后，将不溶解的石灰杂质捞出。然后再将两个容器中的溶液倒在一起，搅拌均匀，再加入黄丹粉，最后加水到5 000毫升，搅拌均匀后，倒入放蛋的缸内，压上竹盖，使料液淹没蛋面。密封缸口，在常温下（20～25℃）1个月左右即成熟。

（2）咸蛋

咸蛋又名盐蛋、腌蛋，是用食盐溶液腌制而成的蛋品。鹅蛋脂肪含量比较高，适宜腌制。食盐水溶液有一定的防腐能力，可抑制蛋内微生物和酶的活动，延长蛋的保存期，同时还可改善蛋的风味。咸蛋的加工方法，各地有所不同，但较多采用的是盐泥涂布法、盐水浸泡法及草灰法等。

1）盐泥涂布法 鹅蛋80～100个，食盐0.6～0.75千克，干黄泥粉0.65千克，冷开水0.4～0.45千克。将食盐放入瓦缸或塑料桶中，加入清水，稍加搅拌，待盐全溶后加黄泥，并适当搅拌，使之成为均匀的泥浆。如何判断泥浆是否适度，可取一个鹅蛋放入泥浆中，如果该蛋一半浮在上面、一半沉入泥浆内，便为适度。把挑选的新鲜鹅蛋放进泥浆中，使全蛋粘满泥浆后取出放到缸内或箱内，经 20 天左右便成咸蛋。有些地方，在涂盐泥后再滚灰，使蛋彼此不相粘连。

2）盐水浸泡法　清水和盐按 4：1 配备，即 1 千克清水加 0.25 千克盐。浸泡时以盐水能浸过蛋面为准。腌多少蛋，就配多少盐水。将盐和清水放入缸内，充分搅拌，使盐全溶后，把蛋放入盐水中，经 15～20 天便成咸蛋。也可按 20% 的盐水浓度配制盐水，即 40 千克开水加 8 千克食盐，放在容器中搅拌，使盐全溶，冷至 20℃左右便将挑选好的蛋放进盐水中浸泡，经 30 天左右即成。盐水腌制的蛋，成熟期比盐泥涂布法快，这是由于盐水对鲜蛋的渗透作用较盐泥为快。

3）草灰法　鹅蛋 80～100 个，草灰（以稻草灰为主）2 千克，食盐 0.6 千克，清水 1.8 千克。先把清水煮沸后倒入食盐中，适当搅拌，待盐全溶解冷却后加入稻草灰，边加边搅拌均匀，使灰浆稀稠适度。灰浆准备好后，将挑选合格的鹅蛋逐个放入灰浆中，使全蛋粘上灰浆，再行滚灰，即把有湿料的蛋再包上一层草灰。包的草灰要厚薄适中，如果包得过厚，会吸去湿料的水分，影响蛋腌制成熟时间。包好后的蛋放在缸内，加盖密封，经 30～45 天便可成熟。腌制成熟的碱蛋，在 25℃以下的条件，可保存 2～3 个月。

(3) 茶叶蛋

茶叶蛋是人们熟悉的一种熟制蛋品。其做法是：将鲜蛋煮熟后凉透，轻敲蛋壳使其有多处裂纹，再放入锅中加一定量凉水、食盐、酱油、油茶、八角、陈皮、桂皮、花椒等一起熬制而成。各种佐料的用量要依据蛋的量而定。这种熟制品热食较好，有五香风味，故称五香茶蛋。

参 考 文 献

包世增，1993. 家禽育种学 ［M］. 北京：中国农业出版社.

陈国宏，等，2012. 中国养鹅学 ［M］. 北京：中国农业出版社.

陈顺友，等，2009. 畜禽养殖场建设规划 ［M］. 北京：中国农业出版社.

崔治中，2010. 禽病诊治彩色图谱 ［M］.2 版. 北京：中国农业出版社.

国家畜禽遗传资源委员会.2011. 中国畜禽遗传资源志·家禽志 ［M］. 北京：
　　中国农业出版社.

何大乾，2007. 鹅高效生产技术手册 ［M］.2 版. 上海：上科学技术出版社.

何大乾，2009. 养鹅技术 100 问 ［M］. 北京：中国农业出版社.

农业委员会台湾农家要览增修订再版策划委员会，1995. 台湾农家要览（畜牧
　　篇）［M］. 增修订再版. 台北：财团法人丰年社.

邱祥聘，等，1983. 家禽学 ［M］. 成都：四川科学技术出版社.

涂勇刚，等，2013. 禽肉加工新技术 ［M］. 北京：中国农业出版社.

王继文，邱祥聘，曾凡同，等，2005. 中国主要家鹅品种的遗传分化研究 ［J］.
　　遗传学报（32）：1053-1059.

曾凡同，1997. 养鹅全书 ［M］. 成都：四川科学技术出版社.

张宏福，2010. 动物营养参数与饲养标准 ［M］.2 版. 北京：中国农业出版社.

张克和，陈宇，俞旭霞，等，2011. 鹅鸭羽毛羽绒结构特征分析 ［J］. 中国纤检
　　（3），50-52.

张伟，1995. 实用禽蛋孵化新法 ［M］. 北京：中国农业科技出版社.

周根来，王恬，2001. 非常规饲料原料的开发利用 ［J］. 饲料工业（12），
　　33-34.

Leeson S. ，Summers J. D. ，2010. 实用家禽营养 ［M］. 沈慧乐，周鼎年，译.
　　3 版. 北京：中国农业出版社.

Saif Y. M. ，2012. 禽病学 ［M］. 苏敬良，等，主译.12 版. 北京：中国农业出
　　版社.

HUANG Y. M. ，SHI Z. D. ，LIU Z. ，et al. ，2008. Endocrine regulations of
　　reproductive seasonality，follicular development and incubation in Magang Geese

[J]．Animal Reproduction Science，104（2-4）：344-358.

SHI Z. D. ，HUANG Y. M. ，LIU Z. ，et al. ，2007. Seasonal and photoperiodic regulation of secretion of hormones associated with reproduction in Magang goose ganders [J]．Domest Animal Endocrinology，32：190-200.

SUN A. D. ，SHI Z. D. ，HUANG Y. M. et al. ，2007. Development of geese out-of season lay technique and its impact on goose industry in Guangdong Province，China [J]．World's Poultry Science Journal，64：481-490.

WANG C. M. ，KAO J. Y. ，LEE S. R. et al. ，2005. Effects of artificial supplemental light on the reproductive season of geese kept in open houses [J]．British Poultry Science，46：728-32.

WANG S. D. ，JAN D. F. ，YEH L. T. ，et al. ，2002. Effect of exposure to long photoperiod during the rearing period on the age at first egg and the subsequent reproductive performance in geese [J]．Animal Reproduction Science，73：227-234.

彩图 1-1　起源不同的两种家鹅头部特征
a.起源于鸿雁　b.起源于灰雁

彩图 1-2　朗德鹅及其野生祖先灰雁
a.灰雁　b.朗德鹅

彩图 1-3　鹅的生物学特性
a.喜水性　b.食草性　c.合群性　d.警觉性

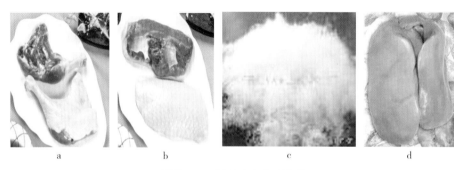

彩图 1-4　鹅业生产主要产品
a.腿肉　b.胸肉　c.羽绒　d.肥肝

彩图 2-1　种鹅运动场上的长沟式水池

彩图 2-2　南方全开放式鹅舍(左)和中原半开放式鹅舍(右)

彩图 11-41　鹅的啄羽

雏鹅网养啄羽

彩图 11-42　鹅的啄羽

青年鹅啄羽

彩图 11-43　鹅痛风病

雏鹅肾脏肿大,色泽变浅,有由尿酸盐沉积
所形成的白色斑点;输尿管扩张变粗,管腔内
充满乳白色石头样的沉淀物

彩图 11-44　鹅痛风病

患病雏鹅脑颅内有一层乳白色石灰样的尿酸盐
沉淀物

彩图 11-45　鹅翻翅(反翅)

右翅翻翅

彩图 11-46　鹅翻翅(反翅)

双翅翻翅

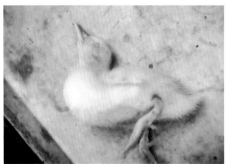

彩图 11-35　鹅副伤寒
患病雏鹅呈角弓反张

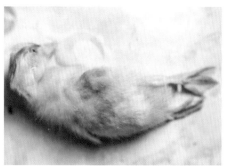

彩图 11-36　鹅副伤寒
头颈部向后勾,两腿向后伸直等神经症状

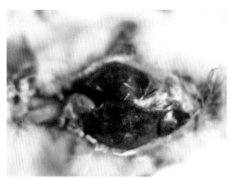

彩图 11-37　鹅副伤寒
肝脏肿大,呈古铜色,有灰白色小坏死点

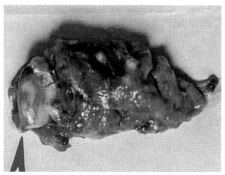

彩图 11-38　鹅曲霉菌病
肺充血、瘀血,有黄色芝麻至黄豆大肉芽肿结节

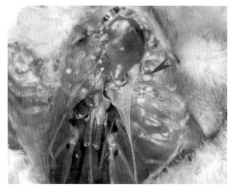

彩图 11-39　鹅曲霉菌病
气囊、腹腔膜等有黄色针头至黄豆大肉芽肿结

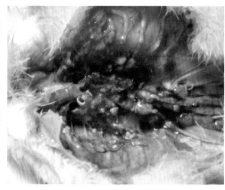

彩图 11-40　鹅曲霉菌病
肺部及胸壁有大小不一、淡黄色或黄色结节

彩图 11-27　鹅大肠杆菌病
患病鹅精神委顿,喜卧,头颈朝后勾等

彩图 11-28　鹅大肠杆菌病
患病母鹅卵巢中形态不一、高低不平的卵泡

彩图 11-29　鹅大肠杆菌病
心包膜增厚,呈灰白色,表面充血

彩图 11-30　鹅大肠杆菌病
除心包炎外,肝脏表面有一层厚薄不均的
灰白色包膜,与肝组织紧贴不容易剥离

彩图 11-31　鹅传染性浆膜炎
肝包膜增厚,有一层灰白色纤维素性膜

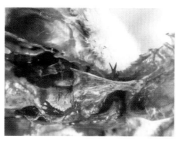

彩图 11-32　鹅传染性浆膜炎
胸壁与肝表面有一层厚的纤维素性膜

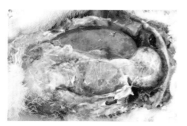

彩图 11-33　鹅传染性浆膜炎
纤维素性心包炎和肝周炎

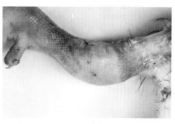

彩图 11-34　鹅传染性浆膜炎
关节肿大

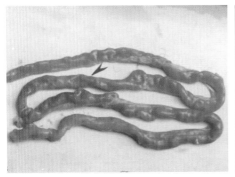

彩图 11-21　鹅出血性肾炎肠炎
急性型黏膜肿胀增厚、出血和糜烂

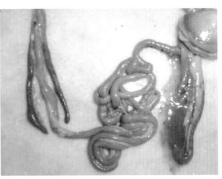

彩图 11-22　鹅出血性肾炎肠炎
肠道泛红,肠内容物血染(引自 Palya 等,
Avian Pathology,2004,33(2):244-250)

彩图 11-23　鹅出血性肾炎肠炎
关节尿酸盐沉积(引自 Lacroux 等,Avian
Pathology,2004,33(3):351-358)

彩图 11-24　禽霍乱
肝脏肿大,有弥漫性灰白点,粟粒状大的坏死点

彩图 11-25　禽霍乱
心脏冠沟脂肪有弥漫性出血点

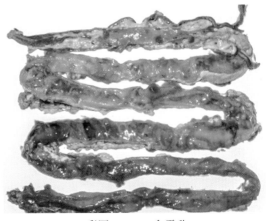

彩图 11-26　禽霍乱
肠黏膜弥漫性出血

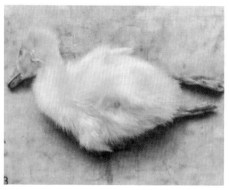

彩图 11-15 小鹅瘟
最急性型,患病雏鹅突然死亡,两腿向后伸直

彩图 11-16 小鹅瘟
急性型,患病雏鹅临死前出现两腿做划水
动作等神经症状

彩图 11-17 小鹅瘟
典型的肠道栓子,浆膜充血

彩图 11-18 鹅的鸭瘟病
病鹅流眼泪,眼睑水肿,瞬膜水肿变厚,
形成出血性或坏死性溃疡灶

彩图 11-19 鹅的鸭瘟病
皮肤充血、出血

彩图 11-20 鹅的鸭瘟病
肝脏有大小不一的鲜红色和褐色出血灶

彩图 11-9 鹅副黏病毒病
眼有分泌物,眼睛周围湿润、绒毛脏污

彩图 11-10 鹅副黏病毒病
扭颈、转圈、仰头等神经症状

彩图 11-11 鹅副黏病毒病
脾脏肿大,表面及组织有大小不一的灰
白色坏死灶

彩图 11-12 鹅副黏病毒病
肠道黏膜表面大小不一的溃疡灶

彩图 11-13 鹅副黏病毒病
结肠和直肠黏膜有大小不一的溃疡灶,
表面覆盖着纤维素性的结痂

彩图 11-14 鹅副黏病毒病
直肠和泄殖腔黏膜有弥漫性大小不一
的结痂病灶

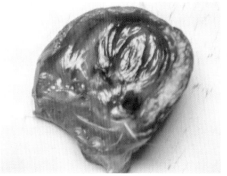

彩图 11-3 禽流感
心内膜条状暗红色出血斑

彩图 11-4 禽流感
心肌有大面积灰白色条纹状坏死灶

彩图 11-5 禽流感
患病母鹅卵巢中的卵泡萎缩;卵泡膜充
血、出血、变形,呈紫葡萄样

彩图 11-6 禽流感
患病母鹅卵泡膜出血斑

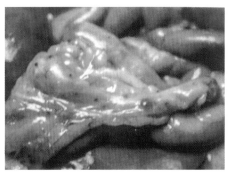

彩图 11-7 禽流感
肠道不同部位有局灶性出血斑块

彩图 11-8 禽流感
肠道有局灶性出血环块

a   b

彩图 5-5   盛花期的红三叶和白三叶

a.红三叶   b.白三叶

a   b

彩图 5-6   菊苣

a.生长期   b.盛花期

彩图 11-1   禽流感神经症状   彩图 11-2   禽流感神经症状

死亡前不能站立,曲颈   勾头

a   b

彩图 5-1 黑麦草

a.坡地　b.平地

a   b

彩图 5-2 多年生黑麦草

a.肩背式割草机收割黑麦草　b.疏林地套种黑麦草

a   b

彩图 5-3 象草

a.成熟期　b.生长期

a   b

彩图 5-4 紫花苜蓿

a.生长期　b.盛花期

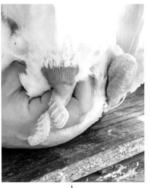
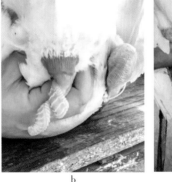

彩图 4-2 人工采精

a.台禽保定（母鹅） b.发育正常的阴茎 c.集精

彩图 4-3 人工授精的输精环节

a.母鹅保定器 b.输精器 c.输精操作

彩图 4-4 罗曼鹅雏鹅

a.雌雏 b.雄雏

a   b

彩图 3-14 罗曼鹅
a.种鹅 b.商品鹅

a   b

彩图 3-15 霍尔多巴吉鹅
a.成年鹅群 b.雏鹅

a   b

彩图 4-1 发育良好、品种特征明显的种鹅群
a.皖西白鹅 b.浙东白鹅

彩图 3-9　阳江鹅（阳江黄鬃鹅）

彩图 3-10　溆浦鹅（左公，右母）

彩图 3-11　伊犁鹅（又称塔城飞鹅）

b

彩图 3-12　莱茵鹅
a.雏鹅　b.成年鹅

b

彩图 3-13　朗德鹅（法国引进的
肝用型灰鹅）
a.雏鹅　b.成年鹅

彩图 3-7　马冈鹅
a.水中群体　b.公鹅　c.母鹅

b

c

a

b

c

彩图 3-8　乌鬃鹅（清远乌鬃鹅）
a.公鹅　b.母鹅　c.群体

彩图 3-3　四川白鹅

彩图 3-4　豁眼鹅

a

b

彩图 3-5　浙东白鹅
a.正面　b.侧面

a

b

彩图 3-6　籽鹅
a.公鹅　b.母鹅

a   b

彩图 3-1　狮头鹅
a.白羽　b.传统灰羽

a   b

彩图 3-2　皖西白鹅
a.舍内　b.舍外

彩图 2-3　密闭式鹅舍外景(左)和内景(右)

彩图 2-4　鹅场防护林、种草绿化与运动场绿化(夏季遮阴)

彩图 2-5　三种种鹅产蛋巢 / 箱(厚垫料)

宁波市郎德农牧有限公司简介

　　宁波市郎德农牧有限公司是专业从事水禽良种培育、繁育及配套饲养管理技术研究和服务的企业。公司下属国家级浙东白鹅保种场及宁波市民营工程技术研究中心——象山县浙东白鹅研究所。拥有经30多年提纯复壮和选育的浙东白鹅纯种和从法国直接引进的肥肝专用鹅、鸭良种。其中，MAXM鹅平均肥肝重1 000克以上，F30+鸭平均肥肝重750克以上。公司还保有白罗曼鹅等良种鹅种群。公司技术力量雄厚，设有国家水禽产业技术体系宁波综合试验站，并与国内水禽研发优势农业科学院和大学开展鹅业研发合作，经多年研究和经营，提升了良种生产性能水平，创新了养殖模式，积累了丰富的鹅规模生产技术和产业化经营经验，可为全国鹅业生产经营者提供鹅良种及选育、饲养管理、疫病防控、牧草生产和调制，以及产业化经营等服务。

公司地址：浙江省象山县涂茨镇玉泉村　　电　话：0574-65680037

邮　箱：ah.v.x01@163.com　　　　　　联系人：李先生（13516783591）

南京长沃农业科技有限公司简介

  南京长沃农业科技有限公司是一家专业从事以霍尔多巴吉鹅为主的肉鹅商用配套系（品种）培育、繁育、孵化及饲养工艺技术研发的企业。公司种鹅基础群是山东盛泉集团有限公司从匈牙利引进的霍尔多巴吉鹅祖代和父母代种鹅，共计3万多只。公司以此为基础开展品系培育、全年均衡繁殖生产种蛋和孵化种苗等技术研发工作，是目前我国唯一一个保有纯种霍尔多巴吉鹅并且存栏该品种种鹅数量最大的养殖企业。公司有育种核心群5 000只，繁育群45 000只，全年可提供纯种鹅苗约200万只。公司坚持"科技创新、种业为先"的发展思路，先后与国内多家农业科学院和大学深度合作，着力通过提升品种、繁育技术、疫病防控和饲料饲养技术水平，使合作养殖户"提质增效"，实现养殖效益最大化，在行业内具有良好的口碑。公司主打产品霍尔多巴吉鹅种苗具有成活率高、抗病力强、增重快、饲料转化率高、产肉量多、放牧觅食能力强、养殖利润丰厚等特点，适合规模化和集约化养殖，深受广大养殖户的欢迎。

  霍尔多巴吉鹅肉用性能好，羽绒产量高且品质好，产蛋性能优良，群体整齐度好。可以用于肉鹅和羽绒生产，也可作为父本与豁眼鹅、四川白鹅和籽鹅等杂交，提高杂交后代的生长速度和羽绒性能。目前公司种鹅和养殖技术已经在东北、河南、江西、湖北、海南、云南等地推广应用，对我国肉鹅产业产生了较大影响。公司将一如既往地创新品种和养殖技术，为我国鹅业生产经营者提供优良品种和饲养管理、疫病防控、饲料调制等方面的服务。

公司地址：南京市浦口区星甸街道石村小宋组 电话：025-58211990

邮箱：1565638632@qq.com   1815589000（王先生）